中等职业教育国家规划教材
全国中等职业教育教材审定委员会审定

畜禽疫病防治

Chuqin Yibing Fangzhi

（第三版）

（养殖类/畜牧兽医专业）

主　编　朱俊平
副主编　隋兆峰　薛　梅　孙荣钊　潘柳婷
主　审　李汝春　王建华

U0307298

高等教育出版社·北京

内容提要

本书是中等职业教育国家规划教材,根据教育部颁布的中等职业学校畜禽疫病防治教学基本要求,在第二版的基础上修订而成。

全书由畜禽疫病的病原检查、免疫防治理论、免疫诊断、畜禽药物的应用、畜禽疫情调查、畜禽疫病的预防、畜禽疫病的诊断与治疗、重大动物疫情的处置共8个项目组成,每个项目后附有项目测试。本书在结构、层次、形式和内容等方面,适合项目教学、案例教学、模块化教学和理实一体化教学,书中的任务实施与畜禽疫病防治岗位工作任务一致。我们将本书的难点和部分实践操作制作成动画,作为有效教学资源有助于学生理解和掌握。

本书的动画及其他教学资源,可登录相关网站获取,具体使用方法参见书后"郑重声明"页。

本教材是中等职业学校养殖类、畜牧兽医专业的教学用书,也可作为养殖场技术人员的学习用书以及村级防疫员、新型职业农民、退役军人和企业员工的培训教材。

图书在版编目(CIP)数据

畜禽疫病防治 / 朱俊平主编. --3 版. --北京：高等教育出版社, 2021.2

养殖类、畜牧兽医专业

ISBN 978-7-04-054176-2

Ⅰ.①畜… Ⅱ.①朱… Ⅲ.①畜禽-动物疾病-防治-中等专业学校-教材 Ⅳ.①S851.3

中国版本图书馆 CIP 数据核字(2020)第 102300 号

策划编辑	方朋飞	责任编辑	方朋飞	封面设计 于文燕		版式设计 童 丹
责任校对	窦丽娜	责任印制	刁 毅			

出版发行	高等教育出版社	网　　址	http://www.hep.edu.cn	
社　　址	北京市西城区德外大街4号		http://www.hep.com.cn	
邮政编码	100120	网上订购	http://www.hepmall.com.cn	
印　　刷	肥城新华印刷有限公司		http://www.hepmall.com	
开　　本	787mm×1092mm 1/16		http://www.hepmall.cn	
印　　张	14.5	版　　次	2002 年 3 月第 1 版	
字　　数	340 千字		2021 年 2 月第 3 版	
购书热线	010-58581118	印　　次	2021 年 2 月第 1 次印刷	
咨询电话	400-810-0598	定　　价	33.50 元	

本书如有缺页、倒页、脱页等质量问题,请到所购图书销售部门联系调换

版权所有　侵权必究

物料号　54176-00

第三版前言

本教材是根据《国家职业教育改革实施方案》(国发〔2019〕4号)、《职业院校教材管理办法》(教材〔2019〕3号)、《教育部关于职业院校专业人才培养方案制订与实施工作的指导意见》(教职成〔2019〕13号)等文件的精神,依据中等职业学校畜禽疫病防治教学基本要求,在第二版的基础上引入企业典型生产案例和职业标准,由学校骨干教师与企业行业技术骨干合作修订的。

本教材依据真实工作任务及其工作过程整合内容,科学设计学习性工作任务,构建了"项目导向、任务驱动"的教材体例,共设计了畜禽疫病的病原检查、免疫防治理论、免疫诊断、畜禽药物的应用、畜禽疫情调查、畜禽疫病的预防、畜禽疫病的诊断与治疗、重大动物疫情的处置8个项目,25个典型工作任务。教材内容增加了畜禽疫病防治的新技术、新规范和新资源,注重科学性、先进性和应用性;重点突出操作技能,职教特色鲜明。教材充分利用信息技术和数字化教学资源,融文字、图片、动画于一体,适应"互联网+职业教育"的需求,适合项目教学、案例教学、模块化教学和理实一体化教学。

根据专业教学标准,本教材为96学时,下表为本教材各项目建议学时,各校可根据实际情况参考使用。

学时安排建议表

项目	内容	理论学时	实践学时	总学时
走进"畜禽疫病防治"课程		2	0	2
项目1	畜禽疫病的病原检查	12	16	28
项目2	免疫防治理论	4	2	6
项目3	免疫诊断	4	6	10
项目4	畜禽药物的应用	8	4	12
项目5	畜禽疫情调查	6	2	8
项目6	畜禽疫病的预防	6	10	16
项目7	畜禽疫病的诊断与治疗	2	6	8
项目8	重大动物疫情的处置	4	2	6
合计		48	48	96

本教材由山东畜牧兽医职业学院朱俊平任主编,隋兆峰(山东畜牧兽医职业学院)、薛梅(山东畜牧兽医职业学院)、孙荣钊(中国动物卫生与流行病学中心)、潘柳婷(山东畜牧兽医职业学院)任副主编。全书编写分工如下:朱俊平编写走进"畜禽疫病防治"课程和项目6,并负责撰写编写提纲和统稿;潘柳婷编写项目1,参与撰写编写提纲并校稿;夏庆祥(山东畜牧兽医职业学院)、申颖(山东畜牧兽医职业学院)编写项目2;闫晓红(山西省畜牧兽医学校)、王斯锋(青岛九

联养殖有限公司)、宿志民(山东畜牧兽医职业学院)编写项目3;薛梅编写项目4,参与撰写编写提纲并校稿;孙荣钊编写项目5,参与撰写编写提纲并校稿;隋兆峰编写项目7,参与撰写编写提纲并负责校稿;任婧(广西柳州畜牧兽医学校)、顾甜甜(山东畜牧兽医职业学院)、张侃吉(东亚畜牧现货产品交易所有限公司)编写项目8;教材动画由朱俊平、隋兆峰、潘柳婷、薛梅负责设计。全书由山东畜牧兽医职业学院李汝春教授和山东省寿光市农业农村局王建华高级兽医师审稿。

　　本教材在编写过程中,得到了山东畜牧兽医职业学院葛爱民副教授的指导和帮助、山东省诸城市农业农村局臧建金提供了编写案例并帮助校正了部分文稿,在此一并致谢。

　　由于时间仓促,编者水平有限,书中难免有不当之处,敬请广大师生和读者批评指正。读者意见反馈信箱:zz_dzyj@ pub. hep. cn。

编　者

2020 年 4 月

第二版前言

本书是依据中等职业教育"以服务为宗旨,以就业为导向,以能力为本位"的教育理念,根据教育部制定的中等职业学校养殖类专业畜禽疫病防治教学基本要求编写的。

本书保持了第一版中"注意内容的针对性、先进性、应用性和可操作性",与劳动和社会保障部颁布的中级工职业(技能)等级标准相衔接的特点,并在此基础上,吸收了近几年畜禽疫病防治的新成果。与第一版相比,第二版在结构、层次、形式和内容各方面都进行了更新,注意了插图与文字的配合,增加了细菌病和病毒病的一般诊断程序、近几年新用于临床的药物,并增大了免疫内容的篇幅,删除了现在临床禁用的药物、临床应用较少的技能,大幅度减少了寄生虫部分的内容。本书适合于中等职业学校养殖类专业学生、养殖生产一线工作人员和临床兽医人员使用。

本书采用学习卡/防伪标系统,按照本书最后一页"郑重声明"下方的使用说明进行操作,可上网获取相关学习资源。书后所配套的多媒体光盘内容紧密结合本书内容,为师生提供了直观的图片、实训视频及习题答案,以帮助学生消化学习内容,并增强学生的实践能力。

本书由山东畜牧兽医职业学院朱俊平任主编,王洪利、薛梅任副主编。全书编写分工如下:朱俊平(山东畜牧兽医职业学院)编写绪论、疫病的发生与流行过程,并对各章作了不同程度的增删;靖吉强(山东畜牧兽医职业学院)编写疫病的病原;隋兆峰(山东畜牧兽医职业学院)编写免疫;薛梅(山东畜牧兽医职业学院)编写畜禽疫病防治常用药物;李婧(山东畜牧兽医职业学院)编写疫病的预防与扑灭措施;王洪利(山东畜牧兽医职业学院)、王彩霞(山东畜牧兽医职业学院)编写技能训练。此外,孙晴(临沂师范学院)、侯云峰(山东金铸基药业有限公司)参与编写了疫病的病原和畜禽疫病防治常用药物的部分内容。全书由山东畜牧兽医职业学院李舫教授和戴永海教授审稿。

本书在编写过程中,得到了山东畜牧兽医职业学院周其虎、单庆美和迟灵芝等老师的指导和帮助,在此一并致谢。

由于时间仓促,编者水平有限,书中难免有不当和错漏之处,敬请广大师生和读者批评指正,读者反馈意见信箱为:zz_dzyj@ pub. hep. cn。

编　者
2009 年 4 月

第一版前言

本书是根据教育部制定的"培养与社会主义现代化建设要求相适应,德智体美等全面发展,具有综合职业能力,在生产、服务、技术和管理第一线工作的高素质劳动者和中初级专业人才"培养目标以及教育部最新颁布的中等职业学校养殖专业畜禽疫病防治教学基本要求编写的。

本书在编写中特别注意内容的针对性、先进性、应用性和可操作性,并将其系统性、科学性、启发性、适用性等特点融于一体,从而保证了基础知识、基本理论和基本技能的需要,并且注重与劳动和社会保障部颁布的中级工技术等级标准相衔接。本书适合于中等职业学校养殖专业师生、养殖生产一线工作人员和临床兽医人员使用。

本书由湖南环境生物职业技术学院何华西同志任主编。全书编写分工如下:何华西同志编写绪论、传染与免疫,并负责全书的统一编排和修改;湖南省常德农业学校倪必林同志编写疫病的病原;湖南省安江农业学校胡宗明同志编写疫病的发生与流行;湖南省永州职业技术学院唐建国同志编写常用药品和生物制剂;湖南环境生物职业技术学院刘振湘同志编写疫病的预防与扑灭技术。技能训练及附录由编写各相关章节的人员负责。此外,山东省长清第一职业中专的陈家鲁同志也参加了本书的部分编写工作。

本书在送交全国中等职业教育教材审定委员会审定之前,湖南农业大学兽医学专家陈可毅教授挤出宝贵的时间对本书进行了全面的审查与修改。在编写过程中,湖南省教科院职业教育与成人教育研究所欧阳河所长、陈拥贤同志始终给予指导,湖南环境生物职业技术学院左家哺教授、科研处长钟福生同志一直给予鼓励,以及彭代文同志积极为本书进行电脑编辑。在本书付梓之际,编者特致诚挚谢意。

由于时间仓促,编者水平有限,书中难免有不足之处,敬请读者指正。

何华西

2001 年 7 月于衡阳

目　　录

项目 2　免疫防治理论

项目 3　免 疫 诊 断

项目 4　畜禽药物的应用

项目 5　畜禽疫情调查

项目 6　畜禽疫病的预防

项目 7　畜禽疫病的诊断与治疗

项目 8　重大动物疫情的处置

走进"畜禽疫病防治"课程

　　50多岁的老田经营着一个年出栏500多头的养猪场,有近十年的养殖经历,自认为具有丰富的饲养管理和畜禽疫病防治经验。可有一年刚入夏,他家的猪开始不断发病死亡,经济损失惨重。正当老田愁眉不展、无计可施之时,一位同行给他提供了一条信息:"县兽医站有个叫王平的专家,据说水平很高,可以请他给看看。"老田抱着试一试的想法找到了王平。

　　王平毕业于动物医学专业,一直从事畜牧兽医工作,对猪病有着丰富的临床经验和理论功底。王平到了老田家的猪舍,仔细观察了病猪的症状,询问了老田饲养管理的一些情况,并对病死猪进行了剖检。王平初步判断老田家的猪得了猪丹毒,给老田制订了治疗方案,让老田边治疗边观察猪的情况。为了进一步确诊,他带走了死猪部分内脏,送到实验室进行化验。

　　老田按方案实施治疗的第二天,猪群病情即开始好转。王平打电话告诉老田,实验室化验结果完全符合他的诊断,继续按照方案治疗,疫情应能很快控制住。果然,四天后疫情得到了控制。通过这件事,老田深深体会到,搞养殖,不仅要有养殖经验,还需要扎实的畜禽疫病防治的理论功底。

　　以后,老田经常向王平请教疫病防治知识,还让儿子报考了一所畜牧兽医学校。现在,老田家的养猪场越来越红火。

　　中国有句谚语是"家财万贯,带毛的不算",就是说饲养的畜禽数量再多,一场疫病就可能导致畜禽全部死光,所以带毛的畜禽不能计算在财富之内。现在,这句谚语已不太适用,因为众多养殖户和规模化养殖场采用了先进的畜禽疫病防治技术,使"带毛的"也位列"万贯家财"中了。

　　喜欢畜禽养殖的同学和朋友们,你是否想掌握先进的畜禽疫病防治技术,为畜牧业的发展保驾护航呢?

　　让我们一起来学习……

畜禽疫病是畜禽传染病和畜禽寄生虫病的总称,是对现代养殖业危害最严重的一类疾病。它不仅会造成大批的畜禽死亡,而且某些人畜共患的疫病还会给人类健康带来严重的威胁。因此,做好畜禽疫病的防治工作,对于畜牧业的发展和保障人民的身体健康具有重要意义。

一、畜禽疫病的危害

现代化养殖业,畜禽饲养高度集约化,更易发生流行性、群发性的疫病,畜禽疫病的发生与流行已经成为制约现代养殖产业可持续发展的关键因素。

1. 畜禽疫病引起畜禽大批死亡

2001年春,英国因口蹄疫扑杀近150万只羊;2005年10月至2006年3月,我国共发生35

起高致病性禽流感疫情,死亡禽类 18.6 万只,扑杀 2 284.9 万只;2018 年 8 月至 2019 年 7 月,我国发生 150 起非洲猪瘟疫情,累计扑杀生猪 116 万头。我国一年因畜禽疫病造成的直接经济损失就达 300 亿~400 亿元人民币,间接经济损失达 3 000 亿元人民币。

2. 畜禽疫病导致畜禽产品质量降低

某些畜禽疫病的死亡率虽然不高,但引起畜禽的生产性能下降和产品质量降低,例如畜产品药物残留超标、乳产量减少和质量下降、肉品等级降低、皮毛等级下降等。

3. 畜禽疫病危害人类的健康

畜禽疫病在影响畜牧业生产的同时,还严重影响着人类的健康,在 200 多种动物疫病中,70% 以上可以传染给人,75% 的人类新疫病来源于动物或动物源性食品。例如,2002 年冬至 2003 年春,源头来自中华菊头蝠的 SARS 病毒导致全球 8 422 人感染,死亡 919 人,涉及 32 个国家和地区;2005 年,四川省发生人感染猪链球菌病 204 例,死亡 38 例;2005 年至 2006 年,H5N1 亚型禽流感病毒造成越南、泰国、印尼、日本、韩国和我国 30 多人死亡;2013 年至 2017 年,我国发生 H7N9 亚型禽流感病毒感染人,病例超过 1 000 例;2019 年 12 月,新型冠状病毒 COVID-19 在武汉人群中流行肆虐,截至 2020 年 11 月 2 日,全国累计确诊病例 91 966 例,死亡 4 746 人,国外累计确诊病例 46 796 645 例,死亡 1 201 361 人。

4. 疫病防控费用大

发生疫病时,组织防控工作和执行检疫、封锁等措施需要耗费大量的药品及人力物力。

5. 畜禽疫病影响外贸出口

随着全球经济一体化,我国养殖业越来越受外贸出口的影响,而畜禽疫病已经成为制约畜产品出口的重要因素。

二、近年来畜禽疫病发生特点

1. 新病增多

近年来,随着我国进口种畜禽和畜禽产品的增加,由于检疫监测措施滞后,致使猪繁殖呼吸综合征、小反刍兽疫、非洲猪瘟等一些疫病传入我国。由于人们对新疫病的认识不足和缺乏相应的防控手段,这些疫病迅速传播开来,造成了巨大损失,需要高度重视。

2. 混合感染和继发感染增多

如果饲养场防疫制度不全、措施执行不严,发生一种疫病后就很难彻底消除其病原,这就造成了临床上发生的疫病常常是几种病原体引起的混合感染或继发感染。目前这种现象时有发生,给诊断和防控工作带来了很大困难。

3. 亚临床型疫病危害日益严重

由于近年来有些病原产生了变异等原因,使疫病在流行特点、症状及病变等方面发生了变化,对疫病较有诊断意义的临床特征不明显或不表现,给诊断带来困难,造成了经济损失。如近年来时常发生的非典型猪瘟和非典型鸡新城疫,常由于误诊造成损失。

4. 免疫抑制性疾病增多

近年来,出现了许多侵害免疫系统的畜禽疫病,导致机体免疫力下降,容易造成免疫失败和继发感染其他病原体。如鸡传染性贫血、鸡腺病毒感染、猪圆环病毒感染和猪繁殖呼吸综合征。

5. 免疫失败增多

近年来,经常出现免疫畜群发病,这多是由于病原的毒力增强或抗原发生变异,以及机体感染了免疫抑制性疾病造成的。鸡马立克病病毒超强毒株、鸭肝炎病毒变异株、鸡传染性贫血病毒、猪圆环病毒等造成免疫失败的报道屡见不鲜。

6. 病原产生抗药性

由于许多养殖场长期盲目滥用药物,使病原菌和寄生虫产生抗药性,以致可供选择的敏感药物越来越少。

三、我国畜禽疫病防治工作现状及发展方向

中华人民共和国成立前,我国兽医事业的基础非常薄弱,畜禽疫病防治机构残缺不全,从业人员稀缺。牛瘟、猪瘟、猪肺疫、炭疽等畜禽疫病在我国猖獗流行,严重影响了畜牧业的发展和人民的身体健康。中华人民共和国成立以来,我国兽医事业得到长足进步,畜禽疫病防治工作走上正轨,并取得了非凡成就。

（一）我国畜禽疫病防治工作取得的主要成就

1. 建立健全了畜禽疫病防治的法律法规

建立健全畜禽防疫的法律法规,使畜禽防疫工作走向法治轨道,做到有法可依,是畜禽防疫工作正常运行并充分发挥作用的根本保证。

目前涉及畜禽防疫方面的法律法规有:《中华人民共和国动物防疫法》(以下简称《动物防疫法》)和《中华人民共和国畜牧法》《中华人民共和国进出境动植物检疫法》,以及《重大动物疫情应急条例》《兽药管理条例》《执业兽医管理办法》《乡村兽医管理办法》《动物诊疗机构管理办法》等。特别是《动物防疫法》是对新时期畜禽防疫工作方针政策的进一步完善,也是社会主义法制建设的重要成果。

动物防疫相关
法律简介

2. 理顺了管理体系,建立了较为完善的畜禽防疫管理网络

国务院兽医主管部门(农业农村部)主管全国的畜禽防疫工作,县级以上地方人民政府兽医主管部门主管本行政区域内的畜禽防疫工作,各级动物疫病预防控制中心承担畜禽疫病的监测、诊断、流行病学调查、疫情报告以及其他防控工作。

除专门的防疫检疫机构外,县级以上人民政府对畜禽防疫工作进行统一领导,乡(镇)人民政府、城市街道办事处,协助做好本管辖区域内的畜禽疫病预防控制工作。

3. 培养了专业人才,建立了专业队伍

建设和完善畜禽防疫队伍,是提高畜禽疫病防控能力、实现畜牧业持续稳定健康发展的重要前提条件。

我国高等院校、相关畜牧兽医研究院所,培养了大批高素质畜禽疫病防治人才。"十二五"期间,全国共认定官方兽医11.05万人,7.67万人获得执业兽医资格,县级人民政府和乡级人民政府采取招聘、培训等有效措施,建立了强大的村级防疫员队伍。

4. 加强了世界合作,完成了国际接轨

改革开放四十年来,我国畜牧业发展迅速,已成为世界畜牧生产和消费大国。创新跨境畜禽疫病联防联控机制,促进周边国家和地区的动物卫生风险管理能力共同提升,有效降低畜禽疫病传入风险。畜产品按照国际规范的卫生标准生产,使其顺利跨出国门,这对促进畜牧业由数量型

向质量型转变、开拓国际市场具有十分重要的意义。

2007年5月25日,第75届世界动物卫生组织(OIE)国际委员会大会恢复了中华人民共和国在OIE的合法权利和义务,中国作为主权国家加入OIE,愿与世界各国加强在动物卫生领域的交流与合作。

5. 控制和消灭了主要动物疫病

自中华人民共和国成立以来,党和政府十分重视畜禽疫病的防控和研究工作,积极组织力量,于1949—1955年,仅在6年时间内即在全国范围内消灭了猖獗流行、蔓延成灾的牛瘟,1996年又消灭了牛肺疫。炭疽、猪肺疫、气肿疽、羊痘、猪丹毒、兔病毒性出血病等重要畜禽疫病已得到基本控制,马鼻疽、马传染性贫血,高致病性禽流感、口蹄疫等重大畜禽疫病流行强度逐年下降,发病范围显著缩小,发病频次明显下降,全国连续多年未发生亚洲Ⅰ型口蹄疫疫情,对布鲁菌病、结核病、狂犬病等人畜共患病的防控也取得了很好的效果。

(二)我国畜禽防疫工作的发展方向

1. 进一步完善法律法规体系

根据我国的实际情况,以《动物防疫法》为依据,将畜禽防疫工作纳入法制化轨道,健全法律法规配套标准,完善技术规程和标准体系,建立较为严格先进的畜禽防疫法律法规体系。

2. 推行官方兽医制度和执业兽医制度

官方兽医作为执法主体,对动物生产及动物产品进行全过程监控,并出具动物卫生证书。

执业兽医制度,是指国家对从事畜禽疫病诊断、治疗和动物保健等经营活动的兽医人员实行执业资格认可的制度。实行执业兽医制度是群防群控的基本保证,也是兽医职业化发展、行业化管理的具体要求。我国鼓励具备从业条件的兽医人员申请执业兽医资格,创办兽医诊疗机构。

3. 加强基层畜禽防疫队伍建设

高水平的基层畜禽防疫队伍是畜牧业健康发展的有力保障,如何确保基层畜禽防疫队伍的稳定和发展,提高基层畜禽防疫人员专业技术水平和自身素质,是一个十分紧迫的任务。鼓励养殖和兽药生产经营企业、动物诊疗机构及其他市场主体成立畜禽防疫服务队、合作社等多种形式的服务机构,规范整合村级防疫员资源。

4. 加强技术研究及技术成果的推广应用

我国畜禽疫病研究虽已取得了很大成就,但还远不能适应畜牧业快速发展的需要。由于没有充分掌握某些疫病的流行规律、病原体的变异情况及变异规律,没有掌握同一疫病的不同来源病原在毒力、血清型、抗原性、免疫原性等方面的差异,导致防控工作的盲目性和低水平。因此,在将来的一段时间内,对一些重要的畜禽疫病应进行病原学、流行病学及致病与免疫机制研究,为疫病防控提供科学依据;同时应改进传统疫苗,追踪病原发展变异的新变化,进行新型疫苗的研制,完善疫病的监测预报,解决畜禽疫病防治中的关键技术问题。

四、"畜禽疫病防治"课程的研究内容与学习方法

畜禽疫病防治是养殖类专业的专业核心课程,教材内容以畜禽疫病防治的工作过程为导向,设计了畜禽疫病的病原检查、免疫诊断、畜禽药物的应用、畜禽疫情调查、畜禽疫病的预防、畜禽疫病的诊断和治疗、重大动物疫情的处置等项目,项目设计有案例导入、典型工作任务、项目小结和项目测试,任务设计有任务目标、任务准备、任务实施和任务反思,教材结构适合项目化教学、模块化教学、案例教学。

教材内容难点和实训操作配有大量动画、视频等数字化教学资源,便于推广翻转课堂、参与式教学、探究式教学等新型教学模式,让课堂教学变得智能、有趣,学习者能主动、快速、高效地进行学习。

通过该课程的学习,能使学习者具备养殖场防疫员、畜禽疫病防治员、兽医化验员、村级动物防疫员等所需的知识和技能,能够正确进行畜禽疫病的预防、诊断和治疗。

本教材设计了大量实训内容,学习过程中可能接触具有感染性的材料或动物,学习者要严格遵守实验室安全操作规范,加强个人安全防护。

<h2 style="text-align:center">附　畜禽疫病防治实验室安全操作规范</h2>

1. 实验室应保持清洁整齐,严禁摆放和实验无关的物品。

2. 严禁在实验室内饮食、抽烟、处理隐形眼镜等。

3. 进行可能接触具有感染性材料或动物的实训时,要穿着个体防护装备,如手套、护目镜、防护服或隔离衣、口罩、帽子、鞋等。

防护服与
隔离衣

4. 个体防护装备在实训中发生污染或破损时,要更换后才能继续操作。

5. 离开实验室前,按程序脱下防护服,洗手消毒。用过的防护服放在指定的位置并妥善处理,不重复使用一次性手套。

6. 要认真预习实训内容,熟悉每个实训步骤中的安全操作规定和注意事项,实训过程必须按照操作规程进行。

7. 要按操作规程使用实验仪器,轻拿轻放,避免损坏。

8. 注意安全用电,不要用湿手、湿物接触电源,实训结束后应及时切断电源。

9. 未经老师批准,禁止将实验室内物品带出实验室。

10. 要按照相关要求分类处理实训废弃物。

项目 *1*

畜禽疫病的病原检查

项目导入

小明是动物医学专业新生,假期回家发现宠物狗腿部脱毛,并且总是啃咬腿部,仔细看皮肤已经破溃,皮下渗出脓汁,小明急忙带着宠物狗到动物医院。医生先用刀片刮取患处皮屑置于载玻片,放在显微镜下检查,小明也上前观看,看到显微镜下有大小不一、形状不同的结构,医生给小明解释,在显微镜中能检查到真菌分生孢子。经过培养基培养,最终确诊宠物狗所患正是真菌感染。用药后,宠物狗很快康复。

无论是宠物还是畜禽,进行疫病诊疗,首先要找出病原,如果不了解病原的种类、大小、形态、结构、特性和诊断程序等内容,是不能正确对畜禽疫病进行诊疗的。

本项目的学习内容为:(1) 细菌的检查;(2) 病毒的检查;(3) 寄生虫的检查;(4) 其他微生物的检查。

任务1.1　细菌的检查

 **任务目标**

知识目标:1. 掌握细菌的基本结构和特殊结构。

　　　　　2. 掌握细菌的生理特点。

　　　　　3. 掌握细菌病的一般诊断程序。

技能目标:1. 会使用实验室常用仪器。

　　　　　2. 会制备细菌标本片。

　　　　　3. 会进行细菌标本片的染色镜检。

　　　　　4. 会人工培养细菌。

 **任务准备**

细菌是一类单细胞原核型微生物。多数细菌在一定条件下具有相对稳定的形状。

一、细菌的形态

（一）细菌的大小

细菌的个体微小，须用显微镜放大数百倍乃至数千倍才能看到。通常以微米（μm）作为测量单位。一般球菌的直径为 0.8~1.2 μm；杆菌长 1~10 μm，宽 0.2~1.0 μm；螺旋菌长 1~50 μm，宽 0.2~1.0 μm。

（二）细菌的基本形态和排列

细菌的基本形态有球状、杆状和螺旋状三种，并据此将细菌分为球菌（图 1-1-1）、杆菌（图 1-1-2）和螺旋菌（图 1-1-3）三种。

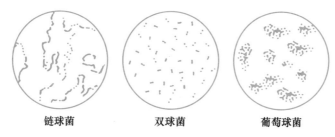

链球菌　　　　　　双球菌　　　　　　葡萄球菌

图 1-1-1　各种球菌的形态和排列

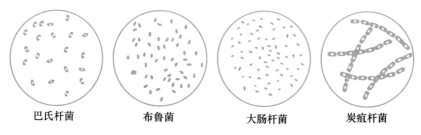

巴氏杆菌　　　　布鲁菌　　　　大肠杆菌　　　　炭疽杆菌

图 1-1-2　各种杆菌的形态和排列

细菌的繁殖方式是二分裂，不同细菌分裂后其菌体排列方式不同。

1. 球菌

菌体呈球形或近似球形。根据球菌的排列方式将其分为：

双球菌　菌体两两相连，如脑膜炎双球菌、肺炎双球菌。

链球菌　三个以上的菌体呈短链或长链排列，如猪链球菌。

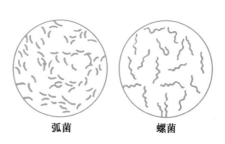

弧菌　　　　　　螺菌

图 1-1-3　螺旋菌的形态和排列

葡萄球菌　菌体排列不规则，似一串葡萄，如金黄色葡萄球菌。

此外，还有单球菌、四联球菌和八叠球菌等。

2. 杆菌

杆菌一般呈正圆柱状，也有的近似卵圆形。菌体多数平直，少数微弯曲；两端多为钝圆，少数平截;有的杆菌菌体短小,两端钝圆,近似球状,称为球杆菌;有的杆菌菌体有分枝,称为分枝杆菌。多数杆菌分裂后单个散在,称为单杆菌;也有的杆菌成对排列,称为双杆菌;有的成链状,称为链杆菌。

3. 螺旋菌

菌体呈弯曲状,两端圆或尖突。根据弯曲程度和弯曲数,又可分为弧菌和螺菌。弧菌的菌体只有一个弯曲,呈弧状;螺菌的菌体较长,有两个或两个以上弯曲,捻转成螺旋状。

二、细菌的结构

细菌的结构(图1-1-4)可分为基本结构和特殊结构两部分。

(一) 细菌的基本结构

所有细菌都具有的结构称为细菌的基本结构,包括细胞壁、细胞膜、细胞浆、核质。

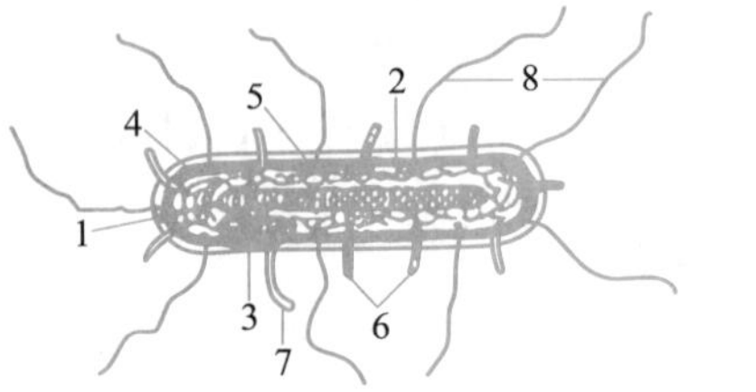

1. 细胞壁

细胞壁在细菌细胞的最外层,紧贴在细胞膜之外。

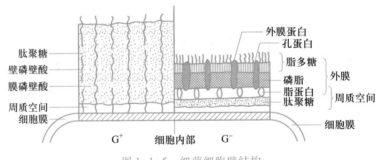

1. 核质;2. 核糖体;3. 间体;4. 细胞壁与细胞膜;
5. 荚膜;6. 普通菌毛;7. 性菌毛;8. 鞭毛。

图1-1-4　细菌细胞结构模式图

革兰阳性(G⁺)菌的细胞壁(图1-1-5)较厚,15~80 nm,其化学成分主要是肽聚糖。革兰阴性(G⁻)菌的细胞壁较薄。磷壁酸是革兰阳性菌特有的成分。脂多糖为革兰阴性菌所特有,是内毒素的主要成分。

图1-1-5　细菌细胞壁结构

细胞壁坚韧而富有弹性,能维持细菌的固有形态,保护菌体耐受低渗环境。此外,细胞壁上有许多微细小孔,与细胞膜共同完成菌体内外物质的交换。细胞壁与细菌的致病性以及对抗菌药物的敏感性有关。

2. 细胞膜

细胞膜是在细胞壁与胞浆之间的一层半透性生物薄膜。细胞膜的主要化学成分是磷脂和蛋白质,其中蛋白质是具有特殊功能的酶和载体蛋白,结构如图1-1-6。细胞膜可选择性地进行细菌的内外物质交换,维持细胞内正常渗透压,其还与细胞壁、荚膜的合成有关,是鞭毛的着生部位。

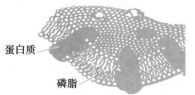

图1-1-6　细胞膜的液态
镶嵌式模型图

3. 细胞浆

细胞浆是位于细胞膜和核质之间的一种无色透明的黏稠胶体,其中含有许多酶系统,是细菌进行新陈代谢的主要场所。细胞浆中还含有核糖体、质粒等内含物。核糖体是合成蛋白质的场所。质粒控制细菌的耐药性等遗传性状。

4. 核质

核质是一个双链超螺旋 DNA 分子,分布于细胞浆的中心或边缘区。含细菌的遗传基因,控制细菌的遗传与变异。

（二）细菌的特殊结构

有些细菌有特殊结构。细菌的特殊结构有荚膜、鞭毛、菌毛和芽孢等。

1. 荚膜

某些细菌可在细胞壁外周产生一层黏液性物质,包围整个菌体,称为荚膜,如图 1-1-7。细菌的荚膜用普通染色方法不易着色,需用特殊的荚膜染色法染色。荚膜的主要成分是水（占 90% 以上）。荚膜有保护细菌的作用,与细菌的毒力有关;荚膜能贮留水分,有抗干燥的作用。

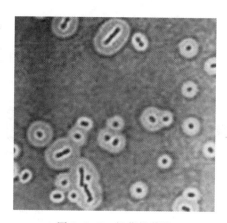

图 1-1-7　细菌的荚膜

2. 鞭毛

有些细菌的菌体上长有一种细长、呈螺旋弯曲的丝状物,称为鞭毛。鞭毛比菌体长几倍。根据鞭毛的数量和在菌体上的位置,将有鞭毛的细菌分为单毛菌、丛毛菌和周毛菌等（图 1-1-8）。鞭毛由鞭毛蛋白组成,具有抗原性,称为鞭毛抗原。鞭毛是细菌的运动器官,能引起细菌运动。

3. 菌毛

有些细菌的菌体上生长有一种比鞭毛短而细的丝状物,称为菌毛或纤毛（图 1-1-9）。菌毛可分为普通菌毛和性菌毛。普通菌毛数量较多,菌体周身都有,能使菌体牢固地吸附在黏膜上皮细胞上。性菌毛比普通菌毛长而且粗,数量较少,可传递遗传物质。

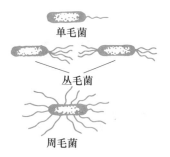

图 1-1-8　细菌的鞭毛

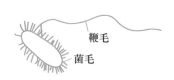

图 1-1-9　细菌的菌毛

4. 芽孢

某些革兰阳性菌在一定条件下,在菌体内形成一个折光性强、通透性低的圆形或椭圆形的休眠体,称为芽孢。芽孢不能分裂繁殖,在适宜条件下能萌发形成一个新的繁殖体。

带有芽孢的菌体称为芽孢体。未形成芽孢的菌体称为繁殖体。芽孢在菌体内成熟后,菌体崩解,形成游离芽孢。芽孢具有较厚的芽孢壁,结构坚实,含水量少。芽孢的形状、大小以及在菌体的位置,随细菌种类的不同而不同(图 1-1-10)。例如炭疽杆菌的芽孢为卵圆形,直径比菌体小,位于菌体中央,称为中央芽孢;破伤风梭菌的芽孢为圆形,比菌体大,位于菌

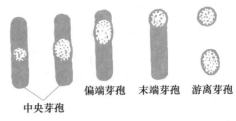

图 1-1-10　细菌芽孢的类型

体末端,称为末端芽孢,呈鼓槌状。细菌的芽孢受热不易变性,能耐受高温、辐射、氧化、干燥等的破坏。一般细菌繁殖体经 100 ℃ 30 min 煮沸可被杀灭,但形成芽孢后,可耐受100 ℃ 数小时,如破伤风梭菌的芽孢煮沸 1~3 h 仍然不死,因而给消毒增加了难度。

三、细菌的生理

细菌能进行复杂的新陈代谢,从环境中摄取营养物质,并排出代谢产物。

(一)细菌的营养

细菌利用各种化合物作为能源,其特有的代谢过程合成了许多不同于动物细胞的成分,如肽聚糖。

1. 细菌的化学组成

细菌的化学组成如图 1-1-11 所示。

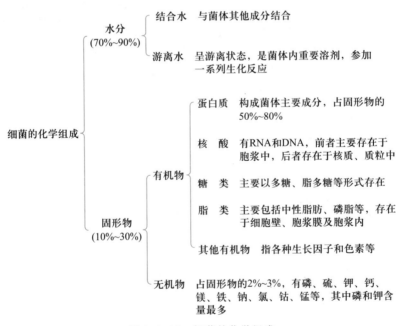

图 1-1-11　细菌的化学组成

2. 细菌的营养物质

细菌所需的营养物质如下:

(1)水　水是细菌生长所必需的。水的作用:① 起到溶剂和运输介质的作用;② 是细菌内

某些结构的成分。

（2）含碳化合物　细菌内的含碳化合物是细菌自身的组成成分,同时为菌体提供生命活动所必需的能源。

（3）含氮化合物　病原菌多以有机氮作为氮源。氨基酸或蛋白质是病原菌良好的有机氮源。

（4）无机盐类　这些无机盐类的主要功能有:构成菌体成分;作为酶的组成成分;调节渗透压等。

（5）生长因子　是指细菌生长时需要量很少但必需,细菌自身又不能合成或合成量不足的有机化合物,如维生素、某些氨基酸。

（二）细菌的生长繁殖

1. 细菌生长繁殖的条件

（1）营养物质　包括水分、含碳化合物（糖类）、含氮化合物、无机盐类和生长因子等。

（2）温度　细菌只能在一定温度范围内进行生命活动。病原菌在15～45 ℃能生长,最适生长温度是37 ℃左右。

（3）pH　大多数病原菌生长的最适pH为7.2～7.6。

（4）渗透压　细菌细胞需在适宜的渗透压下才能生长繁殖。

（5）气体　细菌的生长繁殖与氧的关系甚为密切,在细菌培养时,氧的提供与排除要根据细菌的呼吸类型而定。少数细菌培养时需要二氧化碳等其他气体。

2. 细菌的繁殖方式和速度

细菌的繁殖方式是无性二分裂。在适宜条件下,大多数细菌每20～30 min分裂一次。

3. 细菌的生长曲线

将一定数量的细菌接种在液体培养基中,定时取样计算细菌数,可发现细菌生长过程的规律。以细菌培养时间为横坐标,细菌数的对数为纵坐标,可得到一条生长曲线（图1-1-12）。

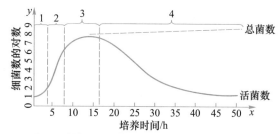

图1-1-12　细菌的生长曲线

（1）迟缓期　细菌体积增大,代谢活跃,只有少数细菌开始分裂,此期细菌的数量几乎不增加。

（2）对数期　细菌以最快的速度进行增殖,细菌数的对数与时间呈直线关系。一般地,此期的病原菌致病力最强,菌体的形态、大小较典型,对抗菌药物也最敏感。

（3）稳定期　培养基中营养物质被消耗,有害产物大量积累,细菌生长速度减慢,死亡细菌数开始增加,新增殖的细菌数量与死亡细菌数量大致平衡。

（4）衰老期　细菌死亡的速度超过分裂速度,培养基中活菌数急剧下降,细菌菌体出现变形。

（三）细菌的新陈代谢

1. 细菌的酶

细菌新陈代谢过程中各种生化反应,都需由酶来催化。酶是活细胞产生的功能蛋白质,具有高度的特异性。细菌的种类不同,细胞内的酶系统就不同,因而其代谢过程及代谢产物也往往不同。

2. 细菌的呼吸类型

根据细菌呼吸对氧的需求不同,可分为三大类:

(1)专性需氧菌 必须在有氧的条件下才能生长,如结核分枝杆菌。

(2)专性厌氧菌 必须在无氧或氧浓度极低的条件下才能生长,如破伤风梭菌。

(3)兼性厌氧菌 在有氧或无氧的条件下均可生长,但在有氧条件下生长更佳。大多数细菌属此类型。

（四）细菌的新陈代谢产物

各种细菌因含有不同的酶系统,因而对营养物质的分解能力不同,代谢产物也不尽相同。

1. 分解代谢产物

(1)糖的分解产物 不同种类的细菌有不同的酶,对糖的分解能力也不同,有的不分解,有的分解产酸,有的分解产酸产气。

(2)蛋白质的分解产物 细菌种类不同,分解蛋白质、氨基酸的种类和能力也不同,因此能产生许多中间产物。硫化氢是细菌分解含硫氨基酸的产物;吲哚(靛基质)是细菌分解色氨酸的产物。

2. 合成代谢产物

(1)维生素 是某些细菌能自行合成的生长因子,除供菌体需要外,还能分泌到菌体外。

(2)抗生素 是一种重要的合成产物,它能抑制和杀死某些微生物。生产中应用的抗生素大多数由放线菌和真菌产生。

(3)细菌素 是某些细菌产生的一种具有抗菌作用的蛋白质,与抗生素的作用相似,但作用范围狭窄。

(4)毒素 细菌产生的毒素,有内毒素和外毒素两种。

(5)热原质 主要是指革兰阴性菌产生的一种多糖物质,将其注入人和动物体内,可以引起发热反应。热原质耐高温,不被高压蒸汽灭菌法破坏。

(6)酶类 细菌代谢过程中产生的酶类,有的与细菌的毒力有关,如透明质酸酶。

(7)色素 某些细菌在氧气充足、温度和 pH 适宜条件下能产生色素。如铜绿假单胞菌的绿脓色素。

四、细菌的致病作用

对人类和动物具有致病性的微生物,称为病原微生物。其中一些微生物长期生活在人或动物体内,在正常情况下不致病,但在特定条件下,也能引起人类和动物的病害,称条件性病原微生物,如巴氏杆菌。

（一）致病性与毒力

1. 致病性与毒力的概念

病原微生物的致病作用取决于它的致病性和毒力。

(1)致病性 是指病原微生物引起动物机体发生疾病的能力,是微生物种的特征之一。如猪瘟病毒引起猪瘟,结核分枝杆菌则引起人和多种动物发生结核病。

（2）毒力 病原微生物致病力的强弱程度称为毒力。不同种类病原微生物的毒力强弱常不一致,同种病原微生物也可因型或株的不同而有毒力强弱的差异。如同一种细菌的不同菌株有强毒、弱毒与无毒菌株之分。

2. 改变毒力的方法

（1）增强毒力的方法 连续通过易感动物可增强微生物毒力。

（2）减弱毒力的方法 可通过长时间在体外连续培养传代、在高于最适生长温度条件下培养和连续通过非易感动物等方法来减弱微生物毒力。如猪丹毒弱毒苗是将强致病菌株通过豚鼠370代后获得的弱毒菌株。

（二）细菌的致病作用

细菌的致病性包括两方面,一是细菌对宿主引起疾病的特性,这是由细菌的种属特性决定的;二是对宿主致病能力的大小即细菌的毒力。构成细菌毒力的物质称为毒力因子,主要有侵袭力和毒素两方面。

1. 侵袭力

侵袭力是指病原细菌突破宿主皮肤、黏膜等防御屏障,进入机体定居、繁殖和扩散的能力。侵袭力包括荚膜和黏附素等,主要涉及菌体的表面结构和释放的侵袭蛋白或酶类。

（1）黏附 黏附是指病原微生物附着在敏感细胞的表面,以利于其定植、繁殖。在黏附的基础上,才能获得侵入的机会。细菌表面具有黏附作用的一些结构,如细菌的菌毛。

（2）侵入 是指病原菌主动侵入吞噬细胞或非吞噬细胞的过程。细菌的侵入是通过侵袭蛋白来实现的。

（3）增殖与扩散

① 增殖 细菌在宿主体内的增殖速度对致病性极为重要,如果增殖较快,细菌易突破机体防御机制。反之,若增殖较慢,则易被机体清除。

② 扩散 细菌之所以能在体内扩散,是因为它们能分泌一些侵袭性酶类,如透明质酸酶、胶原酶,这些酶损伤宿主组织,增加其通透性,有利于细菌在组织中扩散。

（4）干扰或逃避宿主的防御机制 病原菌黏附于细胞或组织表面后,必须克服机体局部的防御机制,细菌之所以能够干扰或逃避宿主的防御机制是因为具有抵抗吞噬及杀菌物质作用的表面结构荚膜等。

2. 毒素

细菌毒素可分为内毒素和外毒素两大类。内毒素和外毒素主要性质的区别见表1-1-1。

表1-1-1 外毒素和内毒素的主要区别

区别要点	外毒素	内毒素
主要来源	主要由革兰阳性菌产生	革兰阴性菌多见
存在部位	由活的细菌产生并释放至菌体外	是细胞壁的结构成分,菌体崩解后被释放出来
化学成分	蛋白质	主要是类脂

区别要点	外毒素	内毒素
毒性	强,各种细菌外毒素有选择作用,引起特殊病变	弱,各种细菌内毒素的毒性作用相似,引起发热、粒细胞增多、弥漫性血管内凝血、内毒素性休克等
耐热性	一般不耐热,60～80 ℃经30 min可被破坏	耐热,160 ℃经2～4 h才能被破坏
抗原性	强,能刺激机体产生高效价的抗毒素,经甲醛处理可脱毒成为类毒素	弱,不能刺激机体产生抗毒素

五、细菌的人工培养

提供细菌生长繁殖所需要的条件,可进行细菌的人工培养。

(一) 培养基的概念

把细菌生长繁殖所需要的各种营养物质合理地配合在一起,制成的营养基质称为培养基。

(二) 培养基的类型

根据培养基的物理状态、用途等,可将培养基分为多种类型。

1. 根据培养基的物理状态分类

(1) 液体培养基　呈液体状态,利于细菌充分的接触和利用。

(2) 固体培养基　在液体培养基中加入2%～3%的琼脂,使其呈固体状态。常用于细菌的分离、菌落特征观察、药敏试验等。

(3) 半固体培养基　在液体培养基中加入少量(通常为0.3%～0.5%)的琼脂,使其呈半固体状态。多用于细菌运动性观察。

2. 根据培养基的用途分类

(1) 基础培养基　含有细菌生长繁殖所需要的最基本的营养成分,可供大多数细菌人工培养用。常用的是肉汤培养基和普通琼脂培养基。

(2) 营养培养基　在基础培养基中加入葡萄糖、血液及生长因子等,用于培养营养要求较高的细菌,常用的营养培养基有鲜血琼脂培养基等。

(3) 鉴别培养基　在培养基中加入某种特殊营养成分和指示剂,以便观察细菌生长后发生的变化,从而鉴别细菌,如麦康凯培养基。

(4) 选择培养基　在培养基中加入某些化学物质,有利于所需细菌的生长,抑制不需要细菌的生长,从而分离出所需的菌种,如SS琼脂培养基。

(三) 制备培养基的基本要求

制备各种培养基的基本要求是一致的,具体如下:

(1) 制备的培养基应含有细菌生长繁殖所需的各种营养物质。

(2) 培养基的pH应在细菌生长繁殖所需的范围内。

（3）培养基应均质透明。

（4）制备培养基所用容器不应含有抑菌物质,所用容器应洁净,无洗涤剂的残留,最好不用铁制或铜制容器;所用的水应是蒸馏水或去离子水。

（5）灭菌处理。培养基及盛培养基的玻璃器皿必须彻底灭菌,避免杂菌污染。

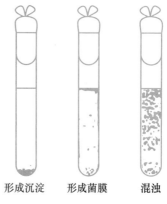

形成沉淀　　形成菌膜　　混浊

图1-1-13　细菌在液体培养基中的生长特征

（四）细菌在培养基中的生长情况

细菌在液体培养基中生长后,常呈现混浊、沉淀或形成菌膜等情况（图1-1-13）。

单个细菌在固体培养基上大量繁殖,形成肉眼可见的多个细菌的堆积物,称为菌落（图1-1-14）。

许多菌落融合成片,则称为菌苔。在一般情况下,一个菌落是一个细菌繁殖出来的后代,其行为特征相同,如呈红色、皱、光滑。细菌菌落的特征随菌种不同而各异,在细菌鉴定上有重要意义（图1-1-15）。

细菌在液体培养基中的生长特性彩图

普通营养琼脂培养基

麦康凯培养基

伊红美蓝培养基

SS培养基

大肠杆菌在不同培养基上形成的菌落彩图

图1-1-14　大肠杆菌在不同培养基上形成的菌落

用穿刺接种法,将细菌接种到半固体培养基中,具有鞭毛的细菌,可以向穿刺线以外扩散生长;无鞭毛的细菌只沿着穿刺线生长（图1-1-16）。用这种方法,可以鉴别细菌有无运动性。

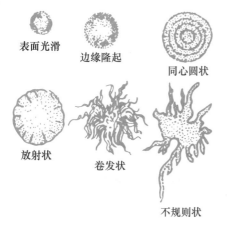

表面光滑　　边缘隆起　　同心圆状

放射状　　卷发状

不规则状

图1-1-15　细菌在固体培养基上的生长特征

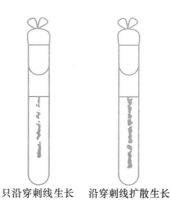

只沿穿刺线生长　　沿穿刺线扩散生长

图1-1-16　细菌在半固体培养基中的生长特性

六、细菌病的一般诊断程序

(一)病料的采集、保存及运送

1. 病料的采集

（1）采集病料的原则

① 无菌采病料 病料的采集要求进行无菌操作，所用器械、容器及其他物品均需事先灭菌。同时在采集病料时也要防止病原菌污染环境及造成人的感染。

② 适时采病料 病料一般采集于濒死或刚刚死亡的动物，若是死亡的动物，则应在动物死亡后立即采集，夏天不迟于 8 h，冬天不迟于 24 h。取得病料后，应立即送检。如不能立刻检验，应立即低温保存。

③ 病料中病原含量多 病料必须采自含病原菌较多的病变组织或脏器，如表 1-1-2 所示。

④ 适量采集病料 采集的病料不宜过少，以免在送检过程中细菌因干燥死亡。

表 1-1-2 常见畜禽疫病病料采集一览表

病名	病料的采集	
	生前	死后
炭疽	1. 濒死期末梢血液 2. 炭疽痈的浮肿液或分泌物	血液、淋巴结、脾、浮肿组织，供微生物学检查
非洲猪瘟	抗凝血，供病毒学检查	脾、扁桃体、淋巴结、肾和骨髓等组织样品，供病毒学检查
口蹄疫	1. 牛、羊食道-咽部分泌液，水疱皮和水疱液，供病毒学检查 2. 痊愈血清，供血清学检查	淋巴结、脊髓、肌肉等组织样品，供病毒学检查
狂犬病		患病动物的脑部组织，供动物试验和病理组织学检查
结核病	痰、尿、粪便、乳，供微生物学检查	有病变的肺和其他脏器，供微生物学检查
布鲁菌病	1. 血清、乳汁，供血清学检查 2. 流产胎儿或胎儿的胃、羊水，胎衣坏死灶，供细菌学检查	
巴氏杆菌病	血液，供微生物学检查	心、血、肝、脾、肺，供微生物学检查
钩端螺旋体病	1. 血清，供血清学检查 2. 血液、尿液，供微生物学检查	脾、肾、肝，供微生物学检查
家畜沙门菌病	急性病例采发热期血液、粪便，慢性病例采关节液、脓肿中的脓汁，流产病例采子宫分泌物和胎衣、胎儿，供细菌学检查	1. 血液、肝、脾、肾、淋巴结、胆汁，供细菌学检查 2. 有病变的肝、肺、脾、淋巴结，供病理组织学检查
猪瘟	扁桃体组织，供荧光抗体试验	肾、脾或淋巴结，供病毒学检查

续表

病名	病料的采集	
	生前	死后
猪繁殖与呼吸综合征	血清、腹水,进行病毒分离	肺、扁桃体、淋巴结和脾,进行病毒分离
猪圆环病毒病	抗凝血,进行病毒分离	淋巴结、脾、肺、肾,进行病毒分离
猪萎缩性鼻炎	鼻腔深部黏液,供细菌学检查	1. 鼻甲骨或猪头,供病理学检查 2. 鼻腔深部黏液,供细菌学检查
猪丹毒	高热期的血液,皮肤疹块边缘渗出液,慢性病例关节滑囊液,供细菌学检查	心血、肝、脾、肾、心瓣膜滋生物,供细菌学检查
猪喘气病		肺,供微生物学检查
猪传染性胃肠炎	粪便,供病毒学检查	小肠,供病毒学检查和病理组织学检查
副结核病	粪便、直肠黏膜刮取物,供细菌学检查	有病变的肠和肠系膜淋巴结,分别供细菌学检查和病理组织学检查
小反刍兽疫	呼吸道分泌物、血液,供病毒学检查	呼吸道分泌物、血液、脾、肺、肠、肠系膜和支气管淋巴结,供病毒学检查
羊痘	丘疹组织涂片,镀银染色法染色镜检	
羊梭菌性疫病	小肠内容物,供毒素检查	肝、肾及小肠,供细菌学检查
禽流感	喉头和泄殖腔拭子,供病毒学检查	脑、气管、肺、肝、脾等,供病毒学检查
鸡新城疫	喉头和泄殖腔拭子,供病毒学检查	脑、气管、肺、肝、脾等,供病毒学检查
鸡白痢	全血,供血清学检查	肝、脾、胆囊、卵巢、睾丸,供细菌学检查
鸡马立克病	主羽的羽根,供琼脂凝胶扩散试验	肝、脾、肾、腔上囊、腰荐神经,病理组织学检查和病毒学检查
鸭瘟	血液,供血清学检查	肝、脾,供病毒学检查
兔病毒性出血病	血液,供血清学检查	肝、脾、肺,供病毒学检查

（2）采集病料的方法

① 液体材料的采集方法 破溃的脓汁、胸腹水一般用灭菌的棉棒或吸管吸取放入无菌试管内,塞好胶塞送检。血液可无菌操作从静脉或心脏采血,然后加抗凝剂（每 1 mL 血液加 3.8% 枸橼酸钠 0.1 mL）。若需分离血清,则采血后（一定不要加抗凝剂）,放在灭菌的试管中,摆成斜面,待血液凝固析出血清后,再将血清吸出,置于另一灭菌试管中送检。

② 实质脏器的采集方法 应在解剖尸体后立即采集。若剖检过程中被检器官被污染或剖开胸腹后时间过久,应先用烧红的铁片烧烙表面,或用酒精火焰灭菌后,在烧烙的深部取一块实质脏器,放在灭菌试管或平皿内。如剖检现场有细菌分离培养条件,直接以烧红的铁片烧烙脏器表面,然后用灭菌的接种环自烧烙的部位插入组织中,缓缓转动接种环,取少量组织或液体接种到适宜的培养基。

③ 肠道及其内容物的采集方法 肠道只需选择病变最明显的部分,将其中内容物去掉,用

灭菌水轻轻冲洗后放在平皿内。粪便应采取新鲜的带有脓、血、黏液的部分,液态粪应采集絮状物。有时可将胃肠两端扎好剪下,保存送检。

2. 病料的保存与运送

供细菌检验的病料,若能1~2 d内送到实验室,可放在有冰的保温瓶或4~10 ℃冰箱内,也可放入灭菌液体石蜡或30%甘油盐水缓冲保存液中(甘油300 mL,氯化钠4.2 g,磷酸氢二钾3.1 g,磷酸二氢钾1.0 g,0.02%酚红1.5 mL,蒸馏水加至1 000 mL,pH 7.6)。

供细菌学检验的病料,最好由专人及时送检,并附有说明,内容包括:送检单位、地址、动物品种、性别、日龄、送检的病料种类和数量、检验目的、保存方法、死亡日期、送检日期、送检者姓名,并附临床病例摘要(发病时间、死亡情况、临床表现、免疫和用药情况等)。

(二)细菌的形态检查

细菌的形态检查是细菌检验技术的重要手段之一。在细菌病的实验室诊断中,形态检查的应用有两个时机,一是将病料涂片染色镜检,它有助于对细菌的初步认识,也是决定是否进行细菌分离培养的重要依据,有时通过这一环节即可得到确切诊断。如禽霍乱和炭疽的诊断有时通过病料组织触片、染色、镜检即可确诊。另一个时机是在细菌的分离培养之后,将细菌培养物涂片染色,观察细菌的形态、排列及染色特性,这是鉴定分离细菌的基本方法之一,也是进一步进行生化鉴定、血清学鉴定的前提。

根据实际情况选择适当的染色方法,如对病料中的细菌进行检查,常选择单染色法,如美蓝染色法或瑞氏染色法,而对培养物中的细菌进行染色检查时,多采用可以鉴别细菌的复染色法。

(三)细菌的分离培养

细菌的分离培养是细菌检验中最重要的环节。细菌病的临床病料或培养物中常有多种细菌混杂,其中有致病菌,也有非致病菌,从采集的病料中分离出目的病原菌是细菌病诊断的重要依据,也是对病原菌进一步鉴定的前提。不同的细菌在一定培养基中有其特定的生长现象,如在液体培养基中的均匀混浊、沉淀、形成菌环或菌膜,在固体培养基上形成的菌落和菌苔。细菌菌落的形状、大小、色泽、气味、透明度、黏稠度、边缘结构和有无溶血现象等,均因细菌的种类不同而异,根据菌落的这些特征,即可初步确定细菌的种类。

将分离到的病原菌进一步纯化,可为进一步的生化试验鉴定和血清学试验鉴定提供大量无杂菌的细菌。

(四)细菌的生化试验

细菌在代谢过程中,要进行多种生物化学反应,这些反应几乎都靠各种酶系统来催化,由于不同的细菌含有不同的酶,因而对营养物质的利用和分解能力不一致,代谢产物也不尽相同,据此设计的用于鉴定细菌的试验,称为细菌的生化试验。

一般只有纯培养的细菌才能进行生化试验鉴定。生化试验在细菌鉴定中极为重要,方法也很多,主要有糖分解试验、维-培试验、甲基红试验、枸橼酸盐利用试验、吲哚试验、硫化氢试验、触酶试验、氧化酶试验、脲酶试验等。

沙门菌生化试验及结果判断

(五)动物接种试验

动物试验也是微生物学检验中常用的技术,有时为了证实所分离菌是否有致病性,可进行动物接种试验,最常用的是本动物接种和实验动物接种。

任务实施

一、实验室常用仪器的使用

（一）材料准备

电热恒温培养箱、电热干燥箱、高压蒸汽灭菌器、电冰箱、电动离心机、电热恒温水浴箱等。

（二）人员组织

将学生分组，每组 5~10 人并选出组长，在各实验中组员轮流担任组长，负责操作分工，各组分别练习使用仪器。

（三）操作步骤

1. 电热恒温培养箱

电热恒温培养箱又称温箱，主要由箱体、电热丝、温度调节器等组成。温箱主要用于细菌的培养、某些血清学试验及有关器皿的干燥等（图 1-1-17）。

使用方法　插上电源插头，开启电源开关，绿色指示灯明亮，表明电源接通。然后把温控仪上的调节旋钮旋至所需温度刻度处，此时红灯亮，箱内开始升温，待红绿指示灯交替发亮时，工作室内温度达到设定状态，进入正常工作。（应注意，近几年销售的温箱有的红灯亮表示通电及恒温，绿灯亮表示升温。）

2. 电热干燥箱

电热干燥箱又称干热灭菌箱，其构造和使用方法与温箱相似，但所用温度较高。主要用于玻璃器皿和金属制品的干热灭菌。灭菌时箱内放置物品要留空隙，保持热空气流动，以利于彻底灭菌。常用灭菌温度 160 ℃，维持 2 h。灭菌时，关门加热应开启箱顶上的活塞通气孔，使冷空气排出，待升至 60 ℃时，将活塞关闭，为了避免玻璃器皿炸裂，灭菌后箱内温度降至 60 ℃时，才能开启箱门取物品。若仅需达到干燥目的，可一直开启活塞通气孔，温度只需 60 ℃左右即可。

3. 高压蒸汽灭菌器

高压蒸汽灭菌器是应用最广、效率最高的灭菌器，有手提式（图 1-1-18）、立式、横卧式三种，其构造和工作原理基本相同。

1. 温度计；2. 温度调节器；3. 指示灯；4. 开关。

图 1-1-17　电热恒温培养箱

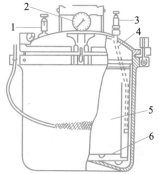

1. 安全阀；2. 压力表；3. 放气阀；
4. 放气软管；5. 内筒；6. 筛板。

图 1-1-18　手提式高压蒸汽灭菌器

高压蒸汽灭菌器为一锅炉状的双层金属圆筒,外筒盛水,内筒有一活动金属隔板,隔板有许多小孔,使蒸汽流通。灭菌器上方或前方有金属厚盖,盖上有压力表、安全阀和放气阀。盖的边缘附有螺旋,借以紧闭灭菌器,使蒸汽不能外溢。

在标准大气压下,水的沸点是100 ℃,这个温度能杀死一般细菌的繁殖体,要杀死芽孢则需要很长时间。如果加大压力,则水的沸点升高。因高压蒸汽灭菌器是一个密闭的容器,加热时蒸汽不能外溢,所以锅内压力不断增大,使水的沸点超过121 ℃。

使用方法

(1)加适量水于灭菌器外筒内,使水面略低于支架,将灭菌物品包扎好放入内筒筛板上。

(2)器盖盖上时,必须将器盖腹侧的放气软管插入消毒内筒的管架中,然后对称扭紧六个螺栓,检查安全阀、放气阀,并使安全阀呈关闭状态,放气阀呈打开状态。通电后,待水蒸气从放气阀均匀冒出时,表示锅内冷空气已排尽,然后关闭放气阀继续加热,待灭菌器内压力升至约 1×10^5 Pa(121.3 ℃),开始计时,维持20～30 min(通过控制电源维持),即可达到灭菌的目的。灭菌时,锅内空气应完全排净,灭菌锅内留有不同分量空气时,压力与温度的关系见表1-1-3。

表1-1-3 灭菌锅留有不同分量空气时,压力与温度的关系

压力数			全部空气排出时的温度/℃	2/3空气排出时的温度/℃	1/2空气排出时的温度/℃	1/3空气排出时的温度/℃	空气全不排出时的温度/℃
MPa	kg/cm²	lb/in²					
0.03	0.35	5	108.8	100	94	90	72
0.07	0.70	10	115.6	109	105	100	90
0.10	1.05	15	121.3	115	112	109	100
0.14	1.40	20	126.2	121	118	115	109
0.17	1.70	25	130.0	126	124	121	115
0.21	2.10	30	134.6	130	128	126	121

(3)灭菌完毕,停止加热,待压力自动降至零时才能开盖取物。

(4)手提式高压蒸汽灭菌器灭菌之后,可放出器内的水,并擦干净。

4. 电冰箱

电冰箱主要由箱体、制冷系统、自动控制系统和附件四大部分构成。实验室中常用以保存培养基、药敏片、病料以及菌种、疫苗、诊断液等生物制品。

使用方法

(1)电冰箱电源的电压一般为220 V,如不符合,须另装稳压器稳压。

(2)通电检查箱内照明灯是否明亮,机器是否运转。

(3)使用时将温度调节器调至一定刻度(冷冻室0 ℃以下,冷藏室温度4～10 ℃)。调节温度时不可一次调得过低,以免冻坏箱内物品,应作第二次、第三次调整。

5. 电动离心机

实验室常用电动离心机沉淀细菌、血细胞、虫卵和分离血清等,较多使用低速离心机,转速可达4 000 r/min。常用倾角电动离心机,其中管孔有一定倾斜角度,使沉淀物迅速下沉。上口有盖,确保安全,前下方装有电源开关和速度调节器,可以调节转速。

使用方法

(1)先将盛有材料的两个离心管及套管放天平上配平,然后对称放入离心机中,若分离材料

为一管,则对侧离心管放入等量的其他液体。

(2) 将盖盖好,接通电路,慢慢旋转速度调节器到所需刻度,保持一定的速度,达到所需的时间(一般转速 2 000 r/min,维持 3~20 min),将调节器慢慢旋回"0"处,停止转动方可揭盖取出离心管。

6. 电热恒温水浴箱

电热恒温水浴箱为镀镍的铜或不锈钢制成的水浴箱,加热快、耗电少,箱前有"电源"和"加热"指示灯(一红一绿),并装有温度调节器,自 37~100 ℃可以调节定温,箱侧有一水龙头,供放水用。水浴箱主要用于蒸馏、干燥、浓缩、温渍化学药品及血清学试验。

<u>使用方法</u>

使用时必须先加水于箱内,通电后绿灯亮,再顺时针方向旋转温度调节器,绿灯灭,使加热指示灯(红灯)亮,即接通内部电热丝,使之加温。如水温达到所需温度,再逆时针方向微调温度调节器,使红绿指示灯忽亮忽灭,经 30~60 min 观察,水温恒定不变即达到定温。如下次使用需要同样温度,可不必旋转调节旋钮,或记下所需刻度,以作下次转向之用。

(四) 注意事项

1. 电热恒温培养箱

(1) 电热恒温培养箱必须放置于干燥、平稳处。

(2) 使用时,随时注意温度计的指示温度是否与所需温度相同。

(3) 除了取放培养物开启箱门外,尽量减少开启次数,以免影响恒温。

(4) 工作室内隔板放置试验材料不宜过重、过密,以防影响热空气对流。底板为散热板,其上切勿放置物品。

(5) 温箱内禁止放入易挥发性物品,以免发生爆炸。

2. 电热干燥箱

(1) 灭菌时箱内放置物品要留空隙,保持热空气流动,以利于彻底灭菌。

(2) 灭菌过程中如遇温度突然升高,箱内冒烟,应立即切断电源,关闭排气小孔,箱门四周用湿毛巾堵塞,杜绝氧气进入,火则自熄。

3. 高压蒸汽灭菌器

(1) 螺栓必须对称均匀旋紧,以免漏气。

(2) 内筒中的灭菌物品,不可堆压过紧,以免妨碍蒸汽流通,影响灭菌效果。

(3) 灭菌时间和压力必须准确可靠,操作人员不能擅自离开。

(4) 注意安全,在高压灭菌密封液体时,如果压力骤降,可能造成物品内外压力不平衡而炸裂或液体喷出。

4. 电冰箱

(1) 电冰箱应放置在干燥通风处,避免日光照射,远离热源,离墙 10 cm 以上,以保证对流,利于散热。

(2) 冷冻室冰霜较厚时,按化霜按钮或切断电路,进行化霜,霜融化后清洁整理。

(3) 箱内存放物品不宜过挤,以利于冷空气对流,使箱内温度均匀。

(4) 箱内保持清洁干燥,如有霉菌生长,断电后取出物品,经消毒后,方可使用。

5. 电动离心机

(1) 离心前,离心管需加上套管放天平上配平,然后对称放入离心机中。

（2）离心时如有杂音或离心机震动,立即停止使用,进行检查。

6. 电热恒温水浴箱

（1）使用时必须先向箱内加水。

（2）不可加水过多,以浸过加热容器为宜。

（3）使用完毕,待水冷却后,必须放水擦干。

二、细菌标本片的制备及染色方法

（一）材料准备

酒精灯、接种环、载玻片、吸水纸、生理盐水、美蓝染色液、革兰染色液、瑞氏染色液、染色缸、染色架、洗瓶、显微镜、香柏油、乙醇乙醚、擦镜纸、细菌培养物（大肠杆菌、葡萄球菌等）、细菌病料、无菌镊子和剪刀、玻璃铅笔等。

（二）人员组织

将学生分组,每组5~8人,组员轮流担任组长,负责本组操作分工。

（三）操作步骤

1. 细菌标本片的制作

（1）涂片标本的制作 细菌涂片标本的制作如图1-1-19。

① 涂片 取清洁载玻片一块（若不洁要用酒精棉球擦净,置火焰上通过数次）,用吸管取生理盐水1滴置于玻片中央,再将接种环在火焰上灭菌,待冷后从固体培养基上挑取少许菌落,置于玻片上的生理盐水中混匀,并在玻片上涂成直径约为1 cm的涂面,要求薄而均匀（以透过涂面能看见手上的指纹为度）。若采用液体培养物作涂片,可直接取菌液涂片。接种环置火焰上灭菌后插入试管架。

② 干燥涂片 在室温下自然干燥,必要时将涂面向上,置火焰上方来回微烤使其干燥。

③ 固定涂片 干燥后,将涂面向上,在火焰上快速来回通过2~3次,其温度以手背接

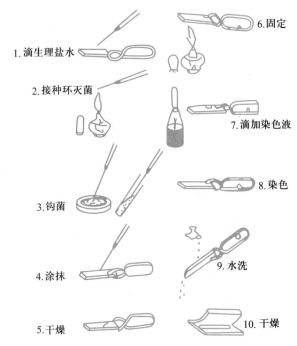

图1-1-19 细菌涂片的制备（1~6）和染色方法（7~10）

触玻片底面感觉微烫手为宜。组织触片、血片用吉姆萨染液染色时要用甲醇固定。固定的目的是使细菌的蛋白质凝固,形态固定,染色时不变形,易于着色,水洗时不易被冲掉。

（2）血液推片和组织抹片的制作

① 血液推片的制作 取一张边缘整齐的载玻片,用其一端蘸取少许血液,在另一张干净无油脂的载玻片上,以45°角均匀地推成一薄层血涂片,以红细胞不重叠为宜,然后干燥固定。

② 组织抹片的制作 用经火焰灭菌的镊子夹起组织（如肝、肾、淋巴结）,用灭菌剪刀剪下小

块组织,将组织切面在载玻片上等距离轻压几下,使其留有组织切面的压迹,然后干燥固定。

2. 常用的细菌染色方法

细菌染色的一般步骤如图1-1-19。常用的细菌染色方法如下:

(1) 美蓝染色法　在已固定好的抹片上,滴加适量美蓝染色液覆盖涂面,染色2~3 min,水洗,吸水纸轻压吸干后镜检,结果菌体呈蓝色。

(2) 革兰染色法

① 在固定好的抹片上,滴加草酸铵结晶紫染色液,作用1~3 min,水洗。

② 加革兰碘液,作用1~2 min,水洗。

③ 加95%酒精脱色30 s至1 min,水洗。

④ 加稀释石炭酸复红,复染30 s左右,水洗,用吸水纸吸干后镜检。

结果:革兰阳性菌呈蓝紫色,革兰阴性菌呈红色。

(3) 瑞氏染色法　细菌抹片自然干燥后,滴加瑞氏染色液于涂片上,固定标本1~3 min后,再滴加与染色液等量的磷酸缓冲液或中性蒸馏水于玻片上,轻轻摇晃使其与染色液混合均匀,静置5 min左右水洗,吸水纸吸干后镜检,结果菌体呈蓝色,组织细胞的胞浆一般呈红色,细胞核呈蓝色。

3. 常用染色液的配制

(1) 碱性美蓝染色液　甲液:美蓝0.3 g、95%酒精30 mL;乙液:0.01%氢氧化钾溶液100 mL。

先配甲液,将美蓝放入研钵中,徐徐加入酒精研磨均匀后,把甲、乙两液混合,过夜后用滤纸过滤即成。新鲜配制的美蓝液染色效果不好,陈旧的染色效果好。

(2) 革兰染色液

① 草酸铵结晶紫溶液　甲液:结晶紫2 g、95%酒精20 mL;乙液:草酸铵0.8 g、蒸馏水80 mL。将结晶紫放入研钵中,加酒精研磨均匀制成甲液,然后将完全溶解的乙液与甲液混合即成。

② 卢戈碘液　碘1 g、碘化钾2 g、蒸馏水300 mL。将碘化钾放入研钵中,加入少量蒸馏水,使其溶解,再放入已磨散的碘片,徐徐加水,同时充分磨匀,待碘片完全溶解后,把余下的蒸馏水倒入,再装入瓶中。

③ 石炭酸复红稀释液　取碱性复红酒精饱和溶液(碱性复红10 g溶于95%酒精100 mL中)1 mL和5%石炭酸水溶液9 mL混合,即为石炭酸复红原液。再取原液10 mL和90 mL蒸馏水混合,即成石炭复红稀释液。

(3) 瑞氏染色液　取瑞氏染料0.1 g,纯中性甘油1 mL,在研钵中混合研磨,再加入甲醇60 mL,使其溶解,装入中性瓶中过夜,次日过滤,盛于棕色瓶中,保存于暗处。保存越久,染色效果越好。

(4) 吉姆萨染色液　取吉姆萨染料0.6 g,加入甘油50 mL,置于55~60 ℃水浴箱中,2 h后加入甲醇50 mL,静置1 d以上,过滤后即可使用。

(四) 注意事项

(1) 根据所检材料不同,选择合适的标本片制备方法。

(2) 细菌染色时,严格控制所加试剂与样品的作用时间。

(3) 水洗时水流不能直接冲洗样品涂面。

(4) 严格遵守病原微生物实验室的生物安全要求。

病原微生物
实验室的生
物安全要求

三、常用培养基的制备

(一) 材料准备

高压蒸汽灭菌器、电热干燥箱、电炉、天平、量筒、漏斗、试管、培养皿、烧杯、三角烧瓶、营养琼脂培养基(或伊红美蓝琼脂培养基、三糖铁琼脂培养基、SS 琼脂培养基、麦康凯琼脂培养基)等。

(二) 人员组织

将学生分组,每组 5~8 人,组员轮流担任组长,负责本组操作分工。

(三) 操作步骤

1. 营养琼脂培养基

以营养琼脂培养基的制备过程为代表说明固体培养基的制备过程,其他固体培养与之相似。

基本程序:计算→称量→溶化→倒板或倒试管→灭菌→无菌检验→备用。

(1) 计算　根据营养琼脂培养基说明书了解营养琼脂粉与水的比例,一般是 1 000 mL 蒸馏水中应加营养琼脂粉 31.3 g,再根据培养基的需要量确定营养琼脂粉的用量(图 1-1-20)。

$$营养琼脂的量 = 31.3 \times 15 \times n / 1\ 000\ (g)$$

其中:15 代表一个平板需要营养琼脂培养基约 15 mL;

　　　n 代表要做的平板的数量。

(2) 称量　用普通天平准确称量出营养琼脂粉的量,用量筒量出相应的蒸馏水的量,要尽量准确(图 1-1-21、图 1-1-22)。

图 1-1-20　常用的培养基

图 1-1-21　培养基的称取

(3) 溶化　将营养琼脂粉和蒸馏水倒入搪瓷缸中,于电炉上加热溶化,边加热边搅拌,沸腾时立即从电炉上拿下,等泡沫消失后再放在电炉上加热,注意不能让营养琼脂溢出,煮沸 2~3 次(图 1-1-23)。

(4) 倒平板或倒试管分装　若做平板培养基应倒于培养皿中,每板约 15 mL,以刚好覆盖平皿底为宜(图 1-1-24)。若做斜面培养基应倒入试管中,量为试管的 1/3。

(5) 灭菌　将平板培养基整齐地平放入高压灭菌器的内筒中,将试管口盖上棉塞或橡胶塞,用纸包扎好,直立放入内筒中,在 121.3 ℃灭菌 20~30 min(图 1-1-25)。灭菌完毕,将平板培养基拿出平放于桌面,凝固前勿动;将试管培养基摆成斜面,凝固前勿动。

(6) 无菌检验　随机抽取几个平皿或试管于温箱中培养 24 h,若无菌生长则为合格。

图 1-1-22　蒸馏水的量取

图 1-1-23　电炉溶化琼脂

图 1-1-24　倒板

图 1-1-25　高压灭菌

（7）保存备用　将合格的平板培养基和试管培养基放入冰箱,在 0~4 ℃ 中保存备用（图 1-1-26）。

注意:SS 琼脂培养基不需要灭菌。

2. 血液琼脂培养基

将灭菌的营养琼脂冷却至 45~50 ℃,以无菌操作,加入 5%~10% 的无菌血液（或脱纤维血）,然后倾注于平皿或分装于试管制成斜面。

3. 肉汤培养基

（1）成分　牛肉膏 3~5 g,蛋白胨 10 g,氯化钠 5 g,蒸馏水 1 000 mL。

图 1-1-26　冷藏备用

（2）制法　将牛肉膏、蛋白胨、氯化钠加蒸馏水后,加热溶解。矫正 pH 至 7.4~7.6,过滤分装。置高压蒸汽灭菌器内,121.3 ℃ 灭菌 20 min 即成。

（3）用途　可供一般细菌生长,同时也是制作一般培养基的基础原料;供营养要求较高的细菌分离培养,亦可供溶血性细菌的观察和保存菌种。

4. 半固体培养基

由肉汤培养基中加入 0.3%~0.5% 琼脂粉制成,用于菌种的保存或观察细菌的运动性。

（四）注意事项

（1）正确量取营养琼脂粉和蒸馏水。

（2）加热溶化时,注意边加热边搅拌,沸腾时不能让营养琼脂溢出,防止烫伤。

（3）固体培养基灭菌完毕,将平板或试管拿出放于桌面,凝固前不要移动。

四、细菌的分离培养及形态观察

（一）材料准备

电热恒温培养箱、病料、实验用菌种、营养琼脂培养基、肉渣汤（疱肉）培养基、接种环、酒精灯、烙刀、镊子、剪子等。

（二）人员组织

将学生分组,每组 5～8 人,组员轮流担任组长,负责本组操作分工。

（三）操作步骤

1. 细菌的分离培养

（1）平板划线分离法　是通过将被检材料连续划线而获得独立的单个菌落,因而划线愈长,获得单个菌落机会也愈多。具体步骤如下：

沙门菌分离培养

① 右手持接种环于酒精灯上烧灼灭菌,冷却。

② 无菌操作取病料,若为液体病料,可直接用灭菌的接种环取病料一环;若为固体病料,首先将烙刀在酒精灯上灭菌,并立即用其在病料表面烧烙灭菌,在烧烙面的中央做一切口,然后用灭菌接种环从切口插入组织中缓缓转动接种环,取少量组织或液体。

③ 左手持平皿,用拇指、食指及中指将皿盖打开一侧（如图 1-1-27A 所示,角度大小以能顺利划线为宜,但以角度小为佳,以免空气中细菌污染培养基）。

④ 将已取被检材料的接种环伸入平皿,并涂于培养基一侧,然后自涂抹处以腕力在平板表面轻轻地分区划线（图 1-1-27B）。

沙门菌在选择性平板上的菌落特征

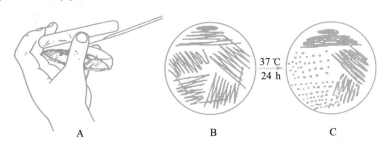

图 1-1-27　平板划线分离法的操作

⑤ 划线完毕,烧灼接种环,将培养皿盖好,用记号笔在培养皿底部注明被检材料及日期,倒置放于 37 ℃温箱中,培养 18～24 h 观察结果。凡是分离菌应在划线上生长,否则为污染菌（图 1-1-27C）。

（2）倾注分离法　取 3 支熔化后冷至 50 ℃左右的琼脂管,用灭菌的接种环取一环培养物（或被检材料）移至第一管中,随即用掌心搓转均匀,再由第一管取一环至第二管,搓转均匀后,再由第二管取一环至第三管,搓转均匀。将三管接种后的培养基分别倒入三个灭菌培养皿中,待凝固后,倒置于 37 ℃温箱中培养 24 h 观察结果,其结果如图 1-1-28 所示。

2. 厌氧菌的分离培养

厌氧菌的分离培养常用肉渣汤(疱肉培养基)培养法。先将试管倾斜,使培养基表面露出一点,然后接种被检材料或菌种,接种后将试管直立,即封闭液面。最后置 37 ℃温箱中培养 24 ~ 48 h。

3. 细菌基本形态的观察

(1)纯培养物标本片 如葡萄球菌、链球菌、大肠杆菌、炭疽杆菌(图 1-1-29)。

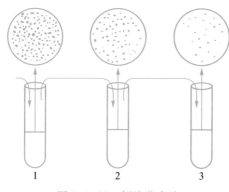

图 1-1-28 倾注分离法   图 1-1-29 纯培养物中大肠杆菌涂片

(2)血片或组织触片 如丹毒杆菌、炭疽杆菌、巴氏杆菌(图 1-1-30 至图 1-1-33)。

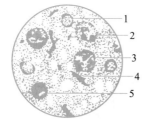

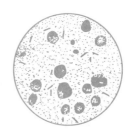

1. 红细胞;2. 嗜中性粒细胞;
3. 脓球;4. 葡萄球菌;5. 淋巴细胞。

图 1-1-30 葡萄球菌脓汁涂片   图 1-1-31 猪丹毒杆菌肝涂片

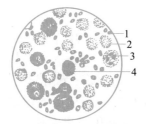

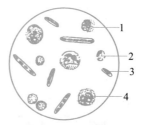

1. 巴氏杆菌;2. 红细胞;
3. 嗜中性粒细胞;4. 淋巴细胞。

1. 淋巴细胞;2. 红细胞;
3. 炭疽杆菌;4. 嗜中性粒细胞。

图 1-1-32 多杀性巴氏杆菌血液涂片   图 1-1-33 炭疽杆菌脾涂片

标本片准备两种,一是纯培养的细菌涂片,二是血片或组织触片。先认识纯培养细菌的形态、大小和排列,然后学会观察血片或组织触片中的细菌,为将来细菌病的实验室诊断打下基础。

（四）注意事项

（1）接种环使用前后要及时灭菌。

（2）以腕力在平板表面轻轻地分区划线,不能用力过大,以防划破培养基。

（3）划线完毕,用记号笔做好标记,倒置于 37 ℃温箱中培养。

五、病料的采集、保存、送检

（一）材料准备

煮沸消毒器、外科刀、外科剪、镊子、试管、平皿、广口瓶、包装容器、注射器、采血针头、脱脂棉、载玻片、酒精灯、火柴、保存液、来苏尔、新鲜动物尸体等。

（二）人员组织

将学生分组,每组 5~8 人,组员轮流担任组长,负责本组操作分工。

（三）操作步骤

1. 病料的采集

（1）采集病料的时间　最好在动物死后立即采取,以不超过 6 h 为宜。

（2）采集病料器械的消毒　刀、剪、镊子、注射器和针头等可煮沸消毒 30 min;玻璃器皿等可高压灭菌或干热灭菌;软木塞和橡皮塞于 0.5% 石炭酸水溶液中煮沸 10~15 min;载玻片在 1%~2% 碳酸氢钠水溶液中煮沸 10~15 min,水洗后用清洁纱布擦干,将其保存于酒精与乙醚等份液中备用。

（3）各种组织脏器病料的采集　采集病料应无菌操作。采集病料的种类,应根据不同的疫病,相应地采集脏器及内容物。在无法估计是某种疫病时,应进行全面采集。各脏器及内容物的采集方法如下:

① 淋巴结及内脏　将淋巴结、肺、肝、脾、肾等有病变的部位各采集 1~2 cm^3 的小方块,分别置于灭菌试管、平皿或小瓶中。

② 脓汁及渗出液　用注射器或吸管抽取,置于灭菌试管中。若为开放性病灶或鼻腔等,可用无菌棉签浸蘸后放在试管中。

③ 血液　心血通常在右心房采取,先用烧红的铁片或刀片烧烙心肌表面,然后用灭菌的注射器自烧烙处扎入吸出血液,盛于灭菌试管或小瓶中。血清的采集,以无菌操作采集血液 10 mL,置于灭菌的试管中,待血液凝固析出血清后,以灭菌滴管吸出血清置于另一灭菌试管内。供血清学检查时,可于每毫升血清中加入 3%~5% 石炭酸溶液 1~2 滴。全血的采集,在注射器中先吸入 5% 柠檬酸 1 mL,再以无菌操作采集全血至 10 mL,注入灭菌的试管或小瓶中。

④ 乳汁　乳房和挤乳者的手用新洁尔灭等消毒,弃去最初所挤的 3~4 股乳汁,再采集 10 mL 左右的乳汁于灭菌的试管中。若仅供镜检,则可于其中加入 0.5% 的福尔马林液。

⑤ 胆汁 采集方法同心血烧烙采取法。

⑥ 肠 用线扎紧一段肠道(5～10 cm)两端,然后将两端切断,置于灭菌器皿中。亦可用烧烙采集法采集肠道黏膜或其内容物。

⑦ 皮肤 取大小约 10 cm×10 cm 的皮肤一块,保存于 30% 甘油缓冲溶液或 10% 饱和盐水溶液或 10% 福尔马林溶液中。

⑧ 胎儿、禽和小动物 将整个尸体包入不透水的塑料薄膜、油布或数层油纸中,装入箱内送检。

⑨ 脑、脊髓、管骨 可将脑、脊髓浸入 50% 甘油盐水中,或将整个头割下,或将整个管骨包入浸过 0.1% 升汞溶液的纱布或油布中,装箱送检。

供镜检的涂片制作:先将脓汁、血、黏液等病料置于玻片上,再用一灭菌棉签均匀涂抹,或用另一玻片抹之。组织块、致密结节及脓汁等,亦可夹在两张玻片之间,然后沿水平面向两端推移,制成推压片。用组织块作触片时,持小镊子将组织块的游离面在玻片上轻轻涂抹即可。每份病料制片不少于 2～4 张。制成后的涂片自然干燥,彼此中间垫以小木棍或纸片,重叠后用线缠往,用纸包好。每片应注明号码,并附说明。

2. 病料的保存

送检病料应保持新鲜状态,以免病料送达实验室时失去原来的状态,影响正确诊断。常用的保存剂及其配制方法如下:

(1)各材料常用的保存剂

病毒检验材料:一般用灭菌的 50% 甘油缓冲盐水。

细菌检验材料:一般用灭菌的液体石蜡,30% 甘油缓冲盐水或饱和氯化钠溶液。

血清学检验材料:固体材料(小块肠、耳、脾、肝、肾及皮肤等)可用硼酸或氯化钠处理。液体材料如血清可在每毫升中加入 3%～5% 石炭酸溶液 1～2 滴。

病理组织材料:用 10% 福尔马林液。

(2)几种保存剂的配制方法

① 30% 甘油生理盐水溶液

纯中性甘油	30.0 mL	0.02% 酚红	1.5 g	氯化钠	0.5 g
中性蒸馏水加至	100.0 mL	碱性磷酸钠	1.0 g		

混合后置高压灭菌器中灭菌 30 min。

② 50% 甘油缓冲盐水溶液

中性纯甘油	150.0 mL	酸性磷酸钠	0.46 g	中性蒸馏水	150.0mL
碱性磷酸钠	10.74 g	氯化钠	2.5 g		

将酸性磷酸钠、碱性磷酸钠和氯化钠溶于 100 mL 中性蒸馏水中,然后与 150 mL 中性纯甘油和 50 mL 中性蒸馏水混合。混合后分装,于高压灭菌器内灭菌 30 min。

③ 饱和氯化钠溶液 取一定量的蒸馏水加入纯氯化钠,不断搅拌至不能溶解为止(一般为 8%～39%),然后用滤纸过滤,即可得饱和氯化钠溶液。

3. 病料的包装和送检方法

(1)病理材料送检单 病料送检应附动物病理材料送检单,该单需复写三份,其中一份留为存根,两份寄往检验室,待检查完毕后,退回一份。送检单格式见表 1-1-4。

表 1-1-4　动物病理材料送检单

第　　号

送检单位		地址		检验单位		材料收到日期	
病畜种类		发病日期		检验人		结果通知日期	
死亡时间		送检日期		检验名称	微生物学检验	血清学检查	病理组织学检查
取材时间		取材人					
疫病流行简况							
主要临床症状				检验结果			
主要剖检变化							
曾经何种治疗							
病料序号名称		处理方法					
送检目的				诊断和处理意见			

（2）病料的包装和送检　液体病料（如黏液、渗出液、尿及胆汁）最好收集在灭菌玻璃管中，管口用火焰封闭，封闭时注意勿使管内病料受热。将封闭的玻璃管用棉花纸包裹，装入较大的试管中，再装盒运送。用棉签蘸取的鼻液及脓汁等物，可置于灭菌试管内，剪除多余的棉签，严密加塞，用蜡密封管口，再装盒送寄。

装盛组织或脏器的玻璃容器，包装时力求细致而结实，最好用双重容器或广口瓶。将盛材料的器皿和塞，用蜡封口后，置于内容器中，内容器中需填充棉花或废纸。气候温暖时须加冰块，但避免病料与冰块直接接触，以免冻结。外容器内垫以废纸、木屑、石灰粉等，装入内容器后封好，外容器上需注明上下方向，最好以箭头注明，并写明"病理材料""小心玻璃"等标记。疑似危险传染病（炭疽、口蹄疫等）病料应将盛病料的器皿置于金属匣内，将病匣焊封加印后装入木盒寄送。

炭疽公共卫生

病料装于容器内至送到检验部门的时间应越短越好。运送途中应避免病料接触高温及日光，以免材料腐败或病原微生物死亡。

（四）注意事项

（1）采集病料前需作尸体检查，怀疑是炭疽时，不可解剖，应先由末梢血管采血涂片镜检。操作时应特别注意，勿使血液污染它处。排除炭疽后方可采集有病变的组织器官。

（2）采集病料应无菌操作，一套器械与容器，只能采集或容装一种病料，不可用其再采其他病料或容纳其他脏器材料。

（3）病料保存时注意配备并使用合适的保存剂。

任务反思

1. 细菌生长曲线各时期有什么特点？

2. 根据物理状态可将培养基分为哪几类？各类培养基有哪些用途？

3. 某养猪场发现猪丹毒疑似病例，如何采样送检进行细菌学检查？

任务 1.2 病毒的检查

 任务目标

知识目标：1. 掌握病毒的形态结构特点。
　　　　　2. 了解病毒的干扰和血凝现象。
　　　　　3. 了解病毒的致病作用。
　　　　　4. 掌握病毒病的实验室诊断方法。
技能目标：1. 会鸡胚接种培养病毒。
　　　　　2. 会鸡的翅静脉采血和心脏采血。

 任务准备

病毒是一类只能在活细胞内寄生的非细胞型微生物。它形体微小，可以通过细菌滤器，必须在电子显微镜下才能看到。依据病毒核酸不同，可分为 DNA 病毒和 RNA 病毒。近年来还发现了类病毒和朊病毒。绵羊痒病、疯牛病的病原就是一类主要由蛋白质构成而不含核酸的朊病毒。类病毒和朊病毒被称为亚病毒。

一、病毒的形态和结构

1. 病毒的大小

病毒是自然界中最小的微生物，用电子显微镜才能观察到，测量单位为纳米（nm）。各种病毒的大小差别很大，较大的如痘病毒，其长、宽、高为 300 nm×250 nm×100 nm；较小的如口蹄疫病毒，直径仅为 20~25 nm。

2. 病毒的形态

病毒主要有五种形态：① 砖形，如痘病毒；② 子弹形，如狂犬病病毒；③ 球形，大多数动物病毒均呈球形；④ 蝌蚪形，是噬菌体的特征形态；⑤ 杆形，如烟草花叶病毒（图 1-2-1）。

3. 病毒的结构及化学组成

病毒是由蛋白质衣壳包裹着核酸构成的。衣壳与核酸组成核衣壳。有些病毒在核衣壳外面还有一层囊膜。有的囊膜上还有纤突（图 1-2-2）。

（1）核酸　核酸存在于病毒的中心部分，又称为芯髓。一种病毒只含有一种类型核酸，即脱氧核糖核酸（DNA）或核糖核酸（RNA）。核酸携带遗传信息，控制着病毒的遗传、变异、增殖和对宿主的感染性等特性。

（2）衣壳　是包围在病毒核酸外面的一层蛋白质外壳，可呈二十面体对称型或螺旋对称型。衣壳有保护核酸的作用；还与病毒吸附、侵入和感染易感细胞有关。此外，病毒的衣壳是病毒重要的抗原物质。

（3）囊膜　有些病毒的核衣壳外面还包有一层由类脂、蛋白质和糖类构成的囊膜。

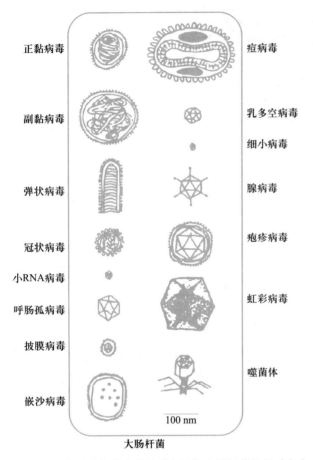

正黏病毒

副黏病毒

弹状病毒

冠状病毒

小RNA病毒

呼肠孤病毒

披膜病毒

嵌沙病毒

痘病毒

乳多空病毒

细小病毒

腺病毒

疱疹病毒

虹彩病毒

噬菌体

100 nm

大肠杆菌

图 1-2-1　主要动物病毒群的形态及与大肠杆菌的相对大小

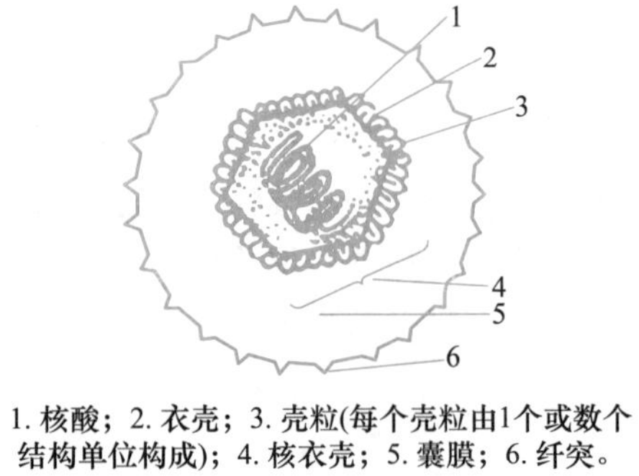

1. 核酸；2. 衣壳；3. 壳粒(每个壳粒由1个或数个结构单位构成)；4.核衣壳；5. 囊膜；6. 纤突。

图 1-2-2　病毒结构示意图

囊膜对衣壳有保护作用,并与病毒吸附宿主细胞有关。有些病毒囊膜表面具有呈放射排列的突起,称为纤突,纤突不仅具有抗原性,而且与病毒的致病力有关,如流感病毒囊膜上的血凝素和神经氨酸酶。

二、病毒的增殖

1. 病毒增殖的方式

病毒增殖必须依靠活的宿主细胞,宿主细胞为病毒增殖提供能量、原料和必需的酶。病毒增殖的方式是复制。

2. 病毒的复制过程

病毒的复制过程大致可分为吸附、穿入、脱壳、生物合成、装配与释放五个主要阶段。

三、病毒的干扰和血凝现象

1. 干扰现象

当两种病毒感染同一细胞时,可发生一种病毒抑制另一种病毒复制的现象,称为病毒的干扰现象。干扰现象可以发生在异种病毒之间,也可发生在同种病毒不同型或株之间,最常见的是异种病毒之间的干扰现象。因此要合理使用疫苗,避免病毒之间的干扰现象给免疫带来的影响。病毒之间产生干扰现象的原因有占据或破坏细胞受体,争夺酶系统及生物合成原料、场所,以及产生干扰素。

2. 干扰素

干扰素是机体活细胞受病毒感染或干扰素诱生剂的刺激后产生的一种低分子量的糖蛋白,可随血液循环至全身,被另外的细胞吸收后,细胞内可合成抗病毒蛋白质,抑制入侵病毒的增殖。病毒是最好的干扰素诱生剂,干扰素的生物学活性作用有:

(1)抗病毒作用　干扰素具有广谱抗病毒作用,其作用是非特异性的。但干扰素的作用具有明显的动物种属特异性。因此禽干扰素只能抑制禽体内病毒的增殖。

(2)免疫调节作用　主要是 γ 干扰素的作用。γ 干扰素可作用于 T 淋巴细胞(简称 T 细胞)、B 淋巴细胞(简称 B 细胞)和 NK 细胞,增强它们的活性。

(3)抗肿瘤作用　干扰素不仅可抑制肿瘤病毒的增殖,而且能抑制肿瘤细胞的生长,同时,又能调节机体的免疫机能,如增强巨噬细胞的吞噬功能。

3. 病毒的血凝现象

许多病毒表面有血凝素,能与鸡、豚鼠、人等红细胞表面受体结合,从而出现红细胞凝集现象,称为病毒的血凝现象。这种血凝现象是非特异性的,当病毒与相应的抗病毒抗体结合后,能使红细胞的凝集现象受到抑制,称为病毒血凝抑制现象。能阻止病毒凝集红细胞的抗体称为红细胞凝集抑制抗体,其特异性很高。

四、病毒的致病作用

病毒进入易感宿主体内后,可以通过其直接毒性作用而致病,但病毒主要的致病机制是通过干扰宿主细胞的营养和代谢,导致机体组织器官的损伤和功能改变,造成机体持续性感染。

1. 病毒感染对宿主细胞的直接作用

(1)杀细胞效应　病毒在宿主细胞内复制完毕,可在很短时间内一次释放大量子代病毒,导致细胞裂解死亡,此种情况称杀细胞效应。主要见于无囊膜的病毒,如腺病毒。

(2)稳定状态感染　有些病毒,如流感病毒,在宿主细胞内增殖过程中,以出芽方式释放病毒,细胞暂时不出现溶解和死亡,称为稳定状态感染。以后可引起宿主细胞发生细胞融合和细胞表面出现新抗原等多种变化。

(3)包含体形成　包含体是某些细胞受病毒感染后出现的、与正常细胞的结构和着色不同的圆形或椭圆形斑块。各种病毒的包含体形态各异,位于胞质内或胞核内。

(4)细胞凋亡　有些病毒可诱发细胞凋亡。

(5)细胞转化　病毒核酸随宿主细胞的分裂而传给子代,使宿主细胞遗传性状改变,有些形成肿瘤细胞。

2. 病毒感染的免疫损伤作用

病毒在感染宿主的过程中,通过与免疫系统相互作用,导致免疫损伤。有些病毒与相应抗体结合形成免疫复合物并沉积在某些组织器官内,引起Ⅲ型变态反应。传染性法氏囊病病毒感染鸡后,引起法氏囊萎缩和严重的 B 淋巴细胞缺失,导致免疫抑制。

五、病毒的培养

病毒不能在无生命的培养基上生长,必须在活细胞内增殖。

1. 动物接种

病毒进入易感动物体后可大量增殖,并使动物产生特定反应。实验动物,应该是健康的,血清中无相应病毒的抗体,最好是无菌动物或无特定病原动物(SPFA)。常用的实验动物有小白鼠、家兔、豚鼠、鸡等,主要用于病原学检查、传染病的诊断、疫苗生产及疫苗效力检验等。

2. 禽胚培养

许多病毒易于在禽胚中增殖,培养后易于采集和处理,而且禽胚来源充足、操作简单。但禽胚中可能带有垂直传播的病毒,也有卵黄抗体干扰的问题,因此最好选择无特定病原动物胚。禽胚接种时,不同的病毒可采用不同的接种途径(图1-2-3),并选择日龄合适的禽胚。常用的鸡胚接种途径为尿囊腔接种。

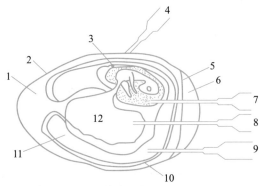

1.清蛋白; 2.壳膜; 3.羊膜腔; 4.绒毛尿囊膜接种; 5.壳膜; 6.气室; 7.羊膜腔接种; 8.卵黄囊接种; 9.尿囊腔接种; 10.绒毛尿囊膜; 11.尿囊腔; 12.卵黄囊。

图1-2-3　病毒的鸡胚接种部位

3. 组织培养

组织培养是用体外培养的组织块或单层细胞分离增殖病毒。利用组织培养病毒有许多优点:离体活组织不受机体免疫力影响,易于使病毒生长;便于人工选择多种敏感细胞供病毒生长;易于观察病毒的生长特征;便于收集病毒做进一步检查。

六、病毒病的实验室诊断方法

1. 病料的采集、保存和运送

病毒病病料的采集、方法和保存运送的方法与细菌病病料的采集、保存和运送方法基本是一致的,不同的是病毒材料的保存除可冷冻外,还可放在50%甘油磷酸盐缓冲液中保存,液体病料采集后可直接加入一定量的青霉素、链霉素或其他抗生素以防细菌和真菌的污染。

2. 包含体检查

有些病毒(如狂犬病病毒、伪狂犬病病毒)能在易感细胞中形成包含体。将被检材料直接制成涂片、组织切片或冰冻切片,经特殊染色后,用普通光学显微镜检查。这种方法对能形成包含体的病毒性传染病,具有重要的诊断意义。

3. 病毒的分离培养

采集的病料接种动物、禽胚或组织细胞,可进行病毒的分离培养。供接种或培养的病料应作除菌处理。除菌方法有滤器除菌、高速离心除菌和用抗生素处理三种。

被接种的动物、禽胚或细胞出现死亡或病变时(但有的病毒须盲目传代后才能检出),可应用血清学试验及相关的技术进一步鉴定病毒。

4. 动物接种试验

病毒病的诊断也可应用动物接种试验来进行。取病料或分离到的病毒处理后接种实验动物,通过观察记录动物的发病时间、临床症状及病变甚至死亡的情况,也可借助一些实验室的方法来判断病毒的存在。

5. 病毒的血清学试验

血清学试验在病毒性传染病的诊断中占有重要地位。常用的方法有:中和试验、红细胞凝集抑制试验和免疫扩散试验等。

6. 分子生物学诊断

分子生物学诊断又称基因诊断。主要是针对不同病原微生物所具有的特异性核酸序列和结构进行测定。主要方法有核酸探针、聚合酶链反应(PCR)技术和DNA 芯片技术。

聚合酶链反应
(PCR)技术

任务实施

一、病毒的鸡胚接种技术

(一)材料准备

恒温培养箱、9 ~ 11 日龄鸡胚、照蛋器、蛋架、锥子、1 mL 注射器、5 ~ 7 号针头、眼科剪刀和镊子、灭菌吸管、灭菌青霉素瓶、酒精灯、5% 碘酊及 75% 酒精棉球、石蜡、新城疫病毒液等。

(二)人员组织

将学生分组,每组 5 ~ 8 人,组员轮流担任组长,负责本组操作分工。

(三)操作步骤

病毒鸡胚接种的途径有绒毛尿囊膜接种、尿囊腔接种、羊膜腔接种、卵黄囊接种等。本实验以尿囊腔接种为例,介绍病毒鸡胚接种及鸡胚材料的收获方法和步骤。

(1)准备　取 9 ~ 11 日龄健康鸡胚,照蛋,划出气室、胚胎位置及接种部位,标明胚龄及日期,气室朝上立于蛋架上。接种部位可选择气室中心或远离胚胎侧气室边缘,避开大血管。

鸡新城疫病毒的鸡胚接种技术

(2)接种　在接种部位先后用 5% 碘酊棉球及 75% 酒精棉球消毒,然后用灭菌锥子打一小孔,用接有 5 ~ 7 号针头的 1 mL 注射器吸取新城疫病毒液垂直或稍斜插入气室,刺入尿囊,向尿囊腔内注入 0.1 ~ 0.3 mL。注射后,用熔化的石蜡封孔,置温箱中直立孵化 3 ~ 7 d。孵化期间,每 6 h 照蛋一次,观察胚胎存活情况。弃去接种后 24 h

内死亡的鸡胚,24 h 以后死亡的鸡胚应置 0~4 ℃冰箱中冷藏 4 h 或过夜(气室朝上直立)。

(3)收获　将鸡胚取出,无菌操作轻轻敲打并揭去气室顶部蛋壳及壳膜,形成直径 1.5~2.0 cm 的开口。用灭菌镊子夹起并撕开或用眼科剪剪开气室中央的绒毛尿囊膜,然后用灭菌吸管从破口处吸取尿囊液,注入灭菌青霉素瓶内,收获的尿囊液应清亮。收获的尿囊液作无菌检验并冷冻保存,用具消毒处理,鸡胚置消毒液中浸泡过夜,然后弃掉。

二、鸡的采血技术

(一)材料准备

雏鸡、中雏、成年鸡、灭菌针头(5.5 号、6~8 号)、灭菌的注射器(1 mL、5 mL)或一次性注射器、青霉素小瓶或离心管、抗凝剂等。

(二)人员组织

将学生分组,每组 4 人,组员轮流担任组长,负责本组操作分工。一位同学保定,一位同学采血,另外两位同学协助,4 人轮流操作。

(三)操作步骤

1. 翅静脉采血

(1)助手保定采血　助手首先将鸡侧卧保定,采血部位消毒,然后采血者左手按住翅静脉近心端使血管充盈,右手持 5 mL 注射器(接 7 号针头)刺入翅静脉,注射器有血液回流时立即松开近心端,固定针头抽血 1~2 mL。

(2)自我保定采血　左手抓住双翅将鸡保定,首先消毒采血部位,然后右手持注射器由翅静脉近心端(翅根)向远心端方向进针,注射器有血液回流立即固定针头抽血 1~2 mL。

翅静脉采血适合较大日龄的鸡,所用针头必须要锋利(便于进针)。此法优点是安全,缺点是易造成血肿。

2. 心脏采血

(1)胸口进针　首先将鸡胸口消毒,左手握住鸡的双翅,将鸡仰卧保定,右手持注射器从胸口进针(避开嗉囊)朝向百会穴(腰荐结合部),并轻拉针栓,待注射器中有血液回流,立即固定针头抽血。此法适合较小日龄的鸡。一般雏鸡用 1 mL 注射器(接 5.5 号针头),采血量 0.5~1 mL;中雏用 5 mL 注射器(接 7 号针头),采血量 1~2 mL。

(2)胸左侧进针　鸡只右侧卧保定,采血部位应在左侧胸外静脉分叉处。首先消毒采血部位,然后右手持 5 mL 注射器于选定的部位垂直进针,并轻拉针栓,见注射器有血液回流,立即固定针头抽血。此法适合中雏和成年鸡,采血量为 1~2 mL。若为中雏,注射器接 6~7 号针头;若为成年鸡,注射器接 7~8 号针头。

心脏采血是一种快速的采血方法,采血量多少可根据采血目的及鸡的日龄来确定。

(四)注意事项

(1)采血前注意对采血部位消毒,防止采血器污染。

(2)翅静脉采血时,采血器倾斜,尽量与血管平行进针;心脏采血时,注意垂直进针。

(3)采血分离红细胞,采血前要加抗凝剂;采血分离血清,则不加入抗凝剂。

任务反思

1. 病毒如何导致易感宿主发病？
2. 病毒培养的方法有哪些？说出每种方法的优缺点。

任务1.3 寄生虫的检查

任务目标

知识目标：1. 掌握常见寄生虫的形态和结构。
　　　　　2. 掌握寄生虫的宿主类型。
　　　　　3. 了解寄生虫的生活史。
技能目标：1. 能区分吸虫、绦虫、线虫的基本形态。
　　　　　2. 能识别寄生虫卵。
　　　　　3. 会用粪便检查法检查寄生虫。

任务准备

寄生虫是暂时地或永远地寄生在人和动物的体内或体表，并从人和动物身上取得营养物质的动物。受益的一方是寄生虫，受害一方是宿主。如寄生于猪和人小肠中的蛔虫。

一、寄生虫的形态和结构

寄生虫包括三大类：蠕虫、蛛形纲和昆虫纲寄生虫以及原虫。

（一）蠕虫的形态与结构

蠕虫为多细胞无脊椎动物，能通过身体的肌肉收缩而做蠕形运动，蠕虫包括线形动物门、扁形动物门和棘头动物门所属的多种动物。如线虫、吸虫、绦虫和棘头虫。

1. 线虫

线虫属线形动物门的线虫纲，有1万多种，广泛分布在水、土壤等自然环境中。常见的有蛔虫、旋毛虫等。

成虫一般呈线状或纺锤状，两端尖细不分节（图1-3-1）。虫体大小不一，一般雌虫大于雄虫。整个虫体可分头、尾、背、腹和两侧。体表为透明的角皮，表面光滑或有横、纵、斜纹，有由角皮参与形成的特殊结构如头泡、颈翼、唇片、叶冠、尾翼、交合伞及乳突等。角皮、皮下层及肌肉层构成体壁，与内脏之间形成假体腔。消化系统由口孔、食管和肠管至肛门组成一个直管，雌虫肛门单独开口，雄虫则与射精管构成泄殖腔。排泄系统由两条排泄管组成，开口于食管附近的腹面中线

猪蛔虫
发育史

上。有的无排泄管,有排泄腺。神经系统较为发达,神经环位于食道周围,向前后伸出6条神经干,体表有许多具有感觉作用的乳突。生殖系统均为管状,各器官彼此相连。雄虫生殖系统为单管型,由睾丸、输精管、贮精囊和射精管组成,开口于泄殖腔;许多线虫还具有构造复杂的辅助交配器官,如交合刺、副导刺带及交合伞等。雌虫生殖系统为双管型(少数为单管型),由卵巢、输卵管、受精囊、子宫、阴道和阴门组成,阴门的开口位置因种而异。

猪带绦虫
发育史

2. 绦虫

绦虫属于扁形动物门中的绦虫纲。虫体背腹扁平,左右对称,长如带状(图1-3-2),大多分节,无体腔,无口和消化系统,神经系统和排泄系统欠发达,生殖系统发达;绝大多数为雌雄同体。成虫一般寄生在脊椎动物的消化道中,生活史需1~2个中间宿主。绦虫成虫白色或乳白色,体长因虫种不同可从数毫米至数米。虫体前端细小,为具有固着器官的头节。接着头节的是颈节,颈节不分节,短而纤细,颈节以后是体节。体节是虫体最显著部分,由3~4个节片至数千个节片组成,越往后越宽大。前部体节为未成熟节片,其后为成熟节片,最后为孕卵节片。每个成熟节片有一组或两组雌雄同体的生殖器官。其中,雄性生殖器官包括许多睾丸和输出管,输出管汇总为输精管,输精管末端膨大为雄茎,包在雄茎囊内,开口于体节侧缘的生殖孔。雌性生殖器官包括分叶状的卵巢,经输卵管通卵膜,与卵膜相通的还有卵黄腺、梅氏腺、阴道和子宫。阴道另一端通往体节侧缘的生殖孔。

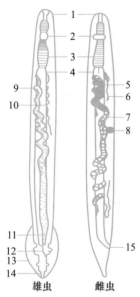

1. 口腔;2. 神经节;3. 食道;4. 肠;5. 输卵管;
6. 卵巢;7. 子宫;8. 生殖孔;9. 输精管;10. 睾丸;
11. 泄殖腔;12. 交合伞;13. 翼膜;14. 乳突;15. 肛门。

图1-3-1　线虫结构模式图　　　　　　　　　图1-3-2　羊绦虫

圆叶目绦虫(图1-3-3左图)头节多呈球形,固着器官常为4个圆形的吸盘,分列于头节四周;头节顶部可有能伸缩的圆形突起,称顶突,顶突周围常有1~2圈棘状或矛状的小钩。

假叶目绦虫(图1-3-3右图)头节呈梭形,其固着器官是头节背、腹侧向内凹入而形成的两条沟槽。绦虫靠头节上的固着器官吸附在宿主肠壁上。

绦虫消化系统全部消失，只借体表的渗透作用来吸收寄主的营养。成熟节片内充满了雌雄生殖器官，多为雌雄各一套。成熟节片充满子宫和卵，脱落后随粪便排出。

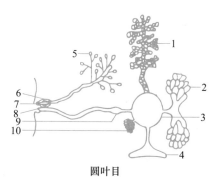

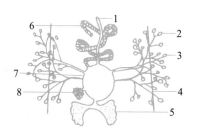

圆叶目

1. 子宫；2. 卵巢；3. 卵膜；4. 卵黄腺；5. 睾丸；6. 雄茎囊；
7. 雄性生殖孔；8. 雌性生殖孔；9. 受精囊；10. 梅氏腺。

假叶目

1. 雌性生殖孔；2. 睾丸；3. 卵黄腺；4. 排泄管；
5. 卵巢；6. 子宫；7. 卵膜；8. 梅氏腺。

图1-3-3　绦虫结构模式图

3. 吸虫

吸虫属于扁形动物门的吸虫纲。一般脊椎动物为它们的终宿主，无脊椎动物为它们的中间宿主。成虫外观呈叶状或长舌状，两侧对称，背腹扁平，通常具口吸盘与腹吸盘，体表有凹窝、凸起、皱褶、体棘、感觉乳突等。

吸虫的基本结构如图1-3-4。除分体科外多为雌雄同体，扁平叶状。有口腹吸盘。消化系统由口、咽、食管和左右分支的肠管组成，肠管终于盲端。生殖系统结构复杂，雄性生殖系统一般有两个睾丸（分体吸虫例外），输精管合并为输精总管后通入雄茎囊，输精总管的末端为雄茎，开口于腹吸盘前，有的输精管有膨大部，称贮精囊。雌性生殖系统有一个卵巢，通过输卵管连接卵膜，卵膜还与受精囊、劳氏管、子宫和卵黄管相通。子宫另一端通生殖孔，卵黄管的另一端与虫体两侧的卵黄腺相通。

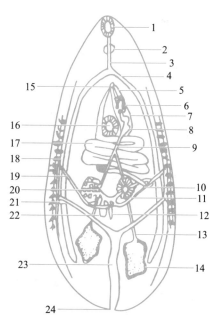

1. 口吸盘；2. 咽；3. 食道；4. 肠；5. 雄茎；6. 前列腺；
7. 雄茎囊；8. 贮精囊；9. 输精总管；10. 卵膜；11. 梅氏腺；
12. 劳氏管；13. 输出管；14. 睾丸；15. 生殖孔；16. 腹吸盘；
17. 子宫；18. 卵黄腺；19. 卵黄管；20. 卵巢；21. 排泄管；
22. 受精囊；23. 排泄囊；24. 排泄孔。

图1-3-4　吸虫结构模式图

（二）蛛形纲寄生虫的形态与结构

蛛形纲寄生虫一般分为头胸部和腹部，有的头、胸、腹愈合为一体，无触角，无翅，成虫有足4对。口器能刺穿寄主的体表和吮吸寄主的汁液。以马氏管和基节腺排泄。蜱螨类是小型节肢动物，外形有圆形、卵圆形或长形等。小的虫体长仅0.1 mm左右，大者可达1 cm以上。虫体基本结构可分为颚体（又称假头）与躯体两部分。颚体位于躯体前端或前部腹面，由口下板、螯肢、须肢及假头基组成。躯体呈袋状,表皮有的较柔软,有的形成不同程序骨化的背板。有些种类有眼,多数位于躯体的背面。腹面有足4对,通常分为6节,跗节末端有爪和爪间突。生殖孔位于躯体前半部,肛门位于躯体后半部。蜱结构见图1-3-5。螨的形态见图1-3-6。

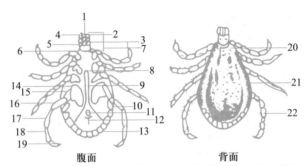

1. 口下板;2. 须肢第四节;3. 须肢第一节;4. 须肢第三节;5. 须肢第二节;6. 假头基;7. 假头囊;8. 生殖孔;9. 生殖沟;10. 气门;11. 肛门;12. 肛沟;13. 缘垛;14. 基节;15. 转节;16. 股节;17. 胫节;18. 前跗节;19. 跗节;20. 颈沟;21. 侧沟;22. 螯肢。

图1-3-5   蜱(雄性)

(三) 昆虫纲寄生虫的形态与结构

昆虫身体分节,且部分体节相互愈合而成为头、胸、腹三部(羊狂蝇和虻见图1-3-7)。头部由4或6个体节愈合而成,成体已无任何分节的痕迹。头部是感觉和摄食的中枢,有触角、口器、眼等。胸部是昆虫的运动中心,由前胸、中胸和后胸3节组成,每一胸节生有1对足。昆虫最基本的足是步足,但由于生活环境、取食方式等不同,在形态结构上有很大的变化,产生了不同类型的、具有高度适应性的足。如虱子的足,胫节一部分与跗节和爪合抱成钳状,适于夹住毛发,称为攀缘足。大多数昆虫的成虫,在中胸和后胸的背侧还着生两对飞行器官——翅,有些昆虫如跳蚤、虱、臭虫退化成无翅型。大多数内脏器官和生殖器官位于腹部,其是代谢活动和生殖的中心。末端具肛门及外生殖器。

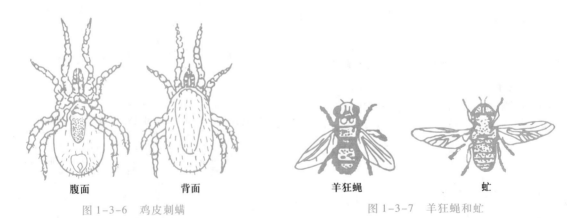

腹面   背面   羊狂蝇   虻

图1-3-6   鸡皮刺螨   图1-3-7   羊狂蝇和虻

昆虫的体壁结构由内向外分为基膜、表皮细胞层和表皮层三个层次。体壁含有几丁质和骨蛋白,质地坚硬而富弹性,以保护体内结构;体壁中还有蜡质层,以防止水分入内,并防止外界异物的侵入,因而成虫期喷施农药的灭杀效果比幼虫或若虫期差。

（四）原虫的形态与结构

原虫是单个细胞构成的最原始、最低等的单细胞动物。体型微小，长 30 ~ 300 μm，除具有细胞质、细胞核、细胞膜等一般细胞的基本结构外，还具有鞭毛、纤毛、伪足等，能完成运动、消化、排泄、生殖、感应等各种生理机能。常见的各种原虫见图 1-3-8。

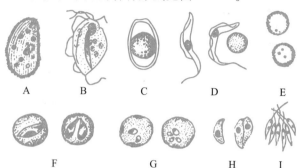

A.结肠小袋虫；B.毛滴虫；C.球虫卵囊；D.伊氏锥虫；E.微浆体；
F.双芽梨形虫；G.泰勒梨形虫；H.龚地弓形虫；I.利什曼原虫。

图 1-3-8 常见的各种原虫

1. 球虫

球虫一般寄生在宿主的肠道上皮细胞，只有少数例外，如有的兔球虫寄生在肝。球虫从宿主体内刚排出时均为球形至卵形的卵囊，内含圆形原生质。在外界适宜温湿度下进行孢子生殖，形成数个子孢子，此过程称为孢子化。球虫孢子化卵囊结构见图 1-3-9。

2. 弓形虫

弓形虫在发育过程中可有滋养体、包囊、裂殖体、配子体和卵囊 5 种不同形态。

（1）滋养体 游离的虫体呈弯月形，一端较尖，一端钝圆，长 4 ~ 7 μm，宽 2 ~ 4 μm。经瑞氏染色后可见胞浆呈蓝色，胞核呈紫红色，位于虫体中央。多见于急性病例的肝、脾、淋巴结中。

（2）包囊 圆形或椭圆形，直径 5 ~ 100 μm，囊内含数个至数百个虫体，可长期在组织内生存。多见于慢性和亚急性病例的脑、眼和肌肉中。

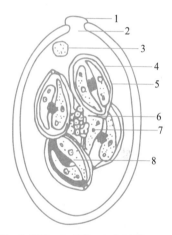

1.极帽；2.微孔；3.极粒；4.孢子囊；5.子孢子；
6.斯氏体；7.外残体；8.内残体。

图 1-3-9 球虫孢子化卵囊结构模式图

（3）裂殖体 在猫科动物小肠绒毛上皮细胞内发育增殖，成熟的裂殖体为长椭圆形，内含 4 ~ 29 个裂殖子，以 10 ~ 15 个居多，呈扇状排列，裂殖子形如新月状，前尖后钝，较滋养体为小。

（4）配子体 由游离的裂殖子侵入另一个肠上皮细胞，发育形成配子母细胞，进而发育为配子体，有雌雄之分。雌配子体呈圆形，成熟后发育为雌配子，核染成深红色，较大，胞质深蓝色；雄配子两端尖细，长约 3 μm，雌雄配子受精结合发育为合子，而后发育成卵囊。

（5）卵囊 刚从猫粪排出的卵囊为圆形或椭圆形，大小为 10 ~ 12 μm，具两层光滑透明的囊壁，内充满均匀小颗粒，见图 1-3-10。成熟卵囊含 2 个孢子囊，每个分别由 4 个子孢子组成，相互交错在一起，呈新月形。

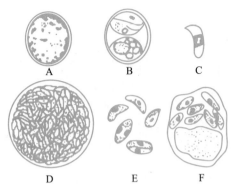

A. 未孢子化卵囊；B. 孢子化卵囊；C. 子孢子；D. 包囊；E. 速殖子；F. 假包囊。

图 1-3-10　弓形虫

二、寄生生活对寄生虫的影响

在寄生关系形成的漫长过程中,寄生虫部分或完全丧失自生生活能力而适应寄生生活,通过逐渐发生形态和生理上的变化以适应寄生环境。这些变化可表现为:

(1) 寄生虫对环境适应性的改变　多数寄生虫不能适应外界环境的变化,只能选择寄生于某种或某些宿主机体。

(2) 寄生虫形态结构的改变　寄生虫直接从宿主机体内吸取丰富的营养物质,不再需要复杂的消化过程,所以消化系统简单。有些寄生虫为了保留在宿主的体内或体表,产生和发展了一些特殊的附着器官。如吸虫、绦虫的吸盘和小钩,线虫的牙齿。

(3) 寄生虫繁殖能力强　寄生虫生殖方式多样,繁殖力强大,如人蛔虫雌虫体长只有 30~35 cm,一天可以产卵 20 万个以上,这增加了寄生虫的生存机会。

三、寄生虫的生活史

寄生虫在发育过程中,形态、生理等发生变化的同时,也完成了一代生长、发育与繁殖的整个过程,即生活史。其生活史可分为两种类型:有的寄生虫完成生长史不需要中间宿主,虫卵或幼虫在外界发育到感染期后直接感染动物和人,称为直接发育型,如蛔虫、牛羊消化道线虫;另一种需要中间宿主,幼虫在中间宿主体内发育到感染期后感染动物和人,称为间接发育型,如旋毛虫、猪带绦虫。

四、寄生虫的类型

由于寄生虫与宿主相互间适应程度的不同,以及特定的生态环境的差别等因素,使寄生虫显示为不同的类型。

(1) 专性与兼性寄生虫　专性寄生虫指整个发育过程的各个阶段都营寄生生活(如丝虫)或某个阶段必须营寄生生活(如钩虫),没有这些阶段,生活史不能完成。兼性寄生虫指既可营自立生活,又能营寄生生活,如类圆线虫。

(2) 专一宿主与多宿主寄生虫　有些寄生虫只寄生于一种特定的宿主,对宿主有严格的选择性,为专一宿主寄生虫,如鸡球虫只感染鸡。多宿主寄生虫指有些寄生虫能够寄生于许多种宿主,如肝片吸虫可以寄生于山羊、牛等多种动物。

（3）内、外寄生虫 如果寄生虫寄居在宿主的体表,则称其为外寄生虫,如蜱、螨、蚊、虻、虱、臭虫。寄居在体腔内和内部器官的,则称其为内寄生虫,如球虫、蠕虫。

（4）永久性与非永久性寄生虫 永久性寄生虫指终身不离开宿主的寄生虫,如旋毛虫。非永久性寄生虫又称暂时性或间歇性寄生虫,指只短暂侵袭宿主,以解除饥饿、获得营养的寄生虫,例如蚊子和臭虫,仅吸血时附着在宿主身上,吸完后随即离开。

五、宿主的类型

有些寄生虫在不同的发育阶段寄生于不同的宿主,例如,幼虫和成虫阶段（指能产生虫卵或幼虫的虫体）分别寄生于不同的宿主。按照宿主在寄生虫生活史中所起的作用可把宿主分为不同的类型。

（1）终末宿主 指寄生虫成虫或有性繁殖阶段寄生的宿主。如人是猪囊尾蚴的终末宿主。

（2）中间宿主 指寄生虫幼虫或无性繁殖阶段寄生的宿主。终末宿主常常是脊椎动物,但并非必需,疟原虫在蚊子体内达到性成熟和受精,因此被确定为终末宿主,而脊椎动物是中间宿主。具有两个以上中间宿主时,则按照先后顺序称为第一中间宿主、第二中间宿主,以此类推。

（3）转续宿主 寄生虫在转续宿主体内不进行任何发育,但是仍保留活性,并对另一宿主有感染性。转续宿主是终末宿主和中间宿主之间生态缺口的桥梁。例如,地鼠是中间宿主昆虫和终末宿主猫头鹰之间的转续宿主。

（4）带虫宿主 有时一种寄生虫病在自行康复或治愈后或处于隐性感染时,宿主对寄生虫保留着一定数量虫体的感染,该宿主为带虫宿主或带虫者,这种状态称为带虫现象。带虫动物的健康状态下降时,可导致疾病复发。

（5）媒介 通常是指在脊椎动物宿主间传播寄生虫病的一种低等动物,更常指传播血液原虫的吸血节肢动物。例如,蚊子在人之间传播疟原虫,蜱在牛之间传播双芽巴贝斯虫。

六、寄生虫的致病作用

寄生虫可以经口、皮肤、胎盘和直接接触等方式感染宿主。寄生虫的侵入、移行、定居、发育、繁殖等过程,对宿主造成严重损害。寄生虫对宿主的致病作用是多方面的,通常表现在以下几个方面。

（1）掠夺宿主的营养 寄生虫在宿主体内生长、发育及大量繁殖,所需营养物质绝大部分来自宿主,寄生虫数量越多,所需营养也就越多。如蛔虫等肠道寄生虫摄取宿主营养物质,引起宿主营养和发育不良。

（2）吸取宿主的血液 有许多种寄生虫吸食宿主的血液。如犬钩虫,借助其强大口囊咬破黏膜吸血,每分钟吸吮动作达 120～250 次。据估计每一条犬钩虫在 24 h 内可使宿主失血 0.36～0.84 mL。节肢动物中的吸血虱、虻、厩蝇、虱蝇、蚤、蜱和刺皮螨等都是直接由宿主的皮肤吸食血液。

（3）消化、吞食或破坏宿主的组织细胞 某些吸虫可以分泌消化酶溶解宿主的组织,使其转为自身的营养液;虫体也可直接吞食组织碎片;细胞内的寄生虫,如球虫、梨形虫、住白细胞原虫可以直接破坏宿主组织细胞。

（4）毒素 寄生虫排泄物、分泌物、虫体、虫卵死亡崩解物对宿主是有害的,这些物质可能引起组织损害、组织改变或免疫病理反应。如蜱用于防止宿主血液凝固的抗凝血物质;寄生于胆管系统的华支睾吸虫,其分泌物、代谢产物可引起胆管上皮增生;钩虫分泌的抗凝血物质使受损肠壁流血不止。

(5)免疫损伤　寄生虫是宿主体内的异物,其产物都具有免疫原性,宿主可产生过敏反应。例如犬患恶丝虫病引起Ⅱ型过敏反应;蛔虫幼虫移行至肺部发生支气管哮喘等,为速发型过敏反应;血吸虫虫卵所致肉芽肿,属迟发型过敏反应。

(6)机械性损伤　寄生虫侵入、移行、定居、占位或不停运动使所累及组织损伤或破坏。如多量蛔虫积聚在小肠造成肠堵塞,个别蛔虫误入胆管中造成胆管堵塞;钩虫幼虫侵入皮肤时引起钩蚴性皮炎;细粒棘球绦虫在肝中形成棘球蚴压迫肝。

(7)引入其他病原体　许多种寄生虫在宿主的皮肤或黏膜等处造成损伤,给其他病原体的侵入创造条件。还有一些寄生虫,其自身就是另一些微生物或寄生虫的固定的或生物学的传播者。例如,某些蚊虫传播日本脑炎,某些蚤传播鼠疫杆菌,蜱传播梨形虫病。

任务实施

一、常见吸虫、绦虫、线虫的基本形态观察

(一)材料准备

显微镜、显微镜投影仪,吸虫、绦虫、线虫的虫体标本。

(二)人员组织

将学生分组,每组5～10人,轮流担任组长,负责本组操作分工。

(三)操作步骤

1. 吸虫基本形态观察

观察日本分体吸虫(图1-3-11)、卷棘口吸虫(图1-3-12)、肝片吸虫(图1-3-13)、鹿同盘吸虫(图1-3-14)、细背孔吸虫(图1-3-15)、卫氏并殖吸虫(图1-3-16)、矛形歧腔吸虫(图1-3-17)、透明前殖吸虫(图1-3-18)和华支睾吸虫(图1-3-19)。

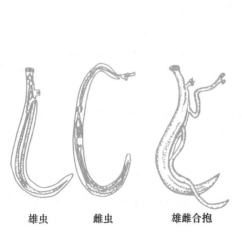

雄虫　　雌虫　　雄雌合抱

图1-3-11　日本分体吸虫

图1-3-12　卷棘口吸虫

图1-3-13　肝片吸虫

图 1-3-14　鹿同盘吸虫

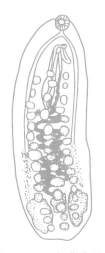

图 1-3-15　细背孔吸虫

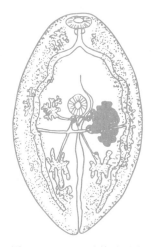

图 1-3-16　卫氏并殖吸虫

图 1-3-17　矛形歧腔吸虫

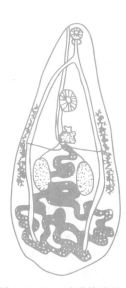

图 1-3-18　透明前殖吸虫

图 1-3-19　华支睾吸虫

（1）吸虫鉴别的要点　① 形状和大小；② 表皮光滑或有结节、小刺；③ 口、腹吸盘的位置和大小；④ 肠管的形状和结构；⑤ 雌雄同体或异体；⑥ 生殖孔的位置；⑦ 睾丸的数目、形状和位置；⑧ 卵巢和子宫的形状和位置。

（2）内部形态结构观察　在生物显微镜或实体显微镜下，观察代表虫种的染色标本。主要观察口、腹吸盘的位置和大小；口、咽、食道和肠管的形态；睾丸数目、形状和位置；雄茎囊的结构和位置；卵巢、卵膜、卵黄腺和子宫的形状与位置；生殖孔的位置等。

2. 绦虫基本形态观察

绦虫扁平、带状。由头节、颈节和体节组成，如莫尼茨绦虫（图 1-3-20）、棘钩赖利绦虫（图 1-3-21）、矛形剑带绦虫（图 1-3-22）、线中绦虫（图 1-3-23）和犬复孔绦虫（图 1-3-24）。与兽医关系最大的是圆叶目绦虫。

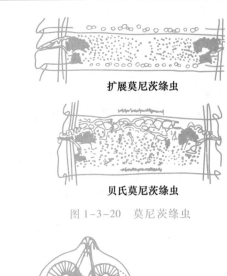

扩展莫尼茨绦虫

贝氏莫尼茨绦虫

图 1-3-20　莫尼茨绦虫

图 1-3-21　棘钩赖利绦虫

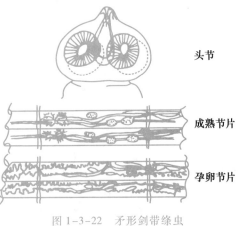

头节

成熟节片

孕卵节片

图 1-3-22　矛形剑带绦虫

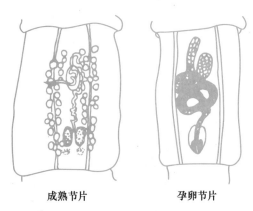

成熟节片　　　　孕卵节片

图 1-3-23　线中绦虫

（1）圆叶目绦虫的鉴别要点　① 虫体的长度和宽度；② 头节的大小，吸盘的大小及附着物有无，顶突的有无及小钩的数目、大小和形状；③ 成熟节片的形状、长度与宽度、生殖孔位置；④ 生殖器官的组数、睾丸的数目和分布位置；⑤ 子宫的形状及位置，卵黄腺的形状及有无（图 1-3-20 至图 1-3-24）。

（2）内部形态结构观察　在显微镜下观察代表虫种的染色标本。主要观察头节的结构；成熟节片的睾丸分布、卵巢形状、卵黄腺及梅氏腺的位置、生殖孔的开口；孕卵节片的子宫形状和位置等。

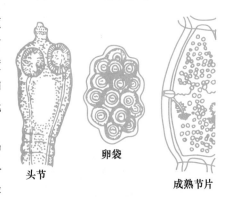

卵袋

头节　　　　　　　成熟节片

图 1-3-24　犬复孔绦虫

3. 线虫基本形态观察

观察长刺后圆线虫雌虫（图 1-3-25）、牛血矛线虫（图 1-3-26）、牛仰口线虫头部（图 1-3-27）和雌雄旋毛虫。

（1）线虫的鉴别要点

①虫体大小；②头泡、颈翼、唇片、叶冠、尾翼、乳突的形状和位置；③口囊的有无、大小和形状；④食管的形状；⑤雄虫交合刺、交合伞、性乳突数目、形状及大小（图 1-3-25 至图 1-3-28）。

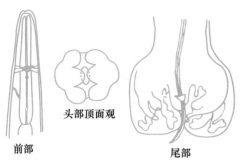

头部顶面观

前部　　　　　　　　　　尾部

图 1-3-25　长刺后圆线虫雌虫

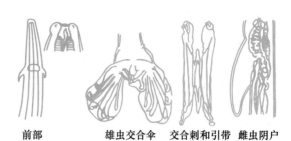

前部　　　　雄虫交合伞　　交合刺和引带　雌虫阴户

图 1-3-26　牛血矛线虫

图 1-3-27　牛仰口线虫头部

雄虫

雌虫

图 1-3-28　旋毛虫

（2）形态结构观察　在显微镜下观察代表虫种的透明标本。注意观察头部、雄虫尾部和雌虫阴门位置等。

二、寄生虫的粪便检查法

（一）材料准备

显微镜、显微镜投影仪、天平、粪盒（或塑料袋）、粪筛、260 孔/英寸尼龙筛、玻璃棒、镊子、铁丝环；茶杯（或塑料杯）、100 mL 烧杯、离心管、漏斗、离心机、载玻片、盖玻片、带乳胶头的移液管、污物桶（或污物缸）、纱布、动物新鲜的粪便；氯化钠、50% 甘油水溶液等。

（二）人员组织

将学生分组，每组 5～10 人，轮流担任组长，负责本组操作分工。

（三）操作步骤

1. 粪便的采集、保存和寄送方法

被检粪便应该是新鲜没有被污染的，最好从直肠采集。大家畜按直肠检查的方法采集，猪、羊可将食指或中指伸入直肠，钩取粪便。采集自然排出的粪便，需采集粪堆或粪球上部未被污染的部分。粪便采好后按头编号装入清洁的容器（小广口瓶、纸盒、油纸袋、塑料袋等）内。采集的用具应避免相互交叉污染。每采一份，用具清洗一次。采集的粪便应尽快检查，不能立即检查急需送检的，应放在冷暗处或冰箱中保存。若需长期保存，可将粪便浸入加温至 50～60 ℃ 的 5%～10% 福尔马林液中，使粪便中的虫卵失去活力，起固定作用，又不改变形态，还可防止微生物的繁殖。

2. 粪便检查的方法

（1）沉淀检查法　该法的原理是虫卵比水重,可自然沉于水底,便于集中检查。多用于吸虫病和棘头虫病的诊断。

① 反复水洗沉淀法　取粪便5～10 g置于烧杯（或塑料杯）中,加10～20倍量水充分搅和,再用金属筛或2层纱布滤过于另一杯中,滤液静置30 min后倾去上层液,再加10～20倍量水与沉淀物重新搅和、静置,如此反复水洗沉淀物多次,直至上层液透明为止,最后倾去上清液,用吸管吸取沉淀物滴于载玻片上,加盖玻片镜检。

反复水洗沉淀法检查寄生虫虫卵

② 离心机沉淀法　取粪便3 g置于小杯中,加10～15倍水搅拌混合,然后将粪便用金属筛（40～60目）或纱布滤入离心管中,以2 000～2 500 r/min的速度离心沉淀1～2 min。取出后倾去上层液,再加水搅和离心沉淀,如此反复2～3次,最后倾去上层液,用吸管取沉淀物滴于载玻片上,加盖玻片镜检。

③ 尼龙网淘洗法　取粪便5～10 g置于烧杯（或塑料杯）中,加10倍量的水搅匀,先通过40或60目的铜筛过滤。滤过液再通过260目锦纶筛兜过滤,并在筛兜中反复加水冲洗,直到洗出的液体清澈透明为止;然后挑取兜内粪渣抹片检查。此法适用于宽度大于60 μm的虫卵。通过以上处理,粗大粪渣被铜筛扣留,纤细粪渣（直径小于40 μm）和可溶性色素均被冲洗走而使虫卵集中。

（2）漂浮检查法　该法的原理是应用密度较虫卵大的溶液作为检查用的漂浮液,使寄生虫卵浮于液体表面,进行集中检查。该法适用于大多数寄生虫,对某些线虫、绦虫和球虫的卵囊等有很好的检出效果,对吸虫卵和棘头虫卵效果较差。

① 漂浮液的制备　常用的漂浮液是饱和氯化钠（也可用食盐替代）水溶液,其制法是将氯化钠加入沸水中,直至不再溶解生成沉淀为止（1 000 mL水中约加氯化钠400 g）,用四层纱布或脱脂棉滤过后,冷却备用。此外还可使用硫代硫酸钠饱和液（1 000 mL水加入1 750 g硫代硫酸钠）、硝酸铵溶液（1 000 mL水加入1 500 g硝酸铵）和硝酸铅溶液（1 000 mL水加入650 g硝酸铅）等溶液。后两者可大大提高检出效果,甚至可用于吸虫病的诊断。但是用高密度溶液时易使虫卵和卵囊变形,检查必须迅速,制片时也可补加1滴清水。

饱和盐水漂浮法检查寄生虫虫卵

② 检查方法

饱和盐（氯化钠）水漂浮法:取2～5 g粪便置于100～200 mL烧杯（或塑料杯）中,加入少量漂浮液搅拌混合后,继续加入10～20倍的漂浮液,然后将粪液用金属筛或纱布滤入另一杯中,除去粪渣。静置滤液,经30～40 min,用直径0.5～1 cm的金属圈平着接触液面,提起后将黏着金属圈上的液膜抖落于载玻片上,如此多次蘸取不同部位的液面后,加盖玻片镜检。

试管浮聚法:取2 g粪便于烧杯中或塑料杯中,加入10～20倍漂浮液进行搅拌混合,然后将粪液用金属筛或纱布滤入另一杯中。将滤液倒入直立的平口试管中或青霉素瓶中,直至液面接近管口为止,然后用滴管补加粪液,滴至液面凸出管口为止。静置30 min后,用清洁盖玻片轻轻接触液面,提起后放入载玻片上镜检,或用玻片接触液面,提起后迅速翻转,加盖玻片后镜检。

直接涂片法检查寄生虫虫卵

（3）直接涂片检查法　这是最简单和常用的方法,但当体内寄生虫数量不多而粪便中排出的虫卵少时,有时不能检出虫卵。方法是首先在载玻片上滴1滴

50%甘油水溶液(或生理盐水、普通水),取少量粪便与甘油水溶液混合后,夹去较大的或较粗的粪渣,最后使玻片上留有一层均匀的粪液,其浓度的要求是将此玻片放于报纸上,能通过粪便膜模糊地辨认其下的字迹为合适。在粪膜上覆以盖玻片,置显微镜下检查。先用低倍镜检查,发现虫卵、卵囊后换取高倍镜检查。检查时应有顺序地查遍盖玻片下的所有部分。

(4)粪便肉眼检查法 该法多用于绦虫病的诊断,也可用于某些肠道寄生虫病的驱虫诊断,即用药驱虫后检查随粪便排出的虫体。

检查时,先检查粪便的表面,看是否有大型虫体和较大的绦虫节片,然后将粪便仔细捣碎,认真进行观察。检查较小虫体或节片,将粪便置于较大的容器中(如金属桶、玻璃缸),加入 5 ~ 10倍量的水(或生理盐水),彻底搅拌后静置 10 min 以上,然后倾去上层液,再重新加清水搅匀静置,如此反复数次,直至上层液体清亮为止。最后倾去上层清亮液,将少量沉淀物放在黑色浅盘(或衬以黑色纸或黑布的玻璃容器)中检查,必要时采用放大镜或实体显微镜检查,发现的虫体和节片用镊子、针或毛笔取出,以便进行鉴定。

三、寄生蠕虫卵的识别

(一)材料准备

显微镜、显微镜投影仪;寄生于猪、牛、羊、马、禽中的常见蠕虫卵形态图,粪便中易与虫卵混淆的物质图;含有寄生于猪、牛、羊、马、禽中的常见蠕虫卵的标本片。

(二)人员组织

将学生分组,每组 5 ~ 10 人,轮流担任组长,负责本组操作分工。

(三)操作步骤

鉴别蠕虫卵主要依据虫卵的大小、形状、颜色、卵壳和内容物的典型特征来进行。寄生在马、猪、牛、羊和禽中常见的蠕虫卵如图 1-3-29 至图 1-3-32 所示。

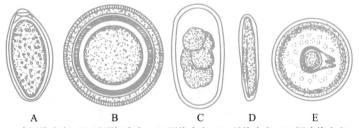

A.尖尾线虫卵;B.马副蛔虫卵;C.圆线虫卵;D.柔线虫卵;E.裸头绦虫卵。

图 1-3-29 常见寄生于马中的蠕虫卵

在检查自然采集的粪便时,能够发现各种类型的寄生虫卵,因此应了解各类型虫卵的基本特征,并注意区分易与虫卵混淆的物质。

1. 各种蠕虫卵的基本特征

(1)吸虫卵 多为卵圆形,卵壳数层,多数吸虫卵一端有小盖,被一个不明显的沟围绕着,有的吸虫卵还有结节、小刺、丝等突出物。卵内含有卵黄细胞所圈绕的卵细胞或发育成形的毛蚴。

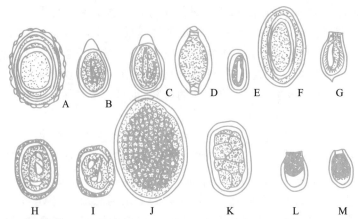

A. 猪蛔虫卵；B. 刚棘颚口线虫卵(新鲜虫卵)；C. 刚棘颚口线虫卵(已发育的虫卵)；D. 猪毛首线虫卵；
E. 六翼泡首线虫卵；F. 蛭形棘头虫卵；G. 华支睾吸虫卵；H. 野猪后圆线虫卵；I. 复阴后圆线虫卵；
J. 姜片吸虫卵；K. 食管口线虫卵；L、M. 猪球虫卵囊。

图 1-3-30　常见寄生于猪中的蠕虫卵

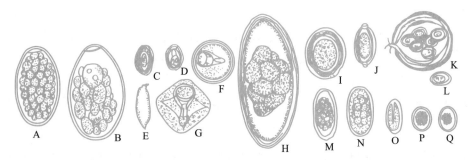

A. 肝片形吸虫卵；B. 前后盘吸虫卵；C. 胰阔盘吸虫卵；D. 歧腔吸虫卵；E. 东毕吸虫卵；F、G. 莫尼茨绦虫卵；
H. 钝刺细颈线虫卵；I. 牛弓首蛔虫卵；J. 毛首线虫卵；K. 曲子宫绦虫子宫周围器；L. 曲子宫绦虫卵；M. 捻转血矛线虫卵；
N. 仰口线虫卵；O. 乳突类圆线虫卵；P、Q. 牛艾美耳球虫卵囊。

图 1-3-31　常见寄生于牛羊中的蠕虫卵

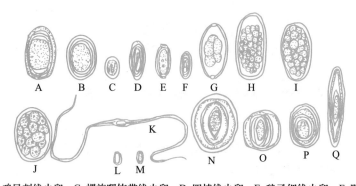

A. 鸡蛔虫卵；B. 鸡异刺线虫卵；C. 螺旋咽饰带线虫卵；D. 四棱线虫卵；E. 毯子细线虫卵；F. 鸭束首线虫卵；
G. 比翼线虫卵；H. 鹅裂口线虫卵；I. 隐叶吸虫卵；J. 卷棘口吸虫卵；K. 背孔吸虫卵；L. 前殖吸虫卵；
M. 次睾吸虫卵；N. 矛形剑带绦虫卵；O. 膜壳绦虫卵；P. 有轮赖利绦虫卵；Q. 鸭多型棘头虫卵。

图 1-3-32　常见寄生于禽中的蠕虫卵

（2）线虫卵　多为椭圆形或圆形。卵壳多为四层，完整地包围虫卵，但有的一端或两端有缺口，被另一个增长的卵膜封盖着。卵壳光滑，或有结节、凹陷等。卵内含未分割的胚细胞，或分割着的多数细胞，或为一个幼虫。

（3）绦虫卵　假叶目虫卵椭圆形，有卵盖，内含卵细胞及卵黄细胞。圆叶目虫卵形状不一，卵壳的厚度和结构也不同，内含一个具有三对胚钩的六钩蚴，六钩蚴被覆两层膜，内层膜紧贴六钩蚴，外层膜与内层膜有一定的距离，有的虫卵六钩蚴被包围在梨形器里，有的几个虫卵被包在卵袋中。

（4）棘头虫卵　多为椭圆形。卵壳三层，内层薄，中间层厚，多数有压痕，外层变化较大，并有蜂窝状结构。内含长圆形棘头蚴，其一端有三对胚钩。

2. 易与蠕虫卵混淆的物质

有的物质易与虫卵混淆，如图1-3-33所示。具体鉴别方式如下：

（1）气泡　圆形、无色、大小不一，折光性强，内部无胚胎结构。

（2）花粉颗粒　无卵壳结构，表面常呈网状，内部无胚胎结构。

（3）植物细胞　有的为螺旋形，有的为小型双层环状物，有的为铺石状上皮，均有明显的细胞壁。

（4）豆类淀粉粒　形状不一。外被粗糙的植物纤维，颇似绦虫卵。可滴加卢戈碘液（配方为碘1.0 g，碘化钾2.0 g，水100.0 mL）染色加以区分，未消化前显蓝色，略经消化后呈红色。

（5）真菌孢子　折光性强，内部无明显的胚胎结构。

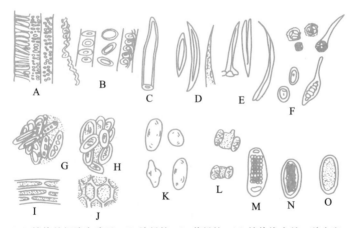

A~J. 植物的细胞和孢子；K. 淀粉粒；L. 花粉粒；M. 植物线虫的一种虫卵；
N. 螨的卵（未发育）；O. 螨的卵（已发育）。

图1-3-33　粪便中易与蠕虫卵混淆的物质

任务反思

1. 列举畜禽常见的两种蠕虫，并描述其形态和结构。

2. 按照宿主在寄生虫生活史中所起的作用，可将宿主分为哪几类？

任务 1.4　其他微生物的检查

任务目标

知识目标：1. 掌握支原体的形态结构特点。

2. 掌握真菌的形态结构特点。

3. 了解放线菌、螺旋体、立克次体、衣原体的形态结构特点。

技能目标：会进行真菌病的实验室诊断。

任务准备

一、真菌

真菌是一大类不含叶绿素，无根、茎、叶，多数类群为多细胞的真核微生物。根据形态可分为酵母菌、霉菌和担子菌三大类群，其中的担子菌一般不会引起人、畜患病，本书不做介绍。真菌绝大多数对人和动物有益，少数能引起人、畜的疾病。

（一）真菌的形态结构及菌落特征

1. 酵母菌

多数酵母菌为单细胞的真菌，可用于发酵饲料、单细胞蛋白质饲料，以及酶制剂的生产等方面。大多数酵母菌为球形、卵形等，少数为假丝状等。酵母菌有典型的细胞结构，有细胞壁、细胞膜、细胞质、细胞核（图 1-4-1）。核外包有核膜，核中有核仁和染色体。酵母菌形成的菌落多数为乳白色，大而厚。

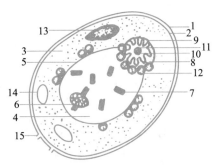

1. 细胞壁；2. 细胞膜；3. 细胞质；4. 细胞核；5. 核膜；6. 核仁；7. 染色体；8. 中心染色质；
9. 纺锤体；10. 中心粒；11. 中心体；12. 线粒体；13. 肝糖；14. 脂肪体；15. 芽痕。

图 1-4-1　酵母菌细胞结构示意图

2. 霉菌

霉菌又称丝状真菌。有些霉菌是人和动植物的病原菌，导致饲料霉败。霉菌由菌丝和孢子构成。菌丝由孢子萌发而成(图 1-4-2),分为两种:一种无隔膜,为长管状的分支,呈多核单细胞状态,称为无隔菌丝。另一种有隔膜,菌丝体由分支的成串多细胞组成,每个细胞内含一个或多个核,菌丝中有隔,称为有隔菌丝。伸入固体培养基内部、具有摄取营养物质功能的菌丝称为营养菌丝(图 1-4-3),伸向空气中的菌丝称为气生菌丝。

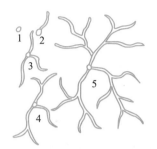

1. 孢子；2. 孢子萌发；3~5. 菌丝生长。

图 1-4-2　孢子萌发和菌丝的生长过程

无隔菌丝　　　有隔菌丝

图 1-4-3　营养菌丝

霉菌的菌落较大,主要为绒毛状、絮状等。菌落最初呈浅色或白色,当孢子逐渐成熟,菌落相应地呈黄、绿等多种颜色。有的产生色素,使菌落背面也带有颜色或使培养基变色。常见的霉菌有曲霉、青霉、毛霉和根霉等(图 1-4-4)。

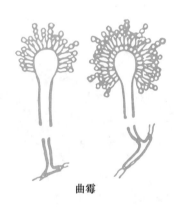

曲霉

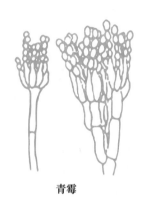

青霉

毛霉

图 1-4-4　曲霉、青霉和毛霉

（二）真菌的繁殖与分离培养

1. 真菌的繁殖

酵母菌大多数是单细胞微生物,可进行无性繁殖和有性繁殖,以无性繁殖为主。无性繁殖方式主要有芽殖、裂殖和产生掷孢子。无性孢子是不经过两性细胞的结合,直接由营养细胞分裂或营养菌丝分化而形成的孢子,可分为芽孢子、厚垣孢子、节孢子、分生孢子和孢子囊孢子等(图 1-4-5)。有性繁殖是指两性单倍体营养细胞融合后形成二倍体的细胞核,再经分裂(其中一次为减数分裂)后形成子囊,子囊破裂后释放有性孢子。有性孢子是不同的性细胞或性器官结合后,经减数分裂而形成的。配子的结合有质配和核配两种形式。有性孢子主要有卵孢子、接合孢子、子囊孢子和担孢子等(图 1-4-6)。

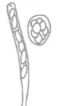

| 芽孢子 | 厚垣孢子 | 节孢子 | 子囊孢子 | 担孢子 | 接合孢子 | 卵孢子 |

图 1-4-5　真菌的无性孢子　　　　　图 1-4-6　真菌的有性孢子

2. 真菌的分离培养

酵母细胞、繁殖菌丝和孢子,都可以生长发育成新的个体。酵母菌的分离方法同细菌。霉菌的分离方法有菌丝分离法、组织分离法和孢子分离法三类。真菌在一般培养基上均能生长,如马铃薯琼脂培养基。真菌培养温度一般为 20 ~ 28 ℃,pH 一般为 5.6 ~ 5.8,适合在有氧气、潮湿的环境中生长。病原性真菌在 37 ℃ 左右时生长良好。

(三) 真菌的抵抗力

真菌对热抵抗力不强,60 ℃时,1 h 后菌丝和孢子均被杀死;对干燥、日光、紫外线和化学药品抵抗力较强,但对 10% 甲醛溶液比较敏感,对一般抗生素和磺胺类药不敏感。

二、放线菌

放线菌是一类介于细菌和真菌之间、形态多样的原核细胞型微生物。与畜禽疾病关系较大的是分支菌属和放线菌属。

(一) 分枝菌属

本属菌为平直或微弯的杆菌,有时有分枝,革兰染色阳性,能抵抗 3% 盐酸酒精的脱色作用,又称为抗酸菌。对动物有致病性的主要是结核分枝杆菌、牛分枝杆菌(图 1-4-7)、禽分枝杆菌和副结核分枝杆菌。

(二) 放线菌属

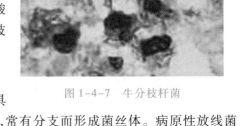

图 1-4-7　牛分枝杆菌

本属菌为革兰阳性,厌氧,生长时需二氧化碳,不具有抗酸染色特性。菌体细胞大小不一,呈短杆状或棒状,常有分支而形成菌丝体。病原性放线菌的代表种是牛放线菌,如图 1-4-8,主要侵害牛和猪,奶牛发病率较高。

三、螺旋体

螺旋体是一类介于细菌和原虫之间、菌体细长呈螺旋状、能活泼运动的单细胞原核微生物。螺旋体细胞呈螺旋状圆柱形,菌体柔软易弯曲、无鞭毛,但能做特殊的弯曲扭动或蛇样运动。螺旋体广泛存在于水域及人和动物的体内。大部分螺旋体是非致病性的。致病性的螺旋体有痢疾蛇形螺旋体、兔梅毒密螺旋体、钩端螺旋体(图 1-4-9)等。

图 1-4-8　脓汁中的牛放线菌菌块　　　　图 1-4-9　培养物中的钩端螺旋体

四、支原体

支原体又称霉形体,是无细胞壁、介于细菌和病毒之间、能独立生活的最小的单细胞原核微生物。支原体形态易变,呈球形、扁圆形等,多数能通过细菌滤器。革兰阴性,常用吉姆萨染色,呈淡紫色。可在人工培养基上生长繁殖,但营养要求较一般细菌高,常需在培养基中加入动物血清。支原体生长缓慢,固体培养基上需 3～5 d 才能形成菌落(图 1-4-10)。多数支原体可在鸡胚的卵黄囊或绒毛尿囊膜上生长。猪肺炎支原体、鸡毒支原体是临床上最常见的致病性支原体。

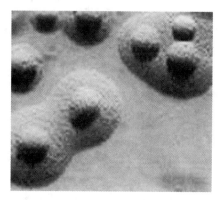

图 1-4-10　支原体形成的"煎蛋样"菌落

五、立克次体

立克次体是一类介于病毒和细菌之间、专性细胞内寄生的原核单细胞微生物。立克次体细胞多形,呈球杆形、球形、杆形等。革兰染色阴性,吉姆萨染色呈紫色或蓝色。除贝氏柯克斯体外,均不能通过细菌滤器。致人畜疾病的立克次体有 Q 热立克次体、东方立克次体、反刍兽可厥体等。虱、蚤、蜱、螨等节肢动物常为其传播媒介。

六、衣原体

衣原体是一类介于立克次体与病毒之间、严格细胞内寄生的原核细胞微生物,有的具有滤过性。衣原体细胞呈圆球形,革兰阴性,细胞内含有 DNA 和 RNA 两种核酸以及核糖体。有致病性的衣原体有沙眼衣原体、肺炎亲衣原体、鹦鹉热亲衣原体等。

 **任务实施**

犬小孢子菌病的实验室诊断

(一)材料准备

犬小孢子菌病料、暗室、伍氏灯(Wood's lamp)、显微镜、氢氧化钾、玻片、70% 酒精、葡萄糖蛋白胨琼脂、实验动物。

（二）人员组织

将学生分组，每组 5~8 人，轮流担任组长，负责本组操作分工。

（三）操作步骤

1. 病料采集与实验室检查程序

采集活体患部毛发、皮屑或病灶四周组织等病料。实验室检查程序如图 1-4-11 所示。

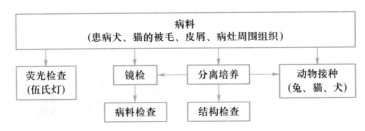

图 1-4-11　犬小孢子菌病的实验室检查程序

2. 荧光性检查

取患病犬皮损区组织、毛发和皮屑，在暗室里用伍氏灯照射检查，可见到犬小孢子菌发出黄绿色的荧光；石膏样小孢子菌感染则少见到荧光；须（发）毛癣菌感染无荧光。

3. 镜检

取病灶边缘的毛发、皮屑或组织置载玻片上，滴加 10%~20% 氢氧化钾溶液后在火焰上微热，待软化透明后覆盖玻片，在低倍显微镜下进行病料镜检，在高倍镜下做结构检查。

（1）病料检查　犬小孢子菌感染时，可见到毛干周围有多量圆形小孢子聚集成群地围绕着，在皮屑中可见到少量菌丝；石膏样小孢子菌感染时，病毛外孢子呈链状排列或聚集成群地绕在毛干上，皮屑中可见到菌丝和孢子。

（2）制片镜检　犬小孢子菌感染时，可见到直而有格的菌丝、很多呈纺锤形的大分生孢子和较少呈棍棒状的小分生孢子。大分生孢子壁厚，末端部表面粗糙有刺，多格；小分生孢子是单细胞结构，沿菌丝侧壁生长；石膏样小孢子菌感染时，可见大量分成 4~6 个的大分生孢子，呈纺锤形，两端稍细，菌丝较少。在初代培养物中偶见少数小分生孢子，呈棍棒状，沿菌丝侧壁生长。

（3）分离培养　先将病料用 70% 酒精或 2% 石炭酸浸泡 2~3 min，以灭菌生理盐水洗涤后接种到沙氏琼脂培养基或葡萄糖蛋白胨琼脂中，在室温培养 2~3 周。犬小孢子菌感染时，可见中心表面无气生菌丝，覆有白色或黄色细粉末，周围有白色羊毛状气生菌丝的菌落，菌落直径 1 mm 以上。石膏样小孢子菌感染时，可见中心隆起有一小环，周围平坦，上覆白色绒毛样气生菌丝，菌落初呈白色，渐变为棕黄色粉末状，并凝成片。

（4）动物接种　取病料或培养物接种经剃毛、洗净、轻擦伤（用砂纸轻擦、不出血）的皮肤，使之感染。数天后，即可出现发痒、炎症、脱毛、结痂等变化。实验动物如兔、猫、犬等均可。

任务反思

1. 列举有益真菌 3 种，并说明其在生产实践中的应用。

2. 列举有害真菌 3 种，并说明其致病性。

项 目 小 结

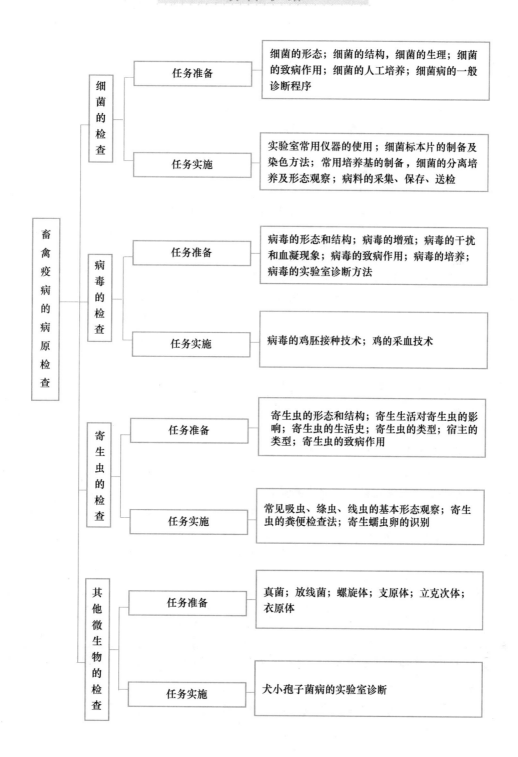

畜禽疫病的病原检查

细菌的检查
- 任务准备：细菌的形态；细菌的结构，细菌的生理；细菌的致病作用；细菌的人工培养；细菌病的一般诊断程序
- 任务实施：实验室常用仪器的使用；细菌标本片的制备及染色方法；常用培养基的制备，细菌的分离培养及形态观察；病料的采集、保存、送检

病毒的检查
- 任务准备：病毒的形态和结构；病毒的增殖；病毒的干扰和血凝现象；病毒的致病作用；病毒的培养；病毒的实验室诊断方法
- 任务实施：病毒的鸡胚接种技术；鸡的采血技术

寄生虫的检查
- 任务准备：寄生虫的形态和结构；寄生生活对寄生虫的影响；寄生虫的生活史；寄生虫的类型；宿主的类型；寄生虫的致病作用
- 任务实施：常见吸虫、绦虫、线虫的基本形态观察；寄生虫的粪便检查法；寄生蠕虫卵的识别

其他微生物的检查
- 任务准备：真菌；放线菌；螺旋体；支原体；立克次体；衣原体
- 任务实施：犬小孢子菌病的实验室诊断

项 目 测 试

一、名词解释

菌落 干扰素 消毒 灭菌 终末宿主 中间宿主 毒力 侵袭力

二、单项选择题

1. 下列属于非细胞微生物的是(   )。
A. 细菌   B. 病毒   C. 衣原体   D. 真菌
2. 一般病原菌的适宜培养温度为(   )。
A. 60 ℃   B. 100 ℃   C. 45 ℃   D. 37 ℃
3. 细菌的外形有 3 种,下列哪种形态不是细菌的基本形态(   )。
A. 方形   B. 球状   C. 杆状   D. 螺旋状
4. 制细菌标本片最常采取的制片方法是(   )。
A. 水浸片法   B. 涂片法   C. 印片法   D. 组织切片法
5. 为了在培养基上获得单个菌落,最适合的接种方法是(   )。
A. 分区划线接种   B. 涂布接种   C. 穿刺接种   D. 倾注接种
6. 下列结构,与霉菌繁殖有关的是(   )。
A. 芽孢   B. 菌丝体   C. 菌丝   D. 孢子
7. 寄居在宿主体腔内和内部器官的寄生虫,称为(   )。
A. 外寄生虫   B. 内寄生虫
C. 暂时寄生虫   D. 单宿主寄生虫
8. 与细菌的运动相关的特殊结构是(   )。
A. 鞭毛   B. 荚膜   C. 菌毛   D. 芽孢
9. 不能用光学显微镜观察到的微生物是(   )。
A. 病毒   B. 细菌   C. 螺旋体   D. 真菌
10. 属于病毒基本结构的是(   )。
A. 衣壳   B. 核心   C. 囊膜   D. 核衣壳

三、判断题(正确的打√,错误的打×)

1. 绝大多数微生物对人类和动植物是有害的,只有少数微生物对人类和动植物的生命活动是有益的。(   )
2. 芽孢形成不是细菌的繁殖方式。(   )
3. 病毒包含体是病毒导致细胞融合的产物。(   )
4. 释放热原质引起发热反应属于病毒的致病作用之一。(   )
5. 真菌孢子的主要作用是抵抗不良环境的影响。(   )

四、简答题

1. 细菌生长繁殖的条件有哪些?
2. 外毒素和内毒素的主要区别有哪些?
3. 病毒病的一般诊断程序是什么?
4. 真菌的分离培养方法有哪些?
5. 寄生虫对宿主的影响有哪些?

五、综合分析题

细菌的形态学检查是诊断细菌性传染病的重要方法,细菌菌体只有经过染色才能清楚地观察到细菌的形态、大小、排列方式及特殊结构。分析细菌标本片革兰染色的技术操作要领与注意事项。

项目 2

免疫防治理论

项目导入

大家知道巴斯德吗？我们喝的"巴氏奶"就是应用"巴氏消毒法"消毒灭菌的,这个方法由巴斯德创造。巴斯德更大的贡献是研制疫苗,他做过很多精彩的实验,其中一个是关于炭疽疫苗的。1881 年,巴斯德和助手给 25 只羊注射了他的炭疽疫苗,12 d 后追加一次,两周后再给所有羊注射毒性很强的炭疽杆菌培养液,包括打过疫苗的羊和没有打过疫苗的对照组的羊。两天后,对照组的羊不是死了就是处于垂死状态,而打过疫苗的羊全都健康地活着。

为什么巴斯德在给羊注射疫苗后 12 d 又注射一次？又过了两周才给羊注射炭疽杆菌？为什么注射过疫苗的羊能够在注入炭疽杆菌后仍然健康地活着,而没有注射疫苗的羊面临死亡？其实这就是本项目要学习的内容——免疫防治理论,让我们带着这些问题一起揭开它神秘的面纱吧。

本项目的学习内容为:(1) 免疫概述;(2) 非特异性免疫;(3) 特异性免疫。

任务 2.1　免 疫 概 述

任务目标

知识目标:1. 掌握免疫的基本功能。
　　　　　2. 掌握免疫的类型。
技能目标:能使动物通过人工主动免疫或人工被动免疫获得特异性免疫。

任务准备

一、免疫的概念

免疫是机体对自身与非自身物质的识别,并清除非自身的大分子物质,从而维持机体内外环境平衡的生理学反应。免疫是动物在长期进化过程中形成的防御功能。

二、免疫的基本功能

免疫具有如下基本功能：

（1）免疫防御　指机体排斥外源性抗原异物的功能。这种功能包括两个方面：一是抗感染作用，即抗御外界病原微生物对机体的侵害；二是免疫排斥作用，即排斥异种或同种异体的细胞及器官，这是器官移植需要克服的主要障碍。

（2）自身稳定　机体每天可产生大量衰老死亡的细胞，免疫的第二个功能就是把这些细胞清除，以维持机体的生理平衡，保持机体自身稳定。

（3）免疫监视　机体内的细胞常因物理、化学和病毒等因素的作用突变为肿瘤细胞，机体免疫功能正常时即可对这些肿瘤细胞加以识别，然后调动一切免疫因素将这些肿瘤细胞清除，这种功能即为机体的免疫监视。若此功能低下或被抑制，肿瘤细胞会大量增殖，从而出现临床肿瘤。因为老龄动物免疫力低下，所以肿瘤发生率高。

三、免疫的类型

机体的免疫分为非特异性免疫和特异性免疫两大类。

（一）非特异性免疫

非特异性免疫是动物在长期进化过程中形成的天然防御功能，是个体生下来就有的，具有遗传性，又称先天性免疫。非特异性免疫的作用范围相当广泛，对各种病原微生物都有防御作用。但它只能识别自身和非自身，对异物缺乏特异性区别，缺乏针对性。

（二）特异性免疫

特异性免疫又称获得性免疫。它是机体受到病原微生物及其产物的刺激作用后，免疫系统发生了应答而形成的抵抗力或机体直接接受抗体后形成的免疫力。特异性免疫具有严格的特异性和针对性，并具有免疫记忆的特点。在抗微生物感染中起关键作用，其效应比先天性免疫强。

特异性免疫根据抗体来源分类如图 2-1-1 所示。

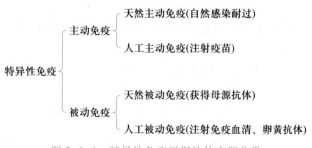

图 2-1-1　特异性免疫根据抗体来源分类

1. 主动免疫

动物自身在抗原刺激下主动产生特异性免疫保护力的过程称为主动免疫。

（1）天然主动免疫　　动物在感染某种病原微生物耐过后产生的对该病原体再次侵入的抵抗力，称为天然主动免疫。某些天然主动免疫一旦建立，往往持续数年或终生存在。

（2）人工主动免疫　　给动物接种疫苗，刺激机体免疫系统发生应答反应，产生的特异性免疫力，称为人工主动免疫。人工主动免疫产生的免疫力持续时间长，免疫期可达数月甚至数年，而且有记忆反应，某些疫苗免疫后，可产生终生免疫。畜禽生产中人工主动免疫是预防和控制传染病的行之有效的措施之一。

2. 被动免疫

并非动物自身产生，而是被动接受其他动物形成的抗体或免疫活性物质而获得特异性免疫力的过程，称为被动免疫。

（1）天然被动免疫　　新生动物通过母体胎盘、初乳或卵黄从母体获得母源抗体，从而获得对某种病原体的免疫力，称为天然被动免疫。天然被动免疫持续时间较短，只有数周至几个月，但对保护胎儿和幼龄动物免于感染，特别是对于预防某些幼龄动物特有的传染病具有重要的意义，如用小鹅瘟疫苗免疫母鹅以防雏鹅患小鹅瘟。

（2）人工被动免疫　　给机体注射免疫血清、康复动物血清或高免卵黄抗体而获得的对某种病原体的免疫力，称为人工被动免疫。如抗犬瘟热病毒血清可防治犬瘟热，精制的破伤风抗毒素可防治破伤风，尤其是患有病毒性传染病的珍贵动物，用抗血清防治更有意义。注射免疫血清可使抗体立即发挥作用，无诱导期，免疫力出现快。然而抗体在体内逐渐减少，免疫维持时间短，根据半衰期的长短，一般维持 1~4 周。

 **任务实施**

免疫理论知识梳理

（一）人员组织

将学生分组，每组 5~8 人并选出组长，组长负责本组操作分工。

（二）操作步骤

1. 搜集材料

小组成员通过网络、书籍等查询资料，并到动物医院或养殖场现场调查动物获得特异性免疫的方式。根据所学知识，以表格形式整理特异性免疫的类型，并分别举例说明其在生产实践中的应用。

2. 小组讨论

组长组织大家将收集的资料进行汇总，讨论修正后汇报成果。

3. 教师点评

各小组汇报后，小组间进行互评。最后教师带领学生找出问题，分析问题，完善内容。

 **任务反思**

1. 与人工被动免疫相比，人工主动免疫有哪些优缺点？
2. 列举 3 个人工被动免疫的案例。

任务 2.2　非特异性免疫

任务目标

知识目标：1. 掌握机体非特异性免疫的组成。

2. 掌握影响非特异性免疫的因素。

技能目标：会采取措施增强动物机体的非特异性免疫力。

任务准备

非特异性免疫对外来异物起着第一道防线的防御作用，是机体实现特异性免疫的基础和条件。因此要特异性清除病原体，需在非特异性免疫的基础上，发挥特异性免疫的作用。

一、非特异性免疫的组成

机体非特异性免疫的组成有多种，但主要体现在机体的防御屏障、吞噬细胞的吞噬作用和体液的抗微生物作用，还包括炎症反应等。

（一）防御屏障

防御屏障是正常动物普遍存在的组织结构，包括皮肤和黏膜等构成的外部屏障和多种重要器官中的内部屏障。结构和功能完整的内外部屏障可以杜绝病原微生物的侵入，或有效地控制其在体内的扩散。

1. 皮肤和黏膜屏障

结构完整的皮肤和黏膜及其表面结构能阻挡绝大多数病原的入侵。除此之外，汗腺分泌的乳酸、皮脂腺分泌的不饱和脂肪酸、泪液及唾液中的溶菌酶及胃酸等都有抑菌和杀菌作用。气管和支气管黏膜表面的纤毛层自下而上有节律地摆动，有利于异物的排出。

2. 内部屏障

动物体有多种内部屏障，其具有特定的组织结构，能保护体内重要器官免受感染。

（1）血-脑屏障　主要由脑毛细血管壁、软脑膜和胶质细胞等组成（图 2-2-1），能阻止病原和大分子毒性物质由血液进入脑组织及脑脊液，是防止中枢神经系统感染的重要防御结构。幼小动物的血脑屏障发育尚未完善，容易发生中枢神经系统的感染。

（2）胎盘屏障　是妊娠期动物母-胎界面的一种防御机构，可以阻止母体内的大多数病原通过胎盘感染胎儿。不过，这种屏障是不完全的，如猪瘟病毒感染妊娠母猪后可经胎盘感染胎儿，妊娠母畜感染布鲁菌后往往引起胎盘发炎而导致胎儿感染。

（二）吞噬作用

病原及其他异物突破防御屏障进入机体后，将会遭到吞噬细胞的吞噬而被破坏。

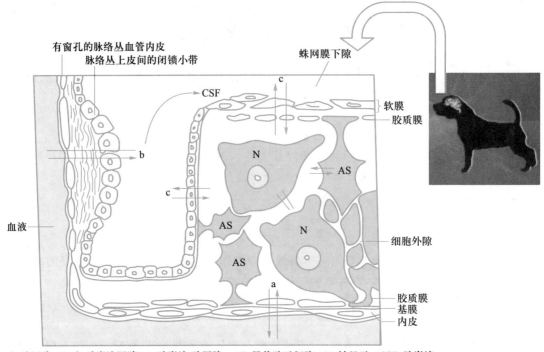

a.血-脑屏障；b.血-脑脊液屏障；c.脑脊液-脑屏障；AS.星状胶质细胞；N.神经元；CSF.脑脊液。

图 2-2-1   血脑屏障模式图

1. 吞噬细胞

动物体内的吞噬细胞主要有两大类：一类以血液中的嗜中性粒细胞为代表,具有高度移行性和非特异性吞噬功能,个体较小,属于小吞噬细胞；另一类形体较大,为大吞噬细胞。它们属于单核巨噬细胞系统,包括血液中的单核细胞,以及由单核细胞移行于各组织器官而形成的多种巨噬细胞。

2. 吞噬的过程

吞噬细胞与病原菌或其他异物接触后,能伸出伪足将其包围,并吞入细胞浆内形成吞噬体。接着,吞噬体逐渐向溶酶体靠近,并相互融合成吞噬溶酶体。在吞噬溶酶体内,溶酶体酶等物质释放出来,从而消化和破坏异物(图2-2-2)。

3. 吞噬的结果

由于机体的抵抗力、病原菌的种类和致病力不同,吞噬发生后可能表现完全吞噬和不完全吞噬两种结果。

动物整体抵抗力和吞噬细胞的功能较强时,病原微生物在吞噬溶酶体中被杀灭、消化后,连同溶酶体内容物一起以残渣的形式排出细胞外,这种吞噬称为完全吞噬。相反,当某些细胞内寄生的细菌如结核分枝杆菌、布鲁菌,以及部

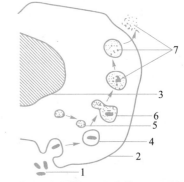

1.细菌；2.细胞膜；3.细胞核；4.吞噬体；5.溶酶体；6.吞噬溶酶体；7.细菌残渣。

图 2-2-2   吞噬细胞的吞噬和消化过程

分病毒被吞噬后,不能被吞噬细胞破坏并排到细胞外,称为不完全吞噬。不完全吞噬有利于细胞内病原逃避体内杀菌物质及药物的作用,甚至在吞噬细胞内生长、繁殖,或随吞噬细胞的游走而扩散,引起更大范围的感染。

（三）正常体液的抗微生物物质

动物机体中存在多种非特异性抗微生物物质，具有广泛的抑菌、杀菌及增强吞噬的作用。

1. 溶菌酶

溶菌酶是一种不耐热的碱性蛋白质，广泛分布于血清、唾液、泪液、乳汁、胃肠和呼吸道分泌液及吞噬细胞的溶酶体颗粒中。溶菌酶能分解革兰阳性细菌细胞壁中的肽聚糖，导致细菌崩解。若有补体和 Mg^{2+} 存在，溶菌酶能使革兰阴性细菌的脂多糖和脂蛋白受到破坏，从而破坏革兰阴性细菌的细胞。

2. 补体

补体是动物血清及组织液中的一组具有酶活性的球蛋白，包括约 30 种不同的分子，故又称为补体系统，常用符号 C 表示，按被发现的先后顺序分别命名为 C_1，C_2，C_3，……，C_9。补体具有潜在的免疫活性，激活后能表现出一系列的免疫生物学活性，能协同其他物质直接杀伤靶细胞和加强细胞免疫功能。

（四）炎症反应

当病原微生物侵入机体时，被侵害局部往往汇集大量的吞噬细胞和体液杀菌物质，其他组织细胞还释放溶菌酶、白细胞介素等抗微生物物质。同时，炎症局部的糖酵解作用增强，产生大量的乳酸等有机酸。这些反应均有利于杀灭病原微生物。

二、影响非特异性免疫的因素

动物的种属特性、年龄及环境因素都能影响动物机体的非特异性免疫作用。

1. 种属因素

不同种属或不同品种的动物，对病原微生物的易感性和免疫反应性有差异，这些差异取决于动物的遗传因素。例如在正常情况下，草食动物对炭疽杆菌十分易感，而家禽却无感受性。

2. 年龄因素

不同年龄的动物对病原微生物的敏感性和免疫反应性也不同。在自然条件下，某些传染病仅发生于幼龄动物，例如幼小动物易患大肠杆菌病，而布鲁菌病主要侵害性成熟的动物。老龄动物的器官组织功能及机体的防御能力趋于下降，因此容易发生肿瘤或反复感染。

3. 环境因素

环境因素如气候、温度、湿度的剧烈变化对机体免疫力有一定的影响。例如，寒冷能使呼吸道黏膜的抵抗力下降；营养极度不良，往往使机体的抵抗力及吞噬细胞的吞噬能力下降。因此，加强管理和改善营养状况，可以提高机体的非特异性免疫力。另外，剧痛、创伤、烧伤、缺氧、饥饿、疲劳等应激也能引起机体机能和代谢的改变，从而降低机体的免疫功能。

任务实施

减少非洲猪瘟的措施讨论

兽医在线：2018 年 8 月开始，非洲猪瘟在我国流行，由于没有有效疫苗，给防控该病带来了很大的困难，如何采取增强非特异性免疫力的措施减少非洲猪瘟的发生？

（一）人员组织

将学生分组，每组5~8人并选出组长，组长负责本组操作分工。

（二）操作步骤

1. 查询资料

各小组成员分工，根据课本所学知识，通过网络查询、图书馆查阅资料和咨询养猪场技术人员等方式收集资料。

2. 小组讨论

组长组织大家将收集的资料进行分类汇总，讨论修正后汇报小组成果。

3. 教师点评

各小组汇报后，小组间进行互评，找出本组存在的问题，修正结果。最后，教师带领学生分析问题，完善采取增强猪体非特异性免疫力的措施，每组根据最终的讨论结果，撰写一份讨论报告。

任务反思

1. 一般情况下，炎症对机体是有益的，请说明原因。
2. 影响非特异性免疫的因素有哪些？

任务 2.3　特异性免疫

任务目标

知识目标：1. 掌握免疫系统的组成。

2. 掌握抗原和抗体的概念。

3. 掌握体液免疫应答的基本过程。

4. 掌握抗体产生的一般规律及其影响因素。

5. 了解细胞免疫应答的基本过程。

技能目标：会根据抗体产生的一般规律及其影响因素，确定疫苗接种时间。

任务准备

一、免疫系统

免疫系统是动物在种系发生和个体发育过程中逐渐进化和完善起来的，是机体执行免疫功能的组织机构，是产生免疫应答的物质基础。免疫系统由免疫器官、免疫细胞和免疫分子组成（图2-3-1）。

（一）免疫器官

免疫器官（图2-3-2）根据其功能不同分为中枢免疫器官和外周免疫器官。中枢免疫器官又称初级免疫器官,是淋巴细胞形成、分化及成熟的场所,包括骨髓、胸腺和法氏囊;外周免疫器官又称次级免疫器官,是淋巴细胞定居、增殖以及对抗原的刺激产生免疫应答的场所,包括淋巴结、脾、骨髓、哈德尔腺,以及黏膜相关淋巴组织。

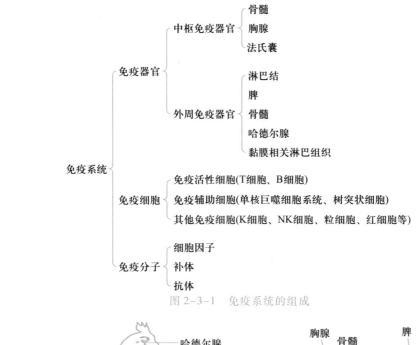

图 2-3-1　免疫系统的组成

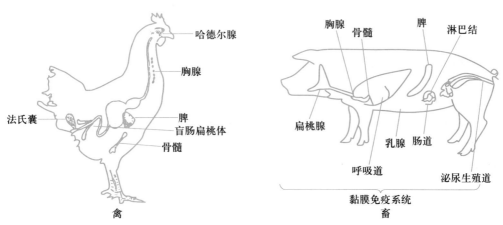

图 2-3-2　畜禽的免疫器官示意图

　　骨髓干细胞通过胸腺产生 T 细胞,通过法氏囊产生 B 细胞,并进入外周淋巴器官参与机体免疫(图 2-3-3)。

1. 中枢免疫器官

　　(1)骨髓　骨髓是造血器官,可生成多能造血干细胞,是各种血细胞的发源地,也是人和哺乳动物的中枢免疫器官。B 细胞、单核巨噬细胞、粒细胞、血小板和红细胞等血细胞可在骨髓内分化成熟。骨髓功能障碍将严重损害机体的造血功能和免疫功能(包括体液和细胞的免疫功能)。骨髓也是形成抗体的重要部位,抗原免疫动物后,骨髓可缓慢、持久地大量产生抗体,所以骨髓也是重要的外周免疫器官。

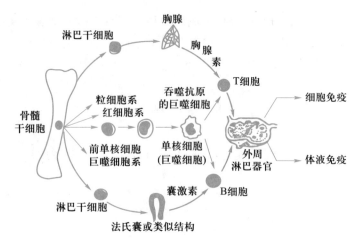

图 2-3-3　T 细胞和 B 细胞的来源、演化及迁移

（2）胸腺　哺乳动物的胸腺位于哺乳动物胸腔前部纵隔内,由二叶组成。鸟类的胸腺则在颈部两侧皮下,呈多叶排列。胸腺是 T 细胞分化成熟的场所。成熟的 T 细胞随血液循环输至全身,参与细胞免疫。实验证明,新生动物摘除胸腺后,体内淋巴细胞显著减少,免疫反应不能建立,动物早期死亡;而成年动物切除胸腺,则对免疫功能影响不大。

（3）法氏囊　又称腔上囊,是鸟类特有的盲囊状淋巴器官,位于泄殖腔的背侧。法氏囊在性成熟前达到最大,以后逐渐萎缩退化,直到完全消失。法氏囊是 B 细胞分化和成熟的场所。成熟的 B 细胞随淋巴和血液循环迁移至外周免疫器官参与体液免疫。如将刚出壳雏禽的法氏囊切除,则其体液免疫应答受到抑制,接受抗原刺激后,不能产生特异性抗体。某些病毒（如传染性法氏囊病病毒）感染及某些药物（如睾酮）均能使法氏囊萎缩,如果鸡群发生过传染性法氏囊病,则易导致免疫失败。

2. 外周免疫器官

（1）淋巴结　呈圆形或豆状,遍布于淋巴循环路径的各个部位,以便捕获从躯体外部进入血液—淋巴液的抗原。淋巴结（图 2-3-4）是成熟淋巴细胞定居和增殖的场所、免疫应答发生的基地、淋巴液的滤器,以及淋巴细胞再循环的重要组成环节。

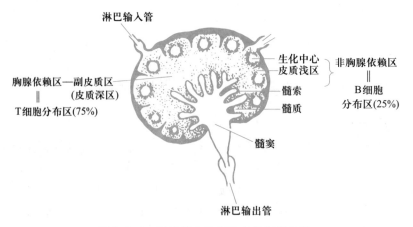

图 2-3-4　淋巴结中 T 细胞和 B 细胞分布

（2）脾　位于腹腔，具有造血、贮血和过滤作用，同时也是免疫活性细胞如 T 细胞和 B 细胞定居和接受抗原刺激后产生免疫应答的重要场所。

（3）哈德尔腺　又称副泪腺，是禽类眼窝内腺体之一。能接受抗原的刺激，分泌特异性抗体，通过泪液进入呼吸道，参与上呼吸道的局部免疫。在幼禽点眼免疫时，哈德尔腺会发生强烈的免疫反应，并不受母源抗体的干扰。因此哈德尔腺对于禽类的早期免疫，起着非常重要的作用。

（4）黏膜相关淋巴组织　机体 50% 以上的淋巴组织存在于黏膜系统，它们在免疫防疫中发挥重要的作用。黏膜相关的淋巴组织主要包括扁桃体、阑尾、肠道集合淋巴结，以及消化道、呼吸道和泌尿生殖道黏膜下层的许多淋巴小节和弥散的淋巴组织。黏膜相关淋巴组织均含丰富的 T 细胞、B 细胞和巨噬细胞等。此类组织中 B 细胞合成分泌的抗体主要是免疫球蛋白 A（IgA）和免疫球蛋白 E（IgE）类抗体，其作用是接受黏膜表面侵入抗原的刺激，发生免疫应答反应。

（二）免疫细胞

凡参与免疫应答或与免疫应答相关的细胞统称为免疫细胞（图 2-3-5）。它们的种类繁多（图 2-3-6），功能各异，但相互作用，相互依存。根据它们在免疫应答中的功能及作用机理，可分为免疫活性细胞和免疫辅助细胞两大类。此外还有一些其他细胞，如 K 细胞、NK 细胞、粒细胞、红细胞，也参与了免疫应答中的某一特定环节。

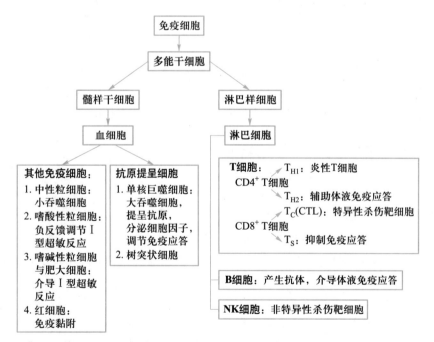

图 2-3-5　免疫细胞组成

1. 免疫活性细胞

在淋巴细胞中，受抗原物质刺激后能增殖分化，并产生特异性免疫应答的细胞，称为免疫活性细胞，主要指 T 淋巴细胞和 B 淋巴细胞，在免疫应答过程中起核心作用。

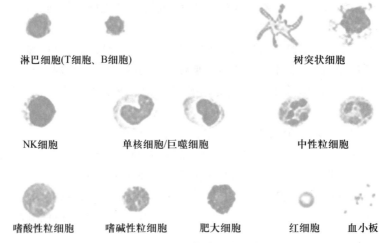

淋巴细胞(T细胞、B细胞)   树突状细胞

NK细胞   单核细胞/巨噬细胞   中性粒细胞

嗜酸性粒细胞   嗜碱性粒细胞   肥大细胞   红细胞   血小板

图 2-3-6   免疫细胞种类

（1）T 细胞   即胸腺依赖淋巴细胞,全称为 T 淋巴细胞。骨髓中的一部分多能干细胞或 T 细胞前体迁移到胸腺内,在胸腺激素的诱导下分化成熟,成为具有免疫活性的 T 细胞(图 2-3-7)。成熟的 T 细胞经血流分布至外周免疫器官的胸腺依赖区定居,并可经淋巴管、外周血和组织液等进行再循环,发挥细胞免疫及免疫调节等功能。效应 T 细胞是短寿的,一般存活 4～6 d,其中一小部分变为长寿的免疫记忆细胞,进入淋巴细胞再循环,它们可存活数月到数年。

（2）B 细胞   全称为 B 淋巴细胞,骨髓中的一部分多能干细胞在哺乳动物的骨髓或鸟类的法氏囊分化为成熟的 B 细胞,成熟的 B 细胞分布在外周免疫器官的非胸腺依赖区定居和增殖。B 细胞接受抗原刺激后活化、增殖、分化为

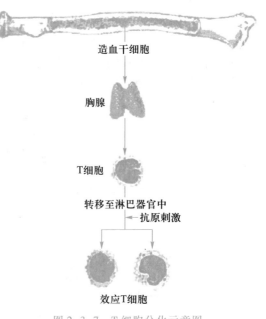

造血干细胞

胸腺

T细胞

转移至淋巴器官中
抗原刺激

效应T细胞

图 2-3-7   T 细胞分化示意图

浆细胞,发挥体液免疫的功能(图 2-3-8)。浆细胞一般只能存活 2 d。一部分 B 细胞成为免疫记忆细胞,参与淋巴细胞再循环,可存活 100 d 以上。

2. 免疫辅助细胞

T 细胞和 B 细胞是免疫应答的主要承担者,但免疫应答的完成尚需体内的单核巨噬细胞、树突状细胞等对抗原进行捕捉、加工和处理,这些细胞称为免疫辅助细胞,简称 A 细胞。由于免疫辅助细胞在免疫应答中能将抗原提呈给免疫活性细胞,因此又称为抗原提呈细胞（APC）。

（1）单核吞噬细胞   主要包括血液中的单核细胞和组织中的巨噬细胞。除具有抗原提呈作用(图 2-3-9)外,还具有抗感染、抗肿瘤和免疫调节等重要作用。

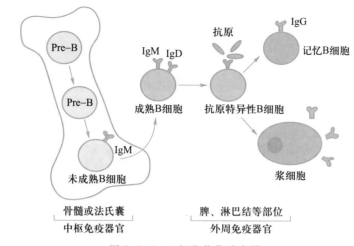

图 2-3-8　B 细胞分化示意图

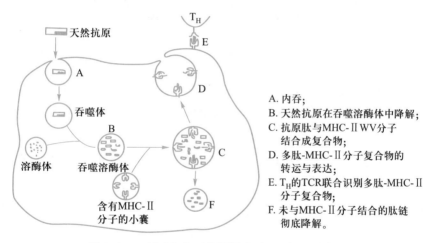

A. 内吞;
B. 天然抗原在吞噬溶酶体中降解;
C. 抗原肽与 MHC-Ⅱ W V 分子
结合成复合物;
D. 多肽-MHC-Ⅱ分子复合物的
转运与表达;
E. T_H 的 TCR 联合识别多肽-MHC-Ⅱ
分子复合物;
F. 未与 MHC-Ⅱ分子结合的肽链
彻底降解。

图 2-3-9　巨噬细胞对抗原摄取、加工、提呈示意图

（2）树突状细胞　简称 D 细胞,来源于骨髓和脾红髓,成熟后主要分布于脾和淋巴结,结缔组织中也广泛存在。其功能是递呈抗原,引发免疫应答。

3. 其他免疫细胞

（1）K 细胞　全称为杀伤细胞。K 细胞可杀伤病原微生物感染的宿主细胞、恶性肿瘤细胞、移植物中的异体细胞及某些较大的病原体（如寄生虫）等。但 K 细胞杀伤靶细胞必须有靶细胞的相应抗体存在,当靶细胞表面抗原与相应抗体结合后,再结合到 K 细胞的相应受体上,从而触发 K 细胞的杀伤作用,称为抗体依赖性细胞介导的细胞毒作用（ADCC）（图 2-3-10）。

（2）NK 细胞　全称为自然杀伤细胞,来源于骨髓,主要存在于血液和淋巴组织,也具有 ADCC 作用。NK 细胞可非特异性杀伤肿瘤细胞和病毒感染细胞。

（3）粒细胞　胞浆中含有颗粒的白细胞统称为粒细胞,包括嗜中性、嗜碱性和嗜酸性粒细胞。嗜中性粒细胞是血液中的主要吞噬细胞,具有高度的移动性和吞噬功能;嗜碱性粒细胞主要参与Ⅰ型变态反应;嗜酸性粒细胞具有吞噬杀菌能力,并具有抗寄生虫的作用。

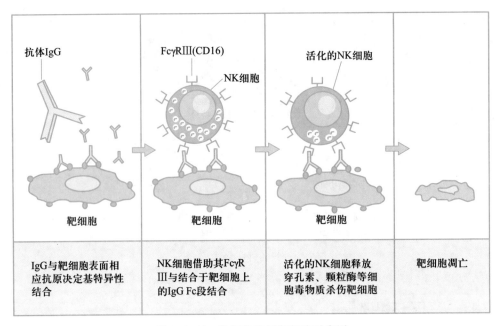

| IgG与靶细胞表面相应抗原决定基特异性结合 | NK细胞借助其FcγRⅢ与结合于靶细胞上的IgG Fc段结合 | 活化的NK细胞释放穿孔素、颗粒酶等细胞毒物质杀伤靶细胞 | 靶细胞凋亡 |

图 2-3-10　K 细胞破坏靶细胞示意图

（4）红细胞　研究表明红细胞和白细胞一样具有重要的免疫功能,它具有识别抗原、清除体内免疫复合物、增强吞噬细胞的吞噬功能、提呈抗原信息及免疫调节等功能。

（三）免疫分子

免疫分子包括细胞因子、补体、抗体。其中,补体的内容详见任务 2.2 非特异性免疫;抗体的内容将在本任务体液免疫中讲述。

二、抗原

（一）抗原的概念

凡是能刺激机体产生抗体和效应性淋巴细胞,并能与之结合引起特异性免疫反应的物质,称为抗原。抗原具有抗原性,抗原性包括免疫原性和反应原性。免疫原性是指刺激机体产生抗体和致敏淋巴细胞的特性;反应原性是指抗原与相应的抗体或效应性淋巴细胞发生特异性结合的特性（图 2-3-11）。

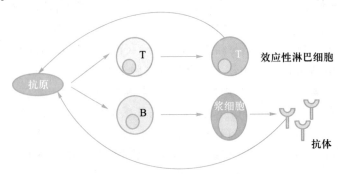

图 2-3-11　抗原抗原性示意图

既具有免疫原性又具有反应原性的抗原称为完全抗原。只有反应原性而没有免疫原性的抗原称为半抗原(图 2-3-12)。

（二）构成抗原的条件

1. 异物性

在正常情况下,动物机体能识别自身物质与非自身物质,只有非自身物质进入机体才能具有免疫原性。因此,异种动物之间的组织、细胞及蛋白质均是良好的抗原。通常动物之间的亲缘关系相距越远,生物种系差异越大,免疫原性越好,此类抗原称为异种抗原。同种动物不同个体的某些成分也具有一定的抗原性,如血型抗原、组织移植抗原,此类抗原称为同种异体抗原。动物自身组织细胞通常情况下不具有免疫原性,但由于外伤、感染、电离辐射、药物等因素的作用,会使自身成分显示抗原性,而成为自身抗原。

2. 分子大小与结构的复杂性

抗原的免疫原性与其分子的大小及结构的复杂程度密切相关。免疫原性良好的物质,其分子量均在

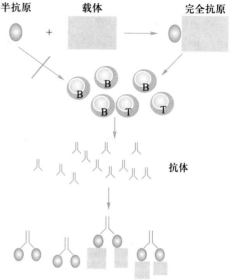

图 2-3-12　完全抗原与半抗原的
抗原性示意图

10 000 以上,在一定条件下,分子量越大,免疫原性越强。分子量小于 5 000 的抗原,免疫原性较弱;分子量在 1 000 以下的物质,一般没有免疫原性,为半抗原,只有与蛋白质结合后才具有免疫原性。

抗原除了要求具有一定的分子量外,相应大小的分子如果化学成分、分子结构和空间构象不同,其免疫原性也有一定的差异。一般而言,分子结构和空间构象愈复杂,免疫原性愈强。如明胶分子虽然分子量高达 10 万,但由于分子结构简单,进入机体极易被酶水解成小分子物质,所以抗原性很弱。

同时,只有带抗原决定簇的大分子胶体物质,完整地进入免疫细胞所在的场所,才能刺激机体产生抗体。如果在未进入这些场所之前就被分解成小分子的氨基酸或短肽链,便失去了免疫原性。比如用死疫苗接种,采用口服方式时,易被消化道酶破坏,而失去免疫原性。

3. 物理状态

不同物理状态的抗原,其免疫原性也有差异。呈聚合状态的抗原一般较单体抗原的免疫原性强,颗粒性抗原比可溶性抗原的免疫原性强。免疫原性弱的物质如果吸附到大分子颗粒表面上,可增强其抗原性。如将甲状腺球蛋白与聚丙烯酰胺凝胶颗粒结合后免疫家兔,可使其产生的 IgM 效价提高 20 倍。

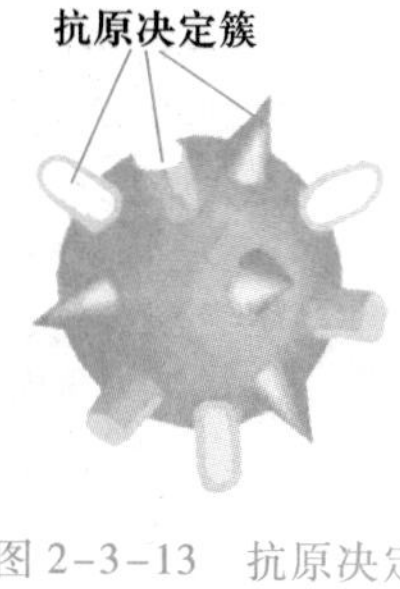

（三）抗原的特异性与交叉性

抗原的特异性是由抗原分子表面有特殊的立体构型、并具有免疫活性的化学基团所决定的,这些具特殊结构的化学基团称为抗原决定簇(图 2-3-13)。抗原通过抗原决定簇与相应淋巴细胞表面的抗原受体结合,从而激活淋巴细胞,引起免疫应答,也可通过表面抗原决定簇与相应抗体/致敏淋巴细胞特异性结合而发生免疫反应。可见抗原决定簇是被免疫活性细胞识别的靶结构。一个抗原决定簇只能刺激机体

抗原决定簇

图 2-3-13　抗原决定
簇示意图

产生一种特异性抗体。大部分抗原分子上含有多个抗原决定簇,可刺激机体产生多种类型的特异性抗体。

抗原的特异性是指特定结构的抗原决定簇刺激机体产生相应的抗体,而这种抗体只能与相对应的抗原决定簇发生特异性结合的特性,又称为抗原的专一性。

在一般情况下,不同的抗原其抗原决定簇不同。但有时在一些抗原之间,存在着相同的抗原决定簇,这种共有的抗原决定簇称为共同抗原或交叉抗原。抗原(或抗体)除与其相应抗体(或抗原)发生特异性反应外,还可与其他抗体(或抗原)发生反应的特性,称为交叉反应性(图2-3-14)。

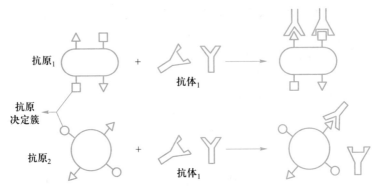

图2-3-14　交叉反应示意图

三、免疫应答

免疫应答是动物机体免疫系统受抗原刺激后,免疫细胞对抗原分子的识别并产生一系列复杂的免疫连锁反应,表现出特定的生物学效应的过程。免疫应答包括体液免疫应答和细胞免疫应答两种类型。

(一)免疫应答的基本过程

免疫应答是一个十分复杂的生物学过程,除了由单核巨噬细胞系统和淋巴细胞系统协同完成外,还有许多细胞因子发挥辅助效应,是一个连续不可分割的过程,为了便于理解,可人为地划分为以下三个阶段(图2-3-15)。

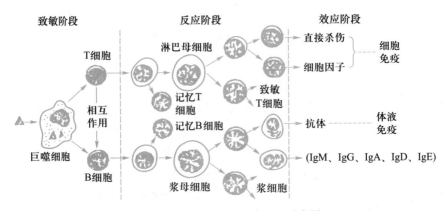

图2-3-15　免疫应答基本过程示意图

1. 致敏阶段

致敏阶段又称识别阶段,是抗原物质进入体内,抗原提呈细胞对其识别、捕获、加工处理和提呈,以及 T 细胞和 B 细胞对抗原的识别阶段。

2. 反应阶段

反应阶段又称增殖分化阶段,是 T 细胞和 B 细胞识别抗原后,进行活化、增殖与分化,以及产生效应性淋巴细胞和效应分子的过程。T 细胞增殖分化为淋巴母细胞,最终成为效应性淋巴细胞,并产生多种细胞因子;B 细胞增殖分化为浆母细胞,最终成为浆细胞,由浆细胞合成并分泌抗体。一部分 T 细胞、B 细胞在分化过程中变为免疫记忆细胞。

3. 效应阶段

效应阶段主要体现在活化的效应性细胞(细胞毒性 T 细胞与迟发型变态反应性 T 细胞)和效应分子(细胞因子和抗体)发挥细胞免疫效应和体液免疫效应。这些效应细胞与效应分子共同作用清除抗原物质。

(二)体液免疫

由 B 细胞介导的免疫应答称为体液免疫应答。而体液免疫效应是由 B 细胞通过对抗原的识别、活化、增殖,最后分化为浆细胞并合成分泌抗体来实现的,因此,抗体是介导体液免疫效应的效应分子。

1. 抗体的概念

抗体是机体受到抗原物质刺激后,由 B 细胞转化为浆细胞产生的,能与相应抗原发生特异性结合反应的免疫球蛋白(Ig)。机体产生的抗体主要存在于血液(血清)、淋巴液、组织液和其他外分泌液中,因此将抗体介导的免疫称为体液免疫。根据免疫球蛋白的化学结构和抗原性不同,抗体可分为 IgG、IgM、IgA、IgE、IgD 五种,家畜以前四种为主。

2. 抗体的结构

抗体的化学成分为免疫球蛋白(Ig)。免疫球蛋白分子的基本结构是由四肽链组成的。即由两条相同的、分子量较小的肽链(称为轻链,L 链)和两条相同的、分子量较大的肽链(称为重链,H 链)组成的。轻链与重链由二硫键连接形成一个"Y"字形四肽链分子,称为 Ig 分子的单体,是构成免疫球蛋白分子的基本结构(图 2-3-16)。IgG、血清型 IgA、IgE、IgD 均是以单体分子形式存在的,IgM 是以五个单体分子构成的五聚体,分泌型 IgA 是以两个单体分子构成的二聚体。

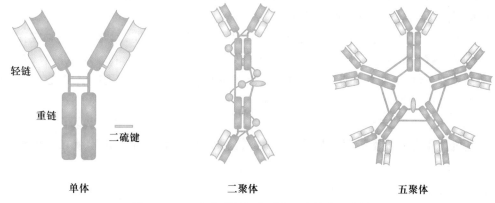

轻链		
重链		
二硫键		
单体	二聚体	五聚体

图 2-3-16 免疫球蛋白分子的基本结构示意图

3. 抗体产生的一般规律

动物机体初次和再次接触抗原,体内抗体产生的种类、抗体的水平等存在差异(图2-3-17)。

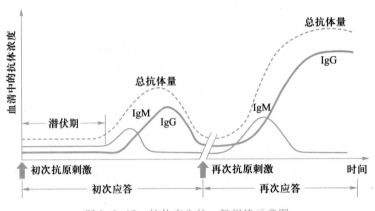

图2-3-17　抗体产生的一般规律示意图

(1)初次应答　动物机体初次接触抗原引起的抗体产生的过程,称为初次应答。抗原初次进入动物机体后,在一定时期内体内查不到抗体或抗体产生很少,称这一时期为潜伏期。潜伏期之后为抗体的对数上升期,抗体含量直线上升,达到高峰需7~10 d,然后为高峰持续期,抗体产生和排出相对平衡,最后为下降期。初次应答有以下几个特点:

① 潜伏期较长。潜伏期的长短视抗原的种类而异,如初次注射的是菌苗,需经5~7 d血液中有抗体出现;若初次注射的是类毒素,则需经2~3周才出现抗体。

② 初次应答最早产生的抗体是IgM,随后产生IgG,IgA产生最迟。

③ 初次应答产生的抗体总量较低,维持时间也较短。

(2)再次应答　动物机体第二次接触相同的抗原物质引起的抗体产生的过程,称为再次应答。再次应答有以下几个特点:

① 潜伏期比初次应答显著缩短。如同种细菌抗原再次进入机体仅2~3 d即可产生抗体。

② 抗体产生量高,维持时间较长。

③ 产生的抗体大部分为IgG,IgM则很少。

再次应答取决于体内记忆T细胞和B细胞的存在。当机体与抗原物质再次接触时,记忆细胞可被激活,加快增殖分化,迅速产生抗体。

抗体产生的一般规律提示我们:由于抗体的产生需一定的潜伏期,因此预防接种应在传染病流行季节前或易感日龄前进行;由于再次应答免疫效果优于初次应答,在预防接种时,应间隔一定时间进行再次免疫,可起到强化免疫的功效;由于IgM在初次应答中最早出现,因此检测IgM可作为传染病早期诊断或胎儿宫内感染的指标。

4. 影响抗体产生的因素

抗体是机体免疫系统受抗原的刺激后产生的,因此影响抗体产生的因素就在于抗原和机体两个方面。

(1)抗原方面

① 抗原的性质　由于抗原的物理性状、化学结构及毒力的不同,对机体的刺激强度不一样,

因此,机体产生抗体的速度和持续时间也就不同。如给动物机体注射颗粒性抗原,只需 2～5 d 血液中就有抗体出现,而注射可溶性抗原类毒素则需 2～3 周才出现抗毒素;活苗与死苗相比,活苗的免疫效果好,因为在活的微生物刺激下,机体产生抗体较快。

② 抗原的用量　在一定限度内,抗体的产生随抗原用量的增加而增加,但当抗原用量过多,超过了一定限度时,抗体的形成反而受到抑制,此时称为免疫麻痹。而抗原用量过少,又不足以刺激机体产生抗体。因此,在预防接种时,疫苗的用量必须按规定使用,不得随意增减。一般活苗用量较小,灭活苗用量较大。

③ 免疫次数及间隔时间　为使机体获得较强且持久的免疫力,往往需要刺激机体产生再次应答。活疫苗在机体内有一定程度的增殖,因此,只需免疫一次即可;而灭活苗和类毒素通常需要连续免疫 2～3 次,灭活苗间隔 7～10 d、类毒素需间隔 6 周左右。

④ 免疫途径　由于抗原接种途径的不同,抗原在体内停留时间和接触的组织也不同,因而产生不同的效果。免疫途径的选择以刺激机体产生良好的免疫反应为原则,不一定是自然感染的侵入门户。由于抗原易被消化酶降解而失去免疫原性,所以多数疫苗采用非经口途径免疫,如皮内、皮下、肌内等注射途径,以及滴鼻、点眼、气雾免疫等,只有少数弱毒疫苗,如传染性法氏囊病疫苗可经饮水免疫。

(2) 机体方面　动物机体的年龄因素、遗传因素、营养状况、某些内分泌激素及疾病等均可影响抗体的产生。如初生或出生不久的动物,免疫应答能力较差,其原因主要是免疫系统发育尚未健全,其次是受母源抗体的影响。母源抗体是指动物机体通过胎盘、初乳、卵黄等途径从母体获得的抗体。母源抗体可保护幼畜禽免于感染,还能抑制或中和相应抗原。因此,给幼畜禽初次免疫时必须考虑母源抗体的影响。另外,雏鸡感染传染性法氏囊病病毒,使法氏囊受损,导致雏鸡体液免疫应答能力下降,影响抗体的产生。

母源抗体对免疫效果的影响

5. 体液免疫效应

抗体作为体液免疫的效应分子,在体内可发挥多种免疫功能。由抗体介导的免疫效应,在多数情况下对机体是有利的,但有时也会造成机体的免疫损伤。体液免疫效应可表现为以下几个方面。

(1) 中和作用　毒素的抗体与相应的毒素结合,可使毒素失去毒性作用;病毒的抗体可通过与病毒表面抗原结合,从而使病毒失去对细胞的感染性,保护细胞免受感染。

(2) 免疫溶解作用　一些革兰阴性菌(如霍乱弧菌)和某些原虫(如锥虫),与体内相应的抗体结合后,可激活补体,最终导致菌体和虫体溶解。

(3) 免疫调理作用　对于一些毒力比较强的细菌,特别是一些有荚膜的细菌,相应的抗体(IgG 或 IgM)与之结合后,易受到单核巨噬细胞的吞噬,若再激活补体形成细菌-抗体-补体复合物,则更容易被吞噬。这是由于单核巨噬细胞表面具有抗体分子的 Fc 片段和 C_{3b} 的受体,体内形成的抗原-抗体或抗原-抗体-补体复合物容易受到它们的捕获。抗体的这种作用称为免疫调理作用(图 2-3-18)。

(4) 局部黏膜免疫作用　由黏膜固有层中的浆细胞产生的分泌型 IgA 是机体抵抗从呼吸道、消化道及泌尿生殖道感染的病原微生物的主要防御力量,分泌型抗体(SIgA)可阻止病原微生物吸附黏膜上皮细胞。

(5) 抗体依赖性细胞介导的细胞毒作用(ADCC 作用)　一些效应性淋巴细胞(如

黏膜免疫概述

K 细胞),其表面具有抗体分子的 Fc 片段的受体,当抗体分子与相应的靶细胞(如肿瘤细胞)结合后,效应性淋巴细胞就可借助于 Fc 受体与抗体的 Fc 片段结合,从而发挥其细胞毒作用,将靶细胞杀死。

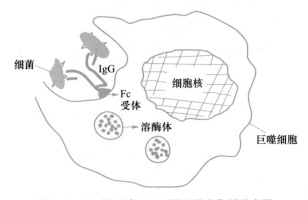

图 2-3-18　调理素(IgG)调理吞噬作用示意图

(6)免疫损伤作用　抗体在体内引起的免疫损伤主要是介导 Ⅰ 型(IgE)、Ⅱ 型和 Ⅲ 型(IgG 和 IgM)变态反应,以及一些自身免疫疾病。

（三）细胞免疫

1. 细胞免疫的概念

由 T 细胞介导的免疫应答称为细胞免疫。主要是指 T 细胞在抗原的刺激下,增殖分化为效应 T 细胞并产生细胞因子,从而发挥免疫效应的过程。

效应 T 细胞主要包括细胞毒性 T 细胞(T_C)和迟发型变态反应性 T 细胞(T_D)。T_C 细胞与靶细胞(病毒感染细胞、肿瘤细胞、胞内感染细菌的细胞)能特异性结合,直接杀伤靶细胞。T_D 细胞被激活后,通过释放多种细胞因子而发挥作用,主要是引起以局部的单核细胞浸润为主的炎症反应。

细胞因子是指由免疫细胞(如单核巨噬细胞、T 细胞、B 细胞、NK 细胞)和某些非免疫细胞合成和分泌的一类高活性多功能的蛋白质多肽分子。

2. 细胞免疫效应

机体的细胞免疫效应是由 T_C 细胞和 T_D 细胞以及细胞因子体现的,主要表现在以下几个方面:

(1)抗感染作用　对某些细胞内寄生菌(如结核分枝杆菌、布鲁菌、李氏杆菌)、病毒、真菌等有抗感染作用。致敏淋巴细胞释放出一系列发挥细胞毒作用的细胞因子,与 T_C 细胞一起参与细胞免疫,杀死抗原和携带抗原的靶细胞,使机体具有抗感染能力。

(2)抗肿瘤作用　T_C 细胞和某些细胞因子能直接杀伤肿瘤细胞,发挥其免疫监视作用。

(3)免疫损伤作用　细胞免疫有时可引起Ⅳ型变态反应、移植排斥反应等。

　任务实施

绘制鸡新城疫抗体产生的一般规律示意图

（一）人员组织

将学生分组,每组 5～8 人并选出组长,组长负责本组操作分工。

（二）操作步骤

1. 查询资料

各小组成员分工,根据课本所学知识,通过网络查询、图书馆查阅资料和咨询养鸡场技术人员等方式搜集鸡新城疫抗体产生规律的资料。

2. 小组讨论

组长组织组员将收集的资料进行分类汇总,列出鸡初次和再次使用新城疫疫苗后,产生抗体的种类、抗体水平及出现时间的差异。

3. 小组制图

小组成员互相协作,以横纵坐标示意图的形式画出鸡新城疫抗体产生的一般规律示意图。

4. 教师点评

各小组汇报,小组间进行互评,修正示意图。教师最后点评,进一步完善鸡新城疫抗体产生的一般规律示意图。

任务反思

1. 在生产实践中进行预防接种时,为什么常进行两次或两次以上的接种?
2. 成为抗原物质须具备哪些条件?

项 目 小 结

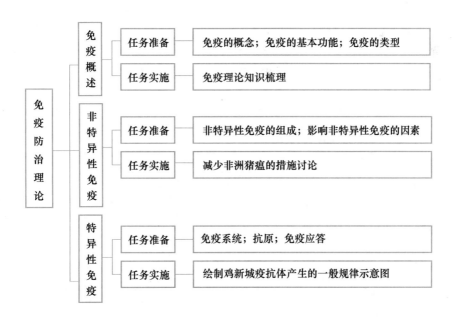

项目测试

一、名词解释

免疫　抗原　抗体　人工主动免疫　人工被动免疫　母源抗体

二、单项选择题

1. 下列关于抗体的说法,正确的是(　　)。
A. 抗体均为单体
B. 抗体由 T 细胞产生
C. 抗体均存在于血清中
D. 抗体是体液免疫的效应分子

2. 机体受抗原刺激后,最早产生的抗体是(　　)。
A. IgG
B. IgM
C. IgA
D. IgD

3. 动物因为接种疫苗而建立的特异性免疫称为(　　)。
A. 人工主动免疫
B. 天然主动免疫
C. 人工被动免疫
D. 天然被动免疫

4. 鸡传染性法氏囊病毒主要破坏鸡的(　　)。
A. 中枢免疫器官
B. 免疫细胞
C. 外周免疫器官
D. 免疫分子

5. 下列免疫器官属于中枢免疫器官的是(　　)。
A. 扁桃体
B. 脾
C. 淋巴结
D. 胸腺

三、判断题(正确的打√,错误的打×)

1. 动物最大的外周免疫器官是骨髓。(　　)
2. IgG 是分子量最大的抗体。(　　)
3. 大分子蛋白质抗原常含有多种不同的抗原决定簇。(　　)
4. 再次免疫应答时,IgG 与 IgM 同时发生。(　　)
5. 抗体和补体都因抗原刺激而产生。(　　)

四、简答题

1. 免疫的基本功能是什么?
2. 中枢免疫器官的组成及主要功能是什么?
3. 试述免疫应答的基本过程。
4. 试述抗体产生的一般规律。

五、综合分析题

通过免疫接种预防某传染病时,为什么需要间隔一定时间进行再次免疫?

项目 *3*

免疫诊断

项目导入

有一年的 12 月某农业大学发生了一件令人震惊的事情。学校从养殖场购入 4 只山羊作为实验动物,前后共进行了 5 次实验。由于实验前未对山羊进行布鲁菌病的免疫诊断,学生在操作过程中也没有进行有效防护,结果导致学校 27 名学生及 1 名教师陆续感染了布鲁菌病。

免疫诊断在畜禽疫病防治中起着重要作用。无论在科研中还是在生产中接触引进畜禽,都应评估疫病风险,并进行防范,免疫诊断是其中的重要一环。如果不及时进行免疫诊断,就有可能造成人畜发病甚至死亡。

本项目的学习内容为:(1) 变态反应诊断;(2) 血清学诊断。

任务 3.1　变态反应诊断

任务目标

知识目标:1. 掌握变态反应的四种类型。
　　　　　2. 了解变态反应的防治措施。
技能目标:会进行牛结核菌素变态反应诊断。

任务准备

一、变态反应的概念

变态反应是指免疫系统对再次进入机体的抗原物质做出的过于强烈或不适当的,并导致组织器官损伤的免疫反应。变态反应的本质也是免疫应答。引起变态反应的物质,称为变应原。变应原可通过呼吸道、消化道、皮肤、黏膜等途径进入动物机体而引发变态反应。

二、变态反应的类型

根据变态反应中所参与的细胞、活性物质、损伤组织器官的机制以及产生反应所需的时间等,将变态反应分为Ⅰ、Ⅱ、Ⅲ、Ⅳ四种类型,即过敏反应型(Ⅰ型)、细胞毒型(Ⅱ型)、免疫复合物型(Ⅲ型)和迟发型(Ⅳ型)。其中,前三种均由抗体介导,共同特点是反应发生快,故称为速发型变态反应;Ⅳ型则是由细胞介导,反应较慢,至少 12 h 以后才发生,故称为迟发型变态反应。

(一) Ⅰ型变态反应(过敏反应型)

Ⅰ型变态反应的发生机制为:变应原首次进入机体,刺激机体产生抗体 IgE,IgE 吸附于皮肤、消化道和呼吸道黏膜毛细血管周围组织中的肥大细胞和血液中嗜碱性粒细胞表面,使之致敏。当致敏细胞再次接受同一变应原刺激,变应原即与细胞表面的 IgE 结合,形成免疫复合物,导致细胞内的嗜碱性颗粒脱出,脱出的颗粒迅速释放活性介质,如组胺、缓激肽、5-羟色胺和过敏毒素。这些介质可使支气管平滑肌收缩,毛细血管扩张及通透性增强,腺体分泌增加等。若反应发生在呼吸道,则引起呼吸困难、哮喘、肺水肿等;发生在胃肠道,引起腹痛、腹泻等;发生在皮肤,引起皮肤红肿、荨麻疹等;发生在全身可引起过敏性休克,甚至死亡(图 3-1-1)。

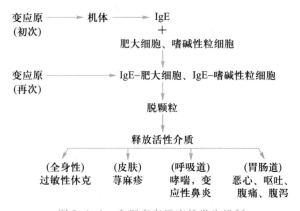

图 3-1-1　Ⅰ型变态反应的发生机制

临床上常见的过敏反应有注射青霉素引起的急性全身性反应,以及吸入花粉、真菌孢子、动物皮屑,食入某种蛋白质含量高的饲料,蠕虫感染,某些磺胺类药物、疫苗等引起的局部过敏反应。

(二) Ⅱ型变态反应(细胞毒型)

引起Ⅱ型变态反应的变应原可以是体内细胞本身的表面抗原,如血型抗原;也可以是外来的药物半抗原,药物半抗原可与靶细胞牢固地结合形成完全抗原。这两种抗原均可刺激机体产生细胞溶解性抗体(IgG 和 IgM),这些抗体与靶细胞表面抗原结合,或与吸附在细胞上的药物半抗原结合,形成抗原-抗体-细胞复合物。通过以下三种途径将复合物中的靶细胞杀死:① 激活补体,使细胞溶解;② 通过吞噬细胞吞噬;③ 通过结合 K 细胞杀死(图 3-1-2)。

临床上常见的Ⅱ型变态反应有输血反应、新生动物溶血病、药物和传染性病原体引起的溶血性贫血等。

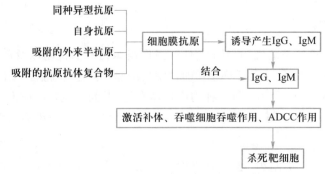

图 3-1-2　Ⅱ型变态反应的发生机制

（三）Ⅲ型变态反应（免疫复合物型）

引起Ⅲ型变态反应的变应原包括异种动物血清、微生物、寄生虫和药物等。参与反应的抗体主要为 IgG，也有 IgM 和 IgA。

抗原抗体复合物，因抗原、抗体的比例不同，大小也不同。当抗原、抗体比例合适或抗体略多于抗原时，则形成颗粒较大的不溶性免疫复合物，易被吞噬细胞吞噬清除；当抗原量过多于抗体量时，可形成细小的可溶性复合物，易通过肾小球滤过而排出。上述两种复合物对机体均不造成损害作用。只有抗原量稍超过抗体量时形成中等大小的可溶性复合物，不易被机体排出，则随血流在肾小球、关节、皮肤等处形成沉积，引起炎症、水肿、出血、局部坏死等一系列反应（图 3-1-3）。

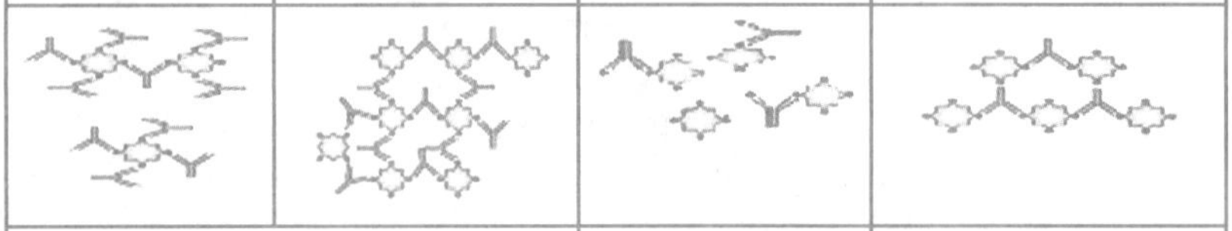

抗体略多	抗原抗体比例合适	抗原过多	抗原略多于抗体量
形成颗粒较大的不溶性免疫复合物，易被吞噬细胞吞噬清除	形成细小的可溶性复合物，易通过肾小球滤过而排出		形成中等大小的可溶性复合物，不易被机体排出，随血流在肾小球、关节、皮肤等处形成沉积，引起炎症、水肿、出血、局部坏死等一系列反应

图 3-1-3　抗原抗体复合物的形成和去向

临床上常见的Ⅲ型变态反应疾病有系统性红斑狼疮、链球菌感染后引起的肾小球肾炎、类风湿性关节炎、局部免疫复合物病等。

（四）Ⅳ型变态反应（迟发型）

此型反应是由细胞免疫引起的，无抗体和补体参加。此反应发生缓慢，多数于再次接触变应原后 12 h 或更长时间达到高峰，故又称迟发型变态反应。

机体受到某种变应原刺激，使 T 细胞母细胞化，进一步分化成效应性淋巴细胞，使机体致敏，当机体再次接触同一变应原时，效应性淋巴细胞释放多种细胞因子如淋巴毒素、杀伤性 T 细胞，直接杀伤靶细胞引起变态反应。此型反应表现较突出的是局部炎症（图 3-1-4）。

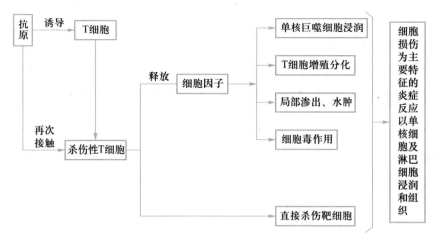

图 3-1-4 Ⅳ型变态反应的发生机制

临床常见的Ⅳ型变态反应有传染性变态反应、组织移植排斥反应及接触性皮炎等。

结核杆菌、布鲁菌、鼻疽杆菌等细胞内寄生菌,在传染的过程中,能引起以细胞免疫为主的Ⅳ型变态反应。这种变态反应以病原微生物或其代谢产物作为变应原,是在传染过程中发生的,因此称为传染性变态反应。临床上对于这些细胞内寄生菌引起的慢性传染病,常利用传染性变态反应来诊断。如利用结核菌素给牛点眼的同时颈部皮内注射,进行结核菌素试验,然后根据局部炎症情况判定牛是否感染结核杆菌,以进行结核病的检疫。结核菌素试验阳性者,表明该动物已感染过结核杆菌,发生了传染性变态反应。利用鼻疽菌素进行鼻疽病的检疫原理也是如此。

三、变态反应的防治

防治变态反应要从变应原及机体的免疫反应两方面考虑。临床上采取的措施是:① 尽可能找出变应原,避免动物再次接触。② 用脱敏疗法改善机体的异常免疫反应。如为了避免动物血清过敏症的发生,在给动物大剂量注射血清之前,可将血清加温至 30 ℃后使用,并且先少量多次皮下注射血清(中型动物每次 0.2 mL,大型动物每次 2 mL),隔 15 min 后再注射中等剂量血清(中型动物 10 mL,大型动物 100 mL),若无严重反应,15 min 后可全量注射。③如果动物在注射后短时间内出现不安、颤抖、出汗或呼吸急促等过敏反应症状,首先用 0.1%的肾上腺素皮下注射(大型动物 5~10 mL,中、小型动物 2~5 mL),并采取其他对症治疗措施。常用的药物有肾上腺素皮质激素、抗组胺药物和钙制剂等。

 任务实施

牛结核病检疫

(一) 材料准备

待检牛、鼻钳、剪毛剪、游标卡尺、镊子、1 mL 皮内注射器及针头、牛型提纯结核菌素(PPD)、75% 酒精棉球、煮沸消毒器、记录表、工作服、手套、口罩、胶靴等。

（二）人员组织

将学生分组,每组 8 人,轮流担任组长,负责本组操作分工。

（三）操作步骤

用牛型提纯结核菌素（PPD）进行皮内变态反应试验,对活畜的结核病检疫具有非常重要的意义。出生后 20 d 的牛即可用本试验进行检疫。

1. 注射部位

将牛只编号登记后,在颈侧中部上 1/3 处剪毛（3 月龄以内的犊牛,可在肩胛部）,直径约 10 cm,用游标卡尺测量术部中央皮皱厚度,做好记录。如术部有变化,应另选部位或在对侧进行。

牛型提纯结核菌素皮内注射

2. 注射剂量

每头牛皮内注射 0.1 mL,不低于 2 000 IU,或按试剂说明书配制的剂量。

3. 注射方法

保定好牛只,用 75% 酒精棉球消毒术部。一手提捏起术部中央皮皱,另一手持皮内注射器,皮内注射 0.1 mL 结核菌素,注射后局部应出现皮丘（小泡）。如注射有疑问,应另选 15 cm 以外的部位或对侧重新注射。

4. 观察反应

皮内注射后第 72 小时进行观察,仔细观察注射局部有无热、痛、肿胀等炎性反应,并用游标卡尺测量术部皮皱厚度,做好详细记录（表 3-1-1）。第 72 小时观察后,对阴性反应和疑似反应的牛,于注射后第 96 h 和第 120 h 再分别判定一次,以防个别牛出现较晚的迟发型变态反应。

表 3-1-1　牛结核病检疫记录表

单位：　　　　　　　年　　月　　日　　　检疫员：

编号	牛号	年龄	提纯结核菌素皮内注射反应								判定
			次数		注射时间	部位	原皮厚/mm	注射后皮厚/mm			
								72 h	96 h	120 h	
			第　次	一回 二回							
			第　次	一回 二回							
			第　次	一回 二回							
			第　次	一回 二回							
			第　次	一回 二回							

受检头数　　　　阳性头数　　　　疑似头数　　　　阴性头数

5. 结果判定

其结果分为阳性反应、疑似反应和阴性反应三种情况。

（1）阳性反应　局部有明显的炎性反应，皮厚差≥4.0 mm 者，为阳性反应（+）。

（2）疑似反应　局部炎性反应较轻，2.0 mm<皮厚差<4.0 mm，为疑似反应（±）。

（3）阴性反应　无炎性反应，皮厚差≤2.0 mm，为阴性反应（−）。

凡判定为疑似反应的牛只，于第一次检疫 42 d 后进行复检，其结果仍为可疑反应时，判为阳性。

牛型提纯结核菌素变态反应试验结果判定

（四）注意事项

（1）用游标卡尺测量术部中央皮皱厚度时应由同一人操作，并保持松紧一致。

（2）助手保定好牛只，注意个人防护。

（3）皮内注射结核菌素时应注意进针角度大小。

 **任务反思**

1. 临床上常见的变态反应疾病有哪些？各属于哪种变态反应类型？

2. 采用变态反应法检疫牛结核病，需要注意哪些问题？

任务 3.2　血清学诊断

任务目标

知识目标：1. 掌握血清学试验的影响因素。

　　　　　2. 掌握血清学试验的类型。

技能目标：1. 会进行鸡白痢检疫。

　　　　　2. 会进行羊布鲁菌病的检疫。

　　　　　3. 会测定鸡传染性法氏囊病卵黄抗体效价。

任务准备

一、血清学试验的概念

抗原抗体反应是指抗原与相应的抗体之间发生的特异性结合反应。它既可以发生在体内，也可以发生在体外。在体内发生的抗原抗体反应是体液免疫应答的效应作用。体外的抗原抗体结合反应主要用于检测抗原或抗体，用于免疫学诊断。因抗体主要存在于血清中，所以将体外发生的抗原抗体结合反应称为血清学反应或血清学试验。血清学试验具有高度的特异性，广泛应用于微生物的鉴定、传染病及寄生虫病的诊断和监测。

二、影响血清学试验的因素

影响血清学试验的因素如下：

（1）电解质 抗原与抗体发生结合后，须有电解质参与才能进一步使抗原抗体复合物相互靠拢聚集形成大块的凝集或沉淀。若无电解质参加，则不出现可见反应。为了促使沉淀物或凝集物形成，常用 0.85% ~ 0.9%（人、畜）或 8% ~ 10%（禽）的氯化钠或各种缓冲液作为抗原和抗体的稀释液或反应液。

（2）温度 在一定温度范围内，温度越高，抗原、抗体分子运动速度越快，这可以增加其碰撞的机会，加速抗原抗体结合和反应现象的出现，如凝集和沉淀反应通常在 37 ℃感作一定时间，以促进反应现象的出现。

（3）酸碱度 血清学试验要求在一定的 pH 下进行，常用的 pH 为 6 ~ 8，过高或过低，均可使已结合的抗原抗体复合物重新解离。若 pH 降至抗原或抗体的等电点，会发生非特异性的酸凝集，造成假象。

（4）振荡 适当的机械振荡能增加分子或颗粒间的相互碰撞，加速抗原抗体的结合反应，但强烈的振荡可使抗原抗体复合物解离。

（5）杂质和异物 试验介质中如有与反应无关的杂质、异物（如蛋白质、类脂质、多糖等物质）存在时，会抑制反应的进行或引起非特异性反应，故每批血清学试验都应设阳性对照和阴性对照。

三、血清学试验的类型

血清学试验根据抗原的性质、参与反应的介质及反应现象的不同，可分为凝集试验、沉淀试验、补体结合试验、中和试验和免疫标记技术等。兽医临床应用广泛的为凝集试验和沉淀试验。

（一）凝集试验

细菌、细胞等颗粒性抗原，或吸附在细胞、乳胶等颗粒性载体表面的可溶性抗原，与相应抗体结合产生抗原抗体复合物，在适量电解质作用下，经过一定时间，互相凝聚形成肉眼可见的凝集团块，称为凝集试验（图 3-2-1）。参与凝集试验的抗原称为凝集原，抗体称为凝集素。凝集试验可用于检测抗体或抗原，最突出的优点是操作简便，便于基层的诊断工作。

抗原　　　　抗体　　　　抗原抗体复合物

图 3-2-1 凝集试验中抗原抗体结合过程示意图

凝集试验根据抗原的性质、反应方式的不同，可分为直接凝集试验和间接凝集试验。

1. 直接凝集试验

颗粒性抗原与相应抗体直接结合并出现凝集现象的试验称为直接凝集试验。按操作方法可分为玻片法和试管法两种。

（1）玻片法　为一种定性试验,在玻璃板(简称玻板)或瓷片上进行。将含有已知抗体的诊断血清与待检悬液各滴一滴在玻板上混合,数分钟后,如出现颗粒状或絮状凝集,即为阳性反应。此法简便快速,适用于新分离菌的鉴定或定型,如沙门菌和链球菌的鉴定、血型的鉴定多采用此法。也可用已知的诊断抗原悬液,检测待检血清中是否存在相应的抗体,如布鲁菌的虎红平板凝集试验和鸡白痢全血平板凝集试验(图 3-2-2)。

虎红平板凝集
试验

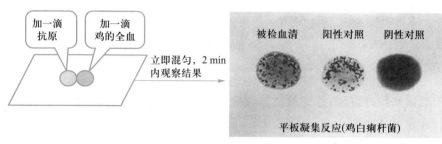

图 3-2-2　鸡白痢杆菌平板凝集试验反应示意图

鸡白痢全血平板
凝集试验

（2）试管法　是一种定量试验,在试管中进行,用以检测待检血清中是否存在相应抗体和检测该抗体的效价(滴度),应用于临床诊断或流行病学调查。操作时,将待检血清用生理盐水作倍比稀释,然后加入等量一定浓度的抗原,混匀,放入 37 ℃ 水浴或温箱中数小时后观察。视不同凝集程度记录为++++(100% 凝集)、+++(75% 凝集)、++(50% 凝集)、+(25% 凝集)和-(不凝集)(图 3-2-3)。根据每管内细菌的凝集程度判定血清中抗体的含量。以出现 50% 凝集(++)以上的血清最高稀释倍数为该血清的凝集价(或称为效价、滴度)。生产中此法常用于布鲁菌病的诊断与检疫。

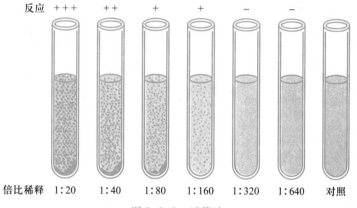

图 3-2-3　试管法

2. 间接凝集试验

将可溶性抗原(或抗体)先吸附于一种与免疫无关、一定大小的不溶性颗粒的表面,然后与相应的抗体(或抗原)作用,在有电解质存在的适宜条件下,所发生的特异性凝集反应,称为间接凝集试验(图 3-2-4)。用于吸附抗原(或抗体)的颗粒称为载体颗粒,常用的载体有红细胞、聚苯乙烯乳胶,其次是活性炭、白陶土、离子交换树脂等。将可溶性抗原吸附到载体颗粒表面的过程称为致敏。

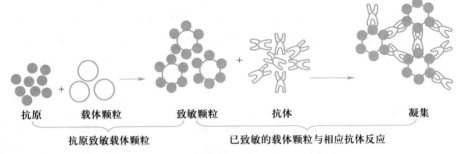

图 3-2-4　间接凝集试验反应原理示意图

　　将抗原吸附于载体颗粒,然后与相应的抗体反应产生的凝集现象,称为正向间接凝集反应(图 3-2-5)。将特异性抗体吸附于载体颗粒表面,再与相应的可溶性抗原结合产生的凝集现象,称为反向间接凝集反应(图 3-2-6)。

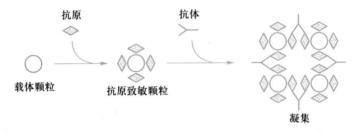

图 3-2-5　正向间接凝集试验(用抗原致敏载体以检测抗体)

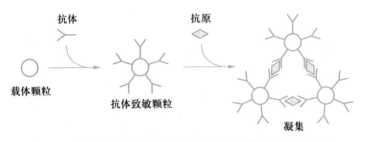

图 3-2-6　反向间接凝集试验(用抗体致敏载体以检测抗原)

（二）沉淀试验

　　可溶性抗原(如细菌的外毒素、内毒素、菌体裂解液,病毒的可溶性抗原、血清、组织浸出液)与相应的抗体结合,在适量电解质存在下,经过一定时间,形成肉眼可见的白色沉淀,称为沉淀试验。参与沉淀试验的抗原称为沉淀原,抗体称为沉淀素。常用的沉淀试验有环状沉淀试验和琼脂凝胶扩散试验。

1. 环状沉淀试验

　　方法为在小口径试管中加入已知沉淀素血清,然后小心地沿管壁加入等量待检抗原于血清表面,使之成为分界清晰的两层。数分钟后,两层液面交界处出现白色环状沉淀,即为阳性反应。

本法主要用于抗原的定性试验,如诊断炭疽的 Ascoli 试验、链球菌的血清型鉴定、血迹鉴定。

2. 琼脂凝胶扩散试验

抗原抗体在含有电解质的琼脂凝胶中扩散,当两者在比例适当处相遇,即可发生沉淀反应,出现肉眼可见的沉淀线,称为琼脂凝胶扩散试验,简称琼扩。琼扩试验可分为单向单扩散、单向双扩散、双向单扩散和双向双扩散四种类型。其中以双向双扩散应用最广泛。

双向双扩散操作方法是以 1% 琼脂浇成厚 2 ~ 3 mm 的凝胶板,在其上按设计图形打圆孔或长方形槽,封底后在相邻孔(槽)内滴加抗原和抗体,饱和湿度下扩散 24 ~ 96 h,观察沉淀带。抗原抗体在琼脂凝胶中相向扩散,在两孔间比例最适的位置上形成沉淀带。

双向双扩散主要用于抗原的比较和鉴定(图 3-2-7),两个相邻的抗原孔(槽)与其相对的抗体孔之间,各自形成自己的沉淀带。此沉淀带一经形成,就像一道特异性屏障一样,继续扩散而来的相同抗原或抗体,只能使沉淀带加浓加厚,而不能再向外扩散,但对其他抗原抗体系统则无屏障作用,它们可以继续扩散。沉淀带的基本形式有三种:两相邻孔为同一抗原时,两条沉淀带完全融合,如二者在分子结构上有部分相同抗原决定簇,则两条沉淀带不完全融合并出现一个叉角;两种完全不同的抗原,则形成两条交叉的沉淀带;不同分子的抗原抗体系统可各自形成两条或更多的沉淀带。

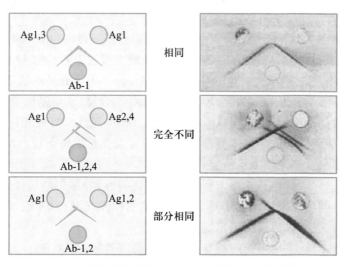

图 3-2-7　琼脂凝胶扩散试验双向双扩散用于抗原的鉴定

双向双扩散也可用于抗体的检测,检测抗体时,加待检血清的相邻孔应加入标准阳性血清作为对照,以兹比较(图 3-2-8)。测定抗体效价时可倍比稀释血清,以出现沉淀带的血清最大稀释度为抗体效价。

目前琼脂凝胶扩散试验法在兽医临床上广泛用于细菌、病毒的鉴定和传染病的诊断。如检测马传染性贫血病、口蹄疫、禽白血病、马立克病、禽流感、传染性法氏囊病的琼脂凝胶扩散试验方法,已列入国家的检疫规程,成为上述几种疾病的重要检疫方

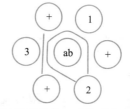

ab为两种抗原的混合物;+为抗b的标准阳性血清;
1、2、3为待检血清,1为抗b阳性,2为阴性血清,
3为抗a抗b双阳性血清。

图 3-2-8　双向双扩散用于检测抗体

法之一。

(三) 免疫标记技术

免疫标记技术是利用抗原抗体反应的特异性和标记分子极易检测的高度敏感性相结合形成的试验技术。免疫标记技术主要有荧光抗体标记技术、酶标抗体技术和同位素标记抗体技术。它们的敏感性和特异性大大超过常规血清学方法，现已广泛用于传染病的诊断、病原微生物的鉴定、分子生物学中基因表达产物分析等领域。其中酶标抗体技术最为简便，应用较广。这里主要介绍荧光抗体标记技术和酶标抗体技术。

1. 荧光抗体标记技术

荧光抗体标记技术是用荧光色素标记在抗体或抗原上，与相应的抗原或抗体特异性结合，然后用荧光显微镜观察所标记的荧光，以分析示踪相应的抗原或抗体的方法。

(1) 原理　荧光素在 10^{-6} 的超低浓度时，仍可被专门的短波光源激发，在荧光显微镜下可观察到荧光。荧光抗体标记技术就是将抗原抗体反应的特异性、荧光检测的高敏性，以及显微镜技术的精确性三者结合的一种免疫检测技术。

(2) 荧光色素　荧光色素是能产生明显荧光，又能作为染料使用的有机化合物。主要是以苯环为基础的芳香族化合物和一些杂环化合物。它们受到激发光（如紫外光）照射后，可发射荧光。

用于标记的荧光色素有异硫氰酸荧光黄（FITC）、四乙基罗丹明（RB 200）和四甲基异硫氰酸罗丹明（TMRITC）。其中 FITC 应用最广，为黄色结晶，最大吸收光波长为 490～495 nm，最大发射光波长为 520～530 nm，可呈现明亮的黄绿色荧光。FITC 分子中含有异硫氰基，在碱性（pH 9.0～9.5）条件下与 IgG 分子的自由氨基结合，形成 FITC-IgG 结合物，从而制成荧光抗体。

抗体经荧光色素标记后，不影响与抗原的结合能力和特异性。当荧光抗体与相应的抗原结合时，就形成了带有荧光性的抗原抗体复合物，从而可在荧光显微镜下检出抗原的存在。

(3) 荧光抗体染色及荧光显微镜检查

① 标本的制备　标本制作首先要求保持抗原的完整性，并尽可能减少形态变化，抗原位置保持不变。同时还必须使抗原标记抗体复合物易于接受激发光源，以便很好地观察和记录。这就要求标本要相当薄，并要有适宜的固定处理方法。

根据被检样品的不同，采用不同的制备方法。细菌培养物、血液、脓汁、粪便、尿沉渣及感染的动物组织等，可制成涂片或压印片。感染组织最好制成冰冻切片或低温石蜡切片。也可用生长在盖玻片上的单层细胞培养作标本。

标本的固定有两个目的，一是防止被检材料从玻片上脱落，二是消除抑制抗原抗体反应的因素。最常用的固定剂是丙酮和 95% 的酒精。固定后用磷酸缓冲盐溶液（PBS）反复冲洗，干后即可用于染色。

直接荧光抗体染色法检测狂犬病病毒

② 染色方法　荧光抗体染色法有多种类型，常用的有直接法和间接法两种。

直接法：取待检抗原的标本片，滴加荧光抗体染色液于其上，置于湿盒中，于 37 ℃作用 30 min，用 pH 7.2 的 PBS 漂洗 15 min，冲去游离的染色液，干燥后滴加缓冲甘油（分析纯甘油 9 份加 PBS 1 份）封片，在荧光显微镜下观察。标本片中若有相应抗原存在，即可与荧光抗体结合，在镜下见有荧光抗体围绕在受检的抗原

周围,发出黄绿色荧光(图 3-2-9)。直接法应设对照,包括标本自发荧光对照,阳性标本和阴性标本对照。该方法的优点是简便、特异性高,非特异性荧光染色少。缺点是敏感性偏低,而且每检一种抗原就需要制备一种荧光抗体。

间接法:取待检抗原的标本,首先滴加特异性抗体,置于湿盒中,于 37 ℃作用 30 min,用 pH 7.2 的 PBS 漂洗后,再滴加荧光色素标记的第二抗体(抗抗体)染色,再置于湿盒中,于 37 ℃作用 30 min,用 PBS 漂洗,干燥后封片镜检。阳性者形成抗原-抗体-荧光抗抗体复合物,发黄绿色荧光(图 3-2-9)。间接法对照除自发荧光、阳性和阴性对照外,首次试验时应设无中间层对照(标本加标记抗抗体)和阴性血清对照(中间层用阴性血清代替特异性抗血清)。

直接法　　　　间接法

图 3-2-9　荧光抗体染色法

间接荧光抗体染色法检测猪瘟病毒

间接法具有比直接法敏感的优点,对一种动物而言,只需制备一种荧光抗抗体,即可用于多种抗原或抗体的检测,镜检所见荧光也比直接法明亮。

抗补体法:将抗血清与补体等量混合,滴加于待检抗原的标本片上,使其形成抗原-抗体-补体复合物,漂洗后再滴加荧光标记的抗补体抗体染色液,作用一定时间,漂洗、干燥后镜检。此法特异性和敏感性均高,但易产生非特异性荧光。

③ 荧光显微镜检查　标本滴加缓冲甘油后用盖玻片封载,即可在荧光显微镜下观察。荧光显微镜不同于光学显微镜之处,在于它的光源是高压汞灯或溴钨灯,并有一套位于集光器与光源之间的激发滤光片,它只让一定波长的紫外光及少量可见光(蓝紫光)通过。此外,还有一套位于目镜内的屏障滤光片,只让激发的荧光通过,而不让紫外光通过,以保护眼睛并能增加反差。为了直接观察微量滴定板中的抗原抗体反应,如感染细胞培养物上的荧光,可使用倒置荧光显微镜观察。

(4)荧光抗体标记技术的应用　荧光抗体标记技术具有快速、操作简单的特点,同时又有较高的敏感性、特异性和直观性,已广泛用于细菌、病毒、原虫的鉴定和传染病的快速诊断。此外还可用于淋巴细胞表面抗原的测定和自身免疫病的诊断等方面。

① 细菌性疾病诊断　能利用荧光抗体标记技术直接检出或鉴定的细菌有 30 余种,均具有较高的敏感性和特异性,其中较常应用的是链球菌、致病性大肠杆菌、沙门菌、马鼻疽杆菌、猪丹毒杆菌等。动物的粪便、黏膜拭子涂片、病变部渗出物、体液或血液涂片、病变组织的触片或切片以及尿沉渣均可作为检测样本,经直接法检出目的菌,这对于细菌性疾病的诊断具有很高的价值。

② 病毒性疾病诊断　用荧光抗体标记技术直接检出患畜病变组织中的病毒,已成为病毒感染快速诊断的重要手段,如猪瘟、鸡新城疫可取感染组织做成冰冻切片或触片,用直接或间接免疫荧光染色可检出病毒抗原,一般可在 2 h 内作出诊断;猪流行性腹泻在临床上与猪传染性肠胃炎十分相似,将患病猪小肠冰冻切片,用猪流行性腹泻病毒的特异性荧光抗体做直接免疫荧光检查,即可对猪流行性腹泻进行确诊。

2. 酶标抗体技术

酶标抗体技术是继荧光抗体标记技术之后发展起来的一大新型的血清学技术,目前该技术已成为免疫诊断、检测和分子生物学研究中应用最广泛的免疫学方法之一。

(1)原理　酶标抗体技术是根据抗原抗体反应的特异性和酶催化反应的高度敏感性而建立

起来的免疫检测技术。酶是一种有机催化剂,催化反应过程中不被消耗,能反复作用,微量的酶即可引发大量的催化过程,如果产物为有色可见产物,则极为敏感。

酶标抗体技术的基本程序是:① 将酶分子与抗原或抗体分子共价结合,这种结合既不改变抗体的免疫反应活性,也不影响酶的催化活性。② 将此种酶标记的抗体(抗抗体)与存在于组织细胞或吸附在固相载体上的抗原(抗体)发生特异性结合,并洗下未结合的物质。③ 滴加底物溶液后,底物在酶作用下水解呈色;或者底物不呈色,但在底物水解过程中由另外的供氢体提供氢离子,使供氢体由无色的还原型变为有色的氧化型,呈现颜色反应。因而可通过底物的颜色反应来判定有无相应的免疫反应发生。颜色反应的深浅与标本中相应抗原(抗体)的量成正比。此种有色产物可用肉眼或在光学显微镜或电子显微镜下看到,或用分光光度计加以测定。这样,就将酶化学反应的敏感性和抗原抗体反应的特异性结合起来,用以在细胞或亚细胞水平上示踪抗原或抗体的所在部位,或在微克、纳克水平上测定它们的量。所以,本法既特异又敏感,是目前应用最为广泛的免疫检测方法之一。

(2) 用于标记的酶　用于标记的酶有辣根过氧化物酶(HRP)、碱性磷酸酶、葡萄糖氧化酶等,其中以 HRP 应用最广泛,其次是碱性磷酸酶。HRP 广泛分布于植物界,辣根中含量最高。HRP 是由无色的酶蛋白和深棕色的铁卟啉构成的一种糖蛋白,相对分子质量为 40 000。HRP 的作用底物是过氧化氢,常用的供氢体有邻苯二胺(OPD)和 3,3-二氨基联苯胺(DAB),二者作为显色剂,因为它们能在 HRP 催化 H_2O_2 生成 H_2O 过程中提供氢,而自己生成有色产物。

OPD 氧化后形成可溶性产物,呈橙色,最大吸收波长为 492 nm,可用肉眼判定。OPD 不稳定,须现用现配,常作为酶联免疫吸附试验中的显色剂。OPD 有致癌性,操作时应予注意。DAB 反应后形成不溶性的棕色物质,可用光学显微镜和肉眼观察,适用于各种免疫酶组织化学染色法。

HRP 可用戊二醛交联法或过碘酸盐氧化法将其标记于抗体分子上制成酶标抗体。生产中常用的酶标抗体技术有免疫酶组织化学染色法和酶联免疫吸附试验两种。

(3) 免疫酶组织化学染色技术　又称免疫酶组织化学染色法。是将酶标记的抗体应用于组织化学染色,以检测组织和细胞中或固相载体上抗原或抗体的存在及其分布位置的技术。

① 标本制备和处理　用于免疫酶染色的标本有组织切片(冷冻切片或低温石蜡切片)、组织压印片、涂片以及细胞培养的单层细胞盖片等。这些标本的制备和固定与荧光抗体技术相同,但尚要进行一些特殊处理。

用酶结合物作细胞内抗原定位时,由于组织和细胞内含有内源性过氧化酶,可与标记在抗体上的过氧化物酶在显色反应上发生混淆。因此,在滴加酶结合物之前通常将制片浸于 0.3% 的 H_2O_2 中室温处理 15~30 min,以消除内源酶。应用 1%~3% H_2O_2 甲醇溶液处理单纯细胞培养标本或组织涂片,低温条件下作用 10~15 min,可同时起到固定和消除内源酶的作用,效果比较好。

② 染色方法　可采用直接法、间接法、抗抗体搭桥法、杂交抗体法、酶抗酶复合物法、增效抗体法等各种染色方法,其中直接法和间接法最常用。反应中每加一种反应试剂,均需于 37 ℃ 作用 30 min,然后以 PBS 反复洗涤三次,以除去未结合物。

直接法:以酶标抗体处理标本,然后浸入含有相应底物和显色剂的反应液中,通过显色反应检测抗原抗体复合物的存在。

间接法:标本首先用相应的特异性抗体处理后,再加酶标记的抗抗体,然后经显色揭示抗原-抗体-抗抗体复合物的存在(图 3-2-10)。

③ 显色反应 免疫酶组化染色中的最后一环是用相应的底物使反应显色。不同的酶所用底物和供氢体不同。同一种酶和底物如用不同的供氢体,则其反应物的颜色也不同。如辣根过氧化物酶,在组化染色中最常用 DAB,用前应以 0.5mol/L,pH 7.4 ~ 7.6 的 Tris-HCl 缓冲液配成 50 ~ 75 mg/100 mL 溶液,并加少量(0.01% ~ 0.03%)H_2O_2 混匀后加于反应物中置室温 10 ~ 30 min,反应产物呈深棕色;如用甲萘酚,则反应产物呈红色,用 4-氯-1-萘酚,则呈浅蓝色或蓝色。

④ 标本观察 显色后的标本可在普通显微镜下观察,抗原所在部位 DAB 显色呈棕黄色。亦可用常规染料作反衬染色,使细胞结构更为清晰,有利于抗原的定位。本法优于免疫荧光抗体技术之处,在于无须应用荧光显微镜,且标本可以长期保存。

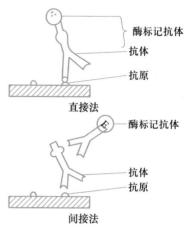

图 3-2-10 免疫酶组织化学染色技术

(4)酶联免疫吸附试验(ELISA) ELISA 是应用最广、发展最快的一项新技术。其基本过程是将抗原(或抗体)吸附于固相载体,在载体上进行免疫酶反应,底物显色后用肉眼或分光光度计判定结果。

① 固相载体 有聚苯乙烯微量滴定板、聚苯乙烯球珠等。聚苯乙烯微量滴定板(40孔或96孔板)是目前最常用的载体,小孔呈凹形,操作简便,有利于大批样品的检测。新板在应用前一般无须特殊处理,直接使用或用蒸馏水冲洗干净,自然干燥后备用。一般均一次性使用,如用已用过的微量滴定板,需进行特殊处理。

用于 ELISA 的另一种载体是聚苯乙烯球珠,由此建立的 ELISA 又称微球 ELISA。珠的直径 0.5 ~ 0.6 cm,表面经过处理以增强其吸附性能,并可做成不同颜色。此小珠可事先吸附或交联上抗原或抗体,制成商品。检测时将小球放入特制的凹孔板或小管中,加入待检标本将小珠浸没进行反应,最后在底物显色后比色测定。本法现已有半自动化装置,用以检验抗原或抗体,效果良好。

液相阻断 ELISA 检测口蹄疫 O 型抗体

② 包被 将抗原或抗体吸附于固相表面的过程,称载体的致敏或包被。用于包被的抗原或抗体,必须能牢固地吸附在固相载体的表面,并保持其免疫活性。大多数蛋白质可以吸附于载体表面,但吸附能力不同。可溶性物质或蛋白质抗原,例如病毒蛋白、细菌脂多糖、脂蛋白、变性的 DNA 均较易包被上去。较大的病毒、细菌或寄生虫等难以吸附,需要将它们用超声波打碎或用化学方法提取抗原成分,才能供试验用。

用于包被的抗原或抗体需纯化,纯化抗原和抗体是提高 ELISA 敏感性与特异性的关键。抗体最好用亲和层析和二乙氨乙基纤维素(DEAE-纤维素)离子交换层析方法提纯。有些抗原含有多种杂蛋白,须用密度梯度离心等方法除去,否则易出现非特异性反应。

蛋白质(抗原或抗体)很易吸附于未使用过的载体表面,适宜的条件更有利于该包被过程。包被的蛋白质数量通常为 1 ~ 10 μg/mL。高 pH 和低离子强度缓冲液一般有利于蛋白质包被,通常用 0.1 mol/L pH 9.6 碳酸盐缓冲液作包被液。一般包被均在 4 ℃ 过夜,也有经 37 ℃ 2 ~ 3 h 达到最大反应强度的。包被后的滴定板置于 4 ℃ 冰箱,可贮存 3 周。如真空塑料封口,于 -20 ℃ 冰箱可贮存更长时间。用时充分洗涤。

③ 洗涤　在 ELISA 的整个过程中,需进行多次洗涤,目的是防止重叠反应,避免引起非特异吸附现象。因此,洗涤必须充分。通常采用含助溶剂吐温-20(最终质量分数为 0.05%)的 PBS 作洗涤液。洗涤时,先将前次加入的溶液倒空,吸干,然后加入洗涤液洗涤 3 次,每次 3 min,倒空,并用滤纸吸干。

间接酶联免疫
吸附试验

④ 试验方法　ELISA 的核心是利用抗原抗体的特异性吸附,在固相载体上一层层地叠加,可以是两层、三层甚至多层。整个反应都必须在抗原抗体结合的最适条件下进行。每层试剂均稀释于最适合抗原抗体反应的稀释液(0.01 ~ 0.05 mol/L pH 7.4 PBS 中加吐温-20 至 0.05%,10% 犊牛血清或 1% BSA)中,加入后置于 4 ℃过夜或 37 ℃ 1 ~ 2 h。每加一层反应后均需充分洗涤。阳性、阴性应有明显区别。阳性血清颜色深,阴性血清颜色浅,二者吸收值的比值最大时的浓度为最适浓度,试验方法主要有以下几种(图 3-2-11)。

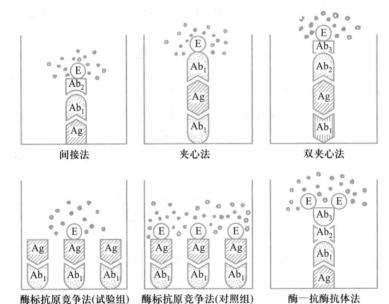

图 3-2-11　酶联免疫吸附试验(ELISA)方法

Ag 为抗原;Ab$_1$ 为特异性抗体;Ab$_2$ 为抗抗体;Ab$_3$ 为用另一种动物制备的特异性抗体;Ab 与 E 结合为酶与抗酶抗体复合物;E 为酶;绿色小点为底物酶解后的色素,白色小环为未被酶解的底物。

间接法:用于测定抗体。用抗原包被固相载体,然后加入待检血清样品,经孵育一定时间后,若待检血清中含有特异性的抗体,即与固相载体表面的抗原结合形成抗原抗体复合物。洗涤除去其他成分,再加上酶标记的抗抗体,反应后洗涤,加入底物,在酶的催化作用下与底物发生反应,产生有色物质。样品中含抗体越多,出现颜色越快越深。

夹心法:又称双抗体法,用于测定大分子抗原。将纯化的特异性抗体包被于固相载体,加入待检抗原样品,孵育后,洗涤,再加入酶标记的特异性抗体,洗涤除去未结合的酶标抗体结合物,最后加入酶的底物,显色,颜色的深浅与样品中的抗原含量成正比。

双夹心法:用于测定大分子抗原。此法是采用酶标抗抗体检测多种大分子抗原,它不仅不必标记每种抗体,还可提高试验的敏感性。将抗体(如豚鼠免疫血清 Ab$_1$)吸附在固相载体上,洗涤除去未吸附的抗体,加入待测抗原(Ag)样品,使之与固相载体上的抗体结合,洗涤除去未结合的抗原,加入不同种动物制备的特异性相同的抗体(如兔免疫血清 Ab_2),使之与固相载体上的抗原结合,洗涤后加入酶标记的抗 Ab_2 抗体(如羊抗兔球蛋白 Ab_3),使之结合在 Ab_2 上。结果形成 Ab_1-Ag-Ab_2-Ab_3-HRP 复合物。洗涤后加底物显色,呈色反应的深浅与样品中的抗原量成正比。

酶标抗原竞争法:用于测定小分子抗原及半抗原。用特异性抗体包被固相载体,加入含待测抗原的溶液和一定量的酶标记抗原共同孵育,对照仅加酶标抗原,洗涤后加入酶底物。被结合的酶标记抗原的量由酶催化底物反应产生有色产物的量来确定。如待检溶液中抗原越多,被结合的酶标记抗原的量越少,显色就越浅。可用不同浓度的标准抗原进行反应绘制出标准曲线,根据样品的光密度(OD)值求出检测样品中抗原的含量。

PPA-ELISA:是以 HRP 标记葡萄球菌蛋白 A(SPA)代替间接法中的酶标抗抗体进行的 ELISA。因 SPA 能与多种动物的 IgG Fc 片段结合,可用 HRP 标记制成酶标记 SPA,而代替多种动物的酶标抗抗体,该制剂有商品供应。

此外,还有酶-抗酶抗体法、酶标抗体直接竞争法、酶标抗体间接竞争法等。

⑤ 底物显色 与免疫酶组织化学染色法不同,本法必须选用反应后的产物为水溶性色素的供氢体,最常用的为邻苯二胺(OPD),产物呈棕色,可溶,敏感性高,但对光敏感,因此要避光进行显色反应。底物溶液应现用现配。底物显色以室温 10~20 min 为宜。反应结束,每孔加浓硫酸 50 μL 终止反应。也常用四甲基联苯胺(TMB)为供氢体,其产物为蓝色,用氢氟酸终止(如用硫酸终止,则为黄色)。

⑥ 结果判定 ELISA 试验结果可用肉眼观察,也可用 ELISA 测定仪测样本的光密度(OD)值。每次试验都需设阳性和阴性对照,肉眼观察时,如样本颜色反应超过阴性对照,即判为阳性。用 ELISA 测定仪来测 OD 值,所用波长随底物供氢体不同而异,如以 OPD 为供氢体,测定波长为 492 nm,TMB 为 650 nm(氨氟酸终止)或 450 nm(硫酸终止)。

定性结果通常有两种表示方法:以 P/N 表示,求出该样本的 OD 吸收值与一组阴性样本吸收值的比值,即为 P/N 比值,若 ≥2 或 3,即判为阳性。若样本的吸收值 ≥ 规定吸收值(阴性样本的平均吸收值+2 标准差)为阳性。定量结果以终点滴度表示,可将样本稀释,出现阳性(如 P/N>2 或 3,或吸收值仍大于规定吸收值)的最高稀释度为该样本的 ELISA 滴度。

(5)斑点-酶联免疫吸附试验(Dot-ELISA) 该试验是近几年创建的一项新技术,不仅保留了常规 ELISA 的优点,而且还弥补了抗原或抗体对载体包被不牢的缺点。此法的原理及其步骤与 ELISA 基本相同,不同之处在于:一是将固相载体以硝酸纤维素滤膜、硝酸醋酸混合纤维素滤膜、重氮苄氧甲基化纸等固相化基质膜代替,用以吸附抗原或抗体;二是显色底物的供氢体为不溶性的。结果以在基质膜上出现有色斑点来判定。可采用直接法、间接法、双抗体法、双夹心法等。

(6)酶标抗体技术的应用 此技术具有敏感、特异、简便、快速、易于标准化和商品化等优点,是当前应用最广、发展最快的一项新技术。目前已广泛应用于多种细菌病和病毒病的诊断和检测,并多数是利用商品化的 ELISA 试剂盒进行操作,如猪传染性胃肠炎、牛副结核病、牛结核病、鸡新城疫、牛传染性鼻气管炎、猪伪狂犬病、蓝舌病、蓝耳病、猪瘟、口蹄疫等传染病的诊断和抗体监测常用此技术。

**任务实施**

一、鸡白痢检疫

（一）材料准备

（1）试剂　鸡白痢多价染色平板抗原、强阳性血清（500 IU/mL）、弱阳性血清（10 IU/mL）、阴性血清、灭菌生理盐水、培养基、革兰染色液等。

（2）器材　玻璃板、玻璃铅笔、可调移液器（20~200 μL）、一次性吸头、消毒针头、乳头滴管、酒精灯、75%酒精棉球、接种环、载玻片、显微镜、恒温箱等。

（二）人员组织

将学生分组，每组4人，轮流担任组长，负责本组操作分工。

（三）操作步骤

1. 临诊检疫

（1）流行病学调查　询问鸡群的饲养管理和发病情况。

（2）临诊症状　根据已学的鸡白痢临床症状进行仔细观察。

（3）病理变化　对死亡鸡或病鸡进行剖检，注意观察特征性病理变化。

2. 全血平板凝集试验

（1）操作方法

① 在洁净的玻璃板上，用玻璃铅笔划3 cm×3 cm方格，并编号。

② 将抗原摇匀后，用滴管吸取1滴（约0.05 mL），垂直滴加于方格内。

③ 用针头刺破鸡的冠尖或翅静脉，用移液器吸取与抗原等量的血液，滴加在方格内，与抗原充分混匀，轻轻摇动玻璃板，2 min内判定结果。

④ 设立强阳性血清、弱阳性血清和阴性血清对照。

（2）判定标准　在2 min内，抗原与阳性血清出现100%凝集（#），与弱阳性血清出现50%凝集（++），与阴性血清不凝集（-）时，试验成立。否则重新试验。

① 100%凝集（++++）　紫色凝集块大而明显，混合液较清。

② 75%凝集（+++）　紫色凝集块较明显，混合液轻度混浊。

③ 50%凝集（++）　出现明显的紫色凝集颗粒，混合液较为混浊。

④ 25%凝集（+）　出现少量的细小颗粒，混合液混浊。

⑤ 不凝集（-）　无凝集颗粒出现，混合液混浊。

（3）结果判定

① 阳性反应　被检全血与抗原出现50%凝集（++）以上凝集。

② 阴性反应　被检全血与抗原不发生凝集。

③ 可疑反应　被检全血与抗原出现50%凝集（++）以下凝集。将可疑鸡隔离饲养1个月后，再检验，若仍为可疑反应，则按阳性反应判定。

3. 病原学检查

（1）分离培养　无菌采鸡的肝、胆囊、脾、卵巢等组织样品，用接种环蘸取病料，在麦康凯琼脂平板上划线。置37 ℃温箱内培养24 h,取出观察结果。如平板上有分散、光滑、湿润、微隆起、半透明、无色或与培养基同色的、具黑色中心的细小菌落,则为鸡白痢沙门菌可疑菌落。

(2) 三糖铁试验　从每一分离平板上用接种针挑取可疑鸡白痢沙门菌单个菌落至少3个,分别移种于三糖铁琼脂斜面培养基上(先进行斜面划线,再做底层穿刺接种),于37 ℃恒温箱内培养18 ~ 24 h,取出观察并记录结果。鸡白痢沙门菌在斜面上产生红色菌苔,底部仅穿刺线呈黄色并慢慢变黑,但不向四周扩散,说明产生 H_2S,无动力;有裂纹形成,说明产气。

(3) 细菌形态鉴定　自斜面取培养物涂片,用革兰法染色后镜检。鸡白痢沙门菌为单独存在、革兰阴性、两端钝圆、无芽孢的小杆菌。用培养物做悬滴标本观察,无运动性。

(四) 注意事项

(1) 实验注意设置阳性血清和阴性血清对照。

(2) 实验做完后在 2 min 内观察结果才有效。

二、羊布鲁菌病的检疫

(一) 材料准备

(1) 器材　无菌采血试管、一次性注射器、5%碘酊棉球、75%酒精棉球、来苏尔、灭菌小试管及试管架、清洁灭菌吸管、灭菌细铁丝、洁净玻璃板、牙签、一次性防护服、手套、口罩、胶靴等。

(2) 试剂　布鲁菌试管凝集抗原、虎红平板凝集抗原、布鲁菌标准阳性血清和布鲁菌标准阴性血清及稀释液、含 0.5% 石炭酸的 10% 氯化钠溶液等。

(二) 人员组织

将学生分组,每组 8 人,轮流担任组长,负责本组操作分工。

(三) 操作步骤

1. 被检血清制备

将被检羊局部剪毛消毒后,颈静脉采血。无菌采血 7 ~ 10 mL 于灭菌试管内,摆成斜面让血液自然凝固,经 10 ~ 12 h,待血清析出后,分离血清装入灭菌小试管内。血清析出量少或血清蓄积于血凝块之下时,用灭菌细铁丝或接种环沿着试管壁穿刺,使血凝块脱落,然后放于冷暗处,使血清充分析出。

2. 虎红平板凝集试验

(1) 操作方法　取洁净的玻璃板,在其上划分成 2 cm×2 cm 的方格,标记受检血清号;在标记方格内加相应被检血清 0.03 mL,再在受检血清旁滴加布鲁菌虎红平板凝集抗原 0.03 mL;用牙签搅动血清和抗原使之混匀。在室温 4 min 内观察并记录反应结果。同时以阳、阴性血清作对照。

(2) 结果判定　在阴、阳性血清对照成立的条件下,被检血清在 4 min 内出现肉眼可见凝集现象者判为阳性(+),无凝集现象,呈均匀粉红色者判为阴性(-)。

3. 试管凝集试验

(1) 被检血清稀释度　用 1∶25、1∶50、1∶100 和 1∶200 四个稀释度。大规模检疫时可只用两个稀释度,即山羊、绵羊、猪和狗用 1∶25 或 1∶50,牛、马、鹿、骆驼用 1∶50 或 1∶100。

(2) 操作方法　取小试管 7 支,立于试管架上,用玻璃笔在每支试管上编号,按表 3-2-1 加样。第 1 管加入稀释液 1.15 mL,第 2、3、4 管各加入 0.5 mL 稀释液,用 1 mL 吸管取被检血清

0.1 mL,加入第 1 管中,充分混匀后(一般吸吹三四次),吸取 0.25 mL 弃去,再吸取 0.5 mL 混合液加入第 2 管,吸吹混匀后,吸 0.5 mL 混合液加入第 3 管,如此倍比稀释至第 4 管,第 4 管混匀后弃去 0.5 mL。稀释完毕,第 1 至第 4 管的血清稀释度分别为 1∶12.5、1∶25、1∶50 和 1∶100。牛、马、鹿、骆驼血清稀释法与上述基本一致,差异是第一管加 1.2 mL 稀释液和 0.05 mL 被检血清。然后将 1∶20 稀释的抗原由第 1 管起,每管加入 0.5 mL,并振摇均匀。血清最后稀释度由第 1 管起,依次为 1∶25、1∶50、1∶100 和 1∶200,牛、马、鹿和骆驼的血清稀释度则依次变为 1∶50、1∶100、1∶200 和 1∶400。设阳性血清、阴性血清和抗原对照,置 37 ℃温箱 24 h,取出检查并记录结果。

表 3-2-1　羊布鲁菌病试管凝集试验操作术式表　　　　　　　　　　单位:mL

试管号	1	2	3	4	5	6	7
血清最终稀释倍数	1∶25	1∶50	1∶100	1∶200	对照		
					抗原对照	阳性对照	阴性对照
含 0.5% 石炭酸的 10% 氯化钠溶液	1.15	0.5	0.5	0.5	0.5	—	—
被检血清	0.1	0.5	0.5	0.5	—	0.5	0.5
抗原(1∶20)	0.5	弃去 0.25 0.5	0.5	0.5	弃去 0.5 0.5	0.5	0.5

(3)结果判定

① 凝集反应程度区分　试管底部有明显伞状凝集物,液体完全透明,抗原全部凝集,以"++++"表示;试管底部有明显伞状凝集物,75% 抗原被凝集,以"+++"表示;试管底部有倒伞状凝集物,液体中度混浊,50% 抗原被凝集,以"++"表示;25% 菌体凝集,则试管底部有少量伞状沉淀,液体透明不明显,混浊,以"+"表示;若抗原完全不凝集,试管底部无伞状凝集物,只有圆点状的沉淀物,液体完全混浊,以"-"表示。

② 阳性判定　山羊、绵羊、猪和狗的血清凝集价为 1∶50 以上者,牛、马、鹿和骆驼 1∶100 以上者,判为阳性;山羊、绵羊、猪和狗的血清凝集价为 1∶25 者,牛、马、鹿和骆驼为 1∶50 者,判为可疑。可疑反应的动物经 3~4 周后重检,牛、羊重检仍为可疑,判为阳性;猪重检仍为可疑,而猪群没有临床症状和大批阳性出现,判为阴性。

(四)注意事项

(1)采血、制备被检血清时,需穿戴防护服、手套、口罩、胶靴,加强个人防护。

(2)实习过程中,不能用手触摸身体暴露部位。

(3)实习结束后,一定要消毒洗手。

(4)每份血清必须注明编号。

三、传染性法氏囊病卵黄抗体效价的测定

(一)材料准备

氯化钠、琼脂粉、培养皿、打孔器、8 号针头、酒精灯、鸡蛋、96 孔血凝板、微量移液器、烧杯、带盖瓷盘、注射器、生理盐水、蒸馏水、传染性法氏囊病标准抗原等。

传染性法氏
囊病抗体检
测技术

（二）人员组织

将学生分组,每组 4 人,轮流担任组长,负责本组操作分工。

（三）操作步骤

1. 1% 琼脂平板制备

用 8% ~10% 氯化钠溶液配制 1% 琼脂溶液,电炉加热使之充分熔化后,倒入直径 90 mm 的培养皿中,制成厚度为 2.5~3 mm 的琼脂平板,简称琼扩板;平置,在室温下冷却凝固后打孔(图 3-2-12、图 3-2-13)。

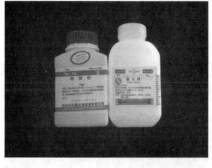

图 3-2-12 制备琼扩板的原料

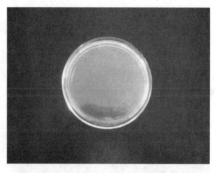

图 3-2-13 制备好的琼扩板

（1）打孔 在琼脂板上按 7 孔一组进行梅花形打孔(中间 1 孔,周围 6 孔),孔径 5 mm,孔距 2~5 mm,将孔内的琼脂用 8 号针头斜面向上轻轻将琼脂挑出,勿伤边缘或使琼脂层脱离皿底。一般打孔两组(图 3-2-14、图 3-2-15)。

图 3-2-14 琼扩板打孔

图 3-2-15 琼扩板挑孔

（2）封底 用酒精灯轻烤培养皿底部至微烫,封闭孔底部,以防侧漏(图 3-2-16、图 3-2-17)。

（3）编号 在培养皿底用蜡笔编号(中间的孔不编号),第一组编号 1~6,第二组编号 7~12。

2. 稀释卵黄

先用微量移液器在 96 孔血凝板加生理盐水,每孔 50 μL,共加 1~12 孔;再于第一孔加 50 μL 卵黄,倍比稀释至 12 孔(图 3-2-18 至图 3-2-20)。

3. 加样

中央孔加入传染性法氏囊病标准抗原,加样量以"满而不溢"为原则(图 3-2-21 至图 3-2-23)。用微量移液器将不同浓度的卵黄液小心加至琼扩板的周边孔上,血凝板孔号与琼扩板孔号要一一对应,加样从低浓度开始,每加一个浓度,吸嘴尽量喷干净(图 3-2-24、图 3-2-25)。

图 3-2-16 封底(1)

图 3-2-17 封底(2)

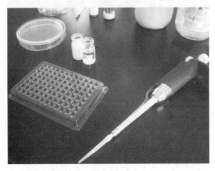

图 3-2-18 稀释卵黄所用工具

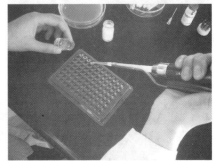

图 3-2-19 加生理盐水

图 3-2-20 稀释卵黄

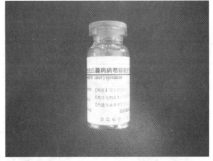

图 3-2-21 加标准抗原(1)

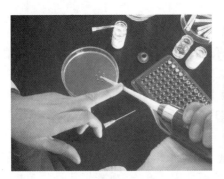

图 3-2-22 加标准抗原(2)

图 3-2-23 加标准抗原(3)

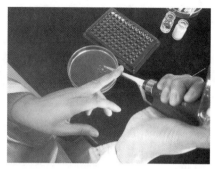

图 3-2-24 加稀释后的卵黄抗体(1)   图 3-2-25 加稀释后的卵黄抗体(2)

4. 反应

将琼扩板静置 1 ~ 2 min,加盖、倒置放入湿盒中(图 3-2-26),置于 37 ℃ 的温箱 24 ~ 48 h 后(图 3-2-27),观察出现白色沉淀线的卵黄最大稀释度,即是传染性法氏囊病琼扩抗体效价。

图 3-2-26 放入湿盒内   图 3-2-27 放入温箱内

(四) 注意事项

(1)制备 1% 琼脂平板,封底时注意酒精灯轻烤至微烫即可,时间过长将导致琼脂熔化。

(2)孔中加样量,以"满而不溢"为原则。

任务反思

1. 直接凝集试验与间接凝集试验有何异同?

2. 试述血清学试验的类型及特点。

3. 琼脂凝胶扩散试验有何用途?

项 目 小 结

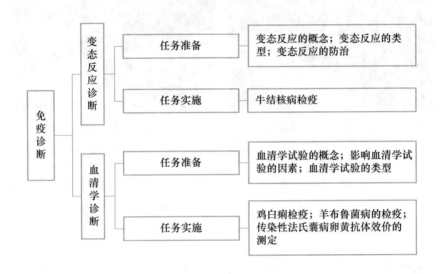

项 目 测 试

一、名词解释

疫苗   血清学试验   变态反应

二、单项选择题

1. 属于 I 型变态反应的疾病是(   )。

A. 新生动物溶血症   B. 系统性红斑狼疮性肾炎

C. 接触性皮炎   D. 青霉素过敏性休克

2. 若某动物对异种动物血清过敏,但仍需注破伤风抗毒素,处理方法是(   )。

A. 停止注射   B. 用脱敏药后再注射

C. 少量多次注射   D. 一次性皮下注射

3. 琼脂扩散试验的阳性结果是(   )。

A. 抗原孔和抗体孔之间出现白色沉淀线

B. 抗原孔和抗体孔之间出现凝集块

C. 抗原孔和抗原孔之间出现白色沉淀线

D. 抗体和抗体孔之间出现白色沉淀线

4. 下列变态反应没有抗体参与的是(   )。

A. I 型变态反应   B. II 型变态反应

C. III 型变态反应   D. IV 型变态反应

5. 酶标抗体技术中的底物为(   )。

A. 过氧化物酶   B. DNA 酶

C. 铁蛋白   D. 过氧化氢

三、判断题(正确的打√,错误的打×)

1. 琼脂扩散试验要求抗原必须是可溶性抗原。(   )

2. ELISA 是酶联免疫吸附试验的英文缩写。(   )

3. 可溶性抗原与相应抗体结合后,在适量电解质存在下,能形成肉眼可见的白色絮状或颗粒状沉淀的反应,称为沉淀试验。(   )

4. 颗粒性抗原与相应抗体直接结合所出现的反应,称为直接凝集反应。(   )

5. 全血平板凝集试验可用于成年种鸡鸡白痢的检疫。(   )

6. 电解质、pH、温度等因素的变化,都直接影响血清学反应的结果。(   )

7. 琼脂扩散试验制备 1% 琼脂平板时,需用酒精灯烤培养皿底部,以防侧漏。(   )

8. 荧光抗体标记技术优点是快速,有较高的敏感性和特异性。(   )

9. 琼脂扩散试验属于凝集试验。(   )

10. 虎红平板凝集试验可用于布鲁菌病的检疫。(   )

四、简答题

1. 变态反应有哪几种类型?

2. 影响血清学试验的因素有哪些?

五、综合分析题

鸡白痢可以通过种蛋传播给雏鸡,直接影响雏鸡的健康与生长发育。生产实践中,种鸡场一般采用全血平板凝集试验对种鸡进行检疫,阳性反应者予以淘汰,以净化鸡白痢。分析全血平板凝集试验的操作技术要领和注意事项。

项目 *4*

畜禽药物的应用

项目导入

有一年的 5 月,某猪场有 26 头 6 日龄哺乳仔猪发生黄痢,12 头断乳仔猪发生白痢。随后又相继有 5 窝哺乳仔猪发生黄痢、7 头断乳仔猪发生白痢,仔猪死亡 13 头。经诊断为大肠杆菌病。兽医小王经药敏试验后开出了环丙沙星、硫酸头孢噻肟钠等药物,并建议猪场清扫猪圈后用消毒剂进行消毒。经过一段时间治疗后,猪群发病逐渐恢复正常,病情得到有效控制。

同学们,当发生畜禽疫病时,选择合适的药物和正确的给药途径,能够尽快控制疫情、防止继发感染,降低损失。

本项目的学习内容为:(1) 抗微生物药的应用;(2) 抗寄生虫药的使用;(3) 消毒药的应用。

任务 4.1 抗微生物药的应用

任务目标

知识目标:1. 掌握主要作用于革兰阳性菌的抗生素的应用。
2. 掌握主要作用于革兰阴性菌的抗生素的应用。
3. 掌握广谱抗生素、磺胺药、抗病毒药、抗真菌药的应用。
4. 了解抗菌增效剂的应用。
技能目标:1. 会使用注射器。
2. 会注射给药。
3. 会灌服给药。

 任务准备

抗微生物药是指能选择性地抑制或杀灭病原微生物的药物。抗微生物药种类很多,主要有抗生素、合成抗菌药、抗真菌药和抗病毒药等。

一、抗生素的应用

抗生素是某些微生物在其代谢过程中所产生的,能抑制或杀灭其他病原微生物的化学物质。抗生素主要从微生物的培养液中提取,有些已能人工合成或半合成。

(一)抗生素的作用机理

根据抗生素对细菌结构及功能干扰环节的不同,其作用机理分为四种类型。

(1)干扰细胞壁的合成　青霉素类、头孢菌素类等 β-内酰胺类抗生素能抑制革兰阳性菌细胞壁黏肽的合成,使细菌失去屏障而崩解死亡。

(2)影响细胞膜的通透性　多肽类(多黏菌素等)和多烯类(两性霉素等)能破坏革兰阴性菌和真菌的细胞膜,影响膜的通透性,导致菌体的重要成分(氨基酸、核酸、K^+ 等)外漏,引起革兰阴性菌和真菌死亡。

(3)抑制菌体蛋白质的合成　根据蛋白质的化学结构,可将蛋白质合成的过程分为起始、延长和终止三个阶段。这三个阶段周而复始地运转,构成"核蛋白体循环"。大环内酯类、四环素类、林可胺类、氨基糖苷类等抗生素能破坏细菌核蛋白体循环,导致菌体蛋白质合成受阻而死亡。

(4)抑制核酸的合成　核酸具有调控蛋白质合成的功能。利福平、新生霉素等能抑制 DNA(脱氧核糖核酸)或 RNA(核糖核酸)的合成,从而引起细菌死亡。

(二)抗生素的耐药性

病原微生物对抗生素或其他抗菌药物从敏感变为不敏感,称为耐药性。可分为天然耐药性和获得耐药性两种。天然耐药性属细菌的遗传特征,例如铜绿假单胞菌对大多数抗生素不敏感;极少数金黄色葡萄球菌(简称金葡)对青霉素亦具有天然耐药性。获得耐药性,是指病原菌与抗生素多次接触后,对药物的敏感性逐渐降低,甚至消失。某种病原菌对一种药物产生耐药性后,往往对同一类的药物也具有耐药性,这种现象称为交叉耐药性。

(三)抗生素的计量单位

抗生素的计量单位目前统一采用"U"(单位)计算。青霉素 1U 等于 0.6 μg 的纯结晶青霉素 G 钠(或钾),所以 1 mg 的青霉素 G 钠(或钾)就含有 1667 U。链霉素、土霉素、红霉素等以纯游离碱重量 1 μg 作为 1 U,所以 1 g 等于 100 万 U。四环素以纯盐酸盐重量 1 μg 作为 1 U,80 mg 等于 8 万 U。

(四)临床常用的抗生素

抗生素的种类繁多,采用按化学结构的分类法,可将临床上较常用的几十种抗生素分为以下六类。

1. β-内酰胺类抗生素

β-内酰胺类抗生素包括青霉素类抗生素、头孢菌素类抗生素等。

青霉素类抗生素

(1)青霉素

【抗菌谱及适应证】属窄谱杀菌性抗生素,对大多数革兰阳性菌、少数革兰阴性球菌(巴氏杆菌、脑膜炎双球菌)、放线菌和螺旋体等敏感。应用于炭疽、破伤风、猪丹毒、链球菌病、禽霍乱等病。

【用法与用量】内服易被胃酸和消化酶破坏,仅少量吸收,一般肌内注射,一次量,每千克体重,马、牛1万~2万U,猪、羊2万~3万U,禽5万U,2次/d,连用2~3 d。

（2）邻氯青霉素（氯唑西林）

【抗菌谱及适应证】本品耐酸、耐酶,对青霉素耐药的菌株有效,尤其是对金黄色葡萄球菌。

【用法与用量】内服或肌注均易吸收。内服,一次量,每千克体重,家畜10~20 mg,犬、猫20~40 mg,3次/d,连用2~3 d;注射,一次量,每千克体重,家畜5~10 mg,犬、猫10~20 mg,3次/d,连用2~3 d。

（3）氨苄青霉素（氨苄西林）

【抗菌谱及适应证】　广谱杀菌剂,对大多数革兰阳性菌、革兰阴性菌、放线菌、螺旋体有效。应用于畜禽大肠杆菌病、畜禽沙门菌病、猪传染性胸膜肺炎、禽霍乱、鸭传染性浆膜炎等病。

【用法与用量】　内服或肌注均易吸收。内服,一次量,每千克体重,畜、禽20~40 mg,犬、猫20~30 mg,2~3次/d,连用2~3 d;注射,一次量,每千克体重,10~20 mg,2~3次/d,连用2~3 d。

（4）羟氨苄青霉素（阿莫西林）

【抗菌谱及适应证】与氨苄青霉素基本相似,作用更强,尤其是对大肠杆菌和沙门菌。

【用法与用量】内服或肌注均易吸收。内服,一次量,每千克体重,犬、猫10~20 mg,家禽20~30 mg,2次/d,连用2~3 d;注射,一次量,每千克体重,家畜5~10 mg,犬、猫5~15 mg,1次/d,连用5 d。

头孢菌素类抗生素

头孢菌素类又称先锋霉素类,按发现时间的先后,可分为一、二、三、四代头孢菌素类。头孢菌素类抗生素具有杀菌力强、抗菌谱广、毒性小、过敏反应少、对酸和 β-内酰胺酶较青霉素稳定等优点。各代代表药物如下:

第一代头孢菌素:头孢氨苄（先锋霉素Ⅳ）、头孢羟氨苄、头孢唑啉（先锋霉素Ⅴ）、头孢拉定（先锋霉素Ⅵ）等。

第二代头孢菌素:头孢呋辛、头孢西丁、头孢克洛等。

第三代头孢菌素:头孢噻肟、头孢哌酮、头孢曲松、头孢噻呋等。

第四代头孢菌素:头孢唑喃、头孢吡肟、头孢喹诺等。

【抗菌谱及适应证】与氨苄青霉素相似,其中第一代和第二代头孢菌素,对厌氧菌、铜绿假单胞菌作用弱;第三代和第四代头孢菌素,对厌氧菌、铜绿假单胞菌作用强。

【用法与用量】头孢氨苄、头孢羟氨苄、头孢拉定可以内服,其他的常注射用。

头孢氨苄:内服,一次量,每千克体重10~30 mg,2~3次/d,连用2~3 d。

头孢羟氨苄:内服,一次量,每千克体重10~30 mg,2~3次/d,连用2~3 d。

头孢噻呋:注射,一次量,每千克体重1~5 mg,1次/d,连用3 d。

头孢喹诺:注射,一次量,每千克体重1~2 mg,1次/d,连用3 d。

2. 氨基糖苷类抗生素

（1）链霉素

【抗菌谱及适应证】抗菌谱较广,主要对结核杆菌和大多数革兰阴性菌及革兰阳性球菌有效,对钩端螺旋体、支原体也有效。应用于结核病、鸡传染性鼻炎、大肠杆菌病、牛出血性败血病、猪肺疫、禽霍乱、鸡毒支原体感染等。

【用法与用量】内服难吸收,肌注吸收迅速而完全。肌内注射,一次量,每千克体重,家畜 10 ~ 15 mg,家禽 20 ~ 30 mg,2 次/d,连用 2 ~ 3 d。

（2）卡那霉素

【抗菌谱及适应证】与链霉素相似,抗菌活性稍强,对铜绿假单胞菌无效。主要用于治疗多数革兰阴性杆菌病,亦可治疗猪气喘病、猪萎缩性鼻炎、鸡慢性呼吸道病等。

【用法与用量】内服难吸收,肌注吸收迅速而完全。肌内注射,一次量,每千克体重,家畜 5 ~ 15 mg,家禽 10 ~ 15 mg,2 次/d,连用 2 ~ 3 d。

（3）庆大霉素

【抗菌谱及适应证】本品抗菌谱广,抗菌活性强。对革兰阴性菌和革兰阳性菌均有较强作用,特别对铜绿假单胞菌及耐药金葡菌的作用强,对支原体亦有作用。主要用于治疗耐药金葡菌、副嗜血杆菌、铜绿假单胞菌、大肠杆菌、沙门菌等引起的各种疾病。

【用法与用量】本品内服难吸收,肠内浓度较高,肌注后吸收快而完全。内服,一次量,每千克体重,5 ~ 10 mg,2 次/d,连用 2 ~ 3 d;注射,一次量,每千克体重,家畜 2 ~ 4 mg,犬、猫 3 ~ 5 mg,家禽 5 ~ 7.5 mg,2 次/d,连用 2 ~ 3 d。

（4）阿米卡星（丁胺卡那霉素）

【抗菌谱及适应证】抗菌谱与庆大霉素相似,对耐庆大霉素、卡那霉素的铜绿假单胞菌、大肠杆菌、变形杆菌等亦有效;对金葡菌亦有较好的作用。主要用于治疗大肠杆菌病、铜绿假单胞菌病、禽霍乱、猪肺疫、牛出血性败血病、鸭里默菌病、沙门菌病、猪喘气病等。

【用法与用量】本品内服难吸收,肌注后吸收快而完全。肌内注射,一次量,每千克体重,5 ~ 7.5 mg,2 次/d,连用 2 ~ 3 d。

（5）安普霉素

【抗菌谱及适应证】抗菌谱广,对革兰阴性菌（大肠杆菌、沙门菌、变形杆菌等）、革兰阳性菌（某些链球菌）、螺旋体、支原体有较好的作用。主要用于治疗大肠杆菌病、沙门菌病、猪痢疾和支原体病。

【用法与用量】本品内服难吸收,肌注后吸收快而完全。家禽混饮,0.025% ~ 0.05%,连用 5 d;注射,一次量,每千克体重,家畜 20 mg,2 次/d,连用 3 d。

3. 大环内酯类抗生素

（1）红霉素

【抗菌谱及适应证】对革兰阳性菌有较强的抗菌作用,对部分革兰阴性菌（布鲁菌、巴氏杆菌等）、立克次体、钩端螺旋体、衣原体、支原体等也有抑制作用,但对肠道革兰阴性杆菌（如大肠杆菌、变形杆菌、沙门菌）不敏感。主要用于治疗耐青霉素的革兰阳性菌感染、畜禽支原体感染等。

【用法与用量】内服,一次量,每千克体重,10 ~ 20 mg,2 次/d,连用 3 ~ 5 d;静脉注射,一次量,每千克体重,家畜 3 ~ 5 mg,犬、猫 5 ~ 10 mg,2 次/d,连用 2 ~ 3 d。

（2）泰乐菌素

【抗菌谱及适应证】对革兰阳性菌（比红霉素弱）、螺旋体、支原体和一些阴性菌有抑制作用,对支原体的抑制作用强。主要用于治疗慢性呼吸道病、鸡传染性鼻炎、猪传染性胸膜肺炎等。

【用法与用量】混饮,禽0.05%,猪0.02%~0.05%,连用3~5 d;注射,一次量,每千克体重,猪、禽5~13 mg,牛10~20 mg,1~2 次/d,连用5~7 d。

（3）阿奇霉素

【抗菌谱及适应证】除保留了对红霉素敏感的革兰阳性菌敏感外,还对革兰阴性菌、厌氧菌有效,尤其是对副嗜血杆菌、支原体、衣原体作用更强。主要用于治疗以呼吸道症状为主的疾病,如鸡传染性鼻炎、鸡慢性呼吸道病、大肠杆菌的呼吸道感染、猪萎缩性鼻炎、猪肺疫、猪喘气病、猪传染性胸膜肺炎等。

【用法与用量】内服,一次量,每千克体重10~15 mg,1 次/d,连用2~3 d;注射,一次量,每千克体重10 mg,1 次/d,连用2~3 d。

（4）替米考星

【抗菌谱及适应证】对革兰阳性菌、某些革兰阴性菌、支原体、螺旋体均有抑制作用,尤其是胸膜肺炎放线杆菌、巴氏杆菌及畜禽支原体比泰乐菌素有更强的抗菌活性。主要用于治疗家畜肺炎(胸膜肺炎放线杆菌、巴氏杆菌、支原体等引起)、鸡慢性呼吸道病等。

【用法与用量】混饮,家禽0.0075%,连用3 d;混饲,每千克饲料,猪200~400 mg,连用7~14 d。

4. 四环素类抗生素

（1）土霉素

【抗菌谱及适应证】广谱抑菌剂。除对革兰阳性菌和阴性菌有作用外,对立克次体、衣原体、支原体、螺旋体、放线菌和某些原虫(如球虫)亦有抑制作用。但对革兰阳性菌的作用不如青霉素类和头孢菌素类;对革兰阴性菌作用不如氨基糖苷类和氯霉素类。主要用于治疗猪肺疫、猪喘气病、猪胸膜肺炎、猪附红细胞体病、禽霍乱、大肠杆菌病、坏死杆菌病、球虫病、泰勒虫病、钩端螺旋体病等。

【用法与用量】内服,一次量,每千克体重,家畜10~25 mg,家禽25~50 mg,犬15~50 mg,2~3 次/d,连用3~5 d;注射,一次量,每千克体重,家畜5~10 mg,1~2 次/d,连用2~3 d。

（2）四环素

【抗菌谱及适应证】与土霉素相似。但对革兰阴性菌作用较好,对革兰阳性球菌的效力则不如金霉素。

【用法与用量】内服,一次量,每千克体重,家畜10~25 mg,家禽25~50 mg,犬15~50 mg,2~3 次/d,连用3~5 d;静脉注射,一次量,每千克体重,家畜5~10 mg,2 次/d,连用2~3 d。

（3）金霉素

【抗菌谱及适应证】与土霉素相似。对耐青霉素金葡菌的效果优于土霉素和四环素。

【用法与用量】内服,一次量,每千克体重,家畜10~25 mg,2 次/d,连用2~3 d。

（4）多西环素(强力霉素)

【抗菌谱及适应证】与其他四环素类相似,抗菌活性较土霉素、四环素强。

【用法与用量】内服,一次量,每千克体重,家畜3~5 mg,犬、猫5~10 mg,家禽15~25 mg,1 次/d,连用3~5 d。

5. 氯霉素类抗生素

本类抗生素包括氯霉素、甲砜霉素及其衍生物氟苯尼考(氟甲砜霉素)等,它们均属广谱抗生素。当前临床上主要应用氟苯尼考(除氟苯尼考,其余氯霉素类抗生素禁用于食品动物)。

氟苯尼考

【抗菌谱及适应证】广谱杀菌剂,对革兰阳性菌、革兰阴性菌、厌氧菌等敏感,抗菌活性优于氯霉素和甲砜霉素。主要用于治疗大肠杆菌病、沙门菌病、猪胸膜肺炎、坏死杆菌病、鸭传染性浆膜炎等。

【用法与用量】内服,一次量,每千克体重,猪、鸡 20~30 mg,2 次/d,连用 3~5 d;肌内注射,一次量,每千克体重,猪、鸡 20 mg,1 次/2 d,连用 2 次。

6. 林可胺类抗生素

(1)林可霉素(洁霉素)

【抗菌谱及适应证】抗菌谱与大环内酯类相似。对革兰阳性菌(葡萄球菌、溶血性链球菌等)有较强的抗菌作用,对某些厌氧菌(破伤风梭菌、产气荚膜芽孢杆菌)、支原体也有抑制作用;对革兰阴性菌无效。主要用于治疗金葡菌、链球菌、厌氧菌和支原体的感染。

【用法与用量】内服,一次量,每千克体重,牛 6~10 mg,猪、羊 10~15 mg,犬、猫 15~25 mg,鸡 20~30 mg,1~2 次/d,连用 2~3 d;肌内注射,一次量,每千克体重,猪 10 mg,犬、猫 10~15 mg,2 次/d,连用 3~5 d。

(2)克林霉素

【抗菌谱及适应证】与林可霉素相同,抗菌效力较林可霉素强 4~8 倍。

【用法与用量】内服或肌内注射,一次量,每千克体重 5~15 mg,2 次/d,连用 2~3 d。

二、化学合成抗菌药的应用

(一)磺胺药

磺胺药是最早人工合成的一类抗菌药物,它具有抗菌谱广、使用简便、性质稳定、价格低廉等许多优点。

1. 抗菌机理

对磺胺药敏感的细菌,在生长繁殖过程中,要利用对氨基苯甲酸(PABA)和二氢喋啶在菌体内经二氢叶酸合成酶的作用合成二氢叶酸,再经二氢叶酸还原酶的作用生成四氢叶酸,四氢叶酸参与核酸的合成,而核酸是菌体核蛋白的主要成分。磺胺药的基本化学结构与 PABA 相似,能与 PABA 竞争二氢叶酸合成酶,阻碍二氢叶酸的合成,菌体的核蛋白就不能形成,使细菌的生长繁殖停止而达到抑菌的目的。由于细菌的酶系统与 PABA 的亲和力比对磺胺药的亲和力强,为了保证磺胺药与 PABA 竞争的优势,必须使磺胺药的浓度显著高于 PABA 的浓度才有效果,因此使用本类药物时,首次用量要加倍。动物机体能直接利用饲料中的叶酸,不需自身合成,故其代谢不受磺胺影响。

2. 抗菌谱

磺胺药抗菌谱较广,对磺胺药高度敏感的细菌有链球菌、沙门菌、化脓棒状杆菌、副鸡嗜血杆菌等;中度敏感的细菌有葡萄球菌、大肠杆菌、炭疽杆菌、巴氏杆菌、产气荚膜梭菌、变形杆菌、痢疾杆菌、李氏杆菌等。某些磺胺药还对球虫、住白细胞原虫、弓形虫等有效,但对螺旋体、立克次体、结核分枝杆菌、支原体等无效。

不同磺胺药对病原菌的抑制作用亦有差异。一般来说,其抗菌谱强度的顺序为 SMM>SMZ>SD>SDM>SMD>SM$_2$>SDM'>SN。

3. 常用的磺胺药的分类、简称与应用

根据磺胺药内服吸收情况可分为肠道易吸收、肠道难吸收及局部外用三类(表 4-1-1、表 4-1-2、表 4-1-3)。

表 4-1-1　肠道易吸收的磺胺药

药名	简称	适应证	用法用量
磺胺嘧啶	SD	敏感菌引起的全身感染和脑脊髓感染	内服:100 mg/kg 体重 肌注、静注:70 mg/kg 体重
磺胺二甲嘧啶	SM$_2$	敏感菌引起的感染和球虫病等	同上
磺胺甲基异噁唑 (新诺明)	SMZ	敏感菌引起的全身感染	内服:70 mg/kg 体重(与等量碳酸氢钠合用)
磺胺-2,6-二甲氧嘧啶	SDM	敏感菌引起的全身感染、鸡传染性鼻炎等	同上
磺胺间甲氧嘧啶 (制菌磺)	SMM	敏感菌引起的全身感染、泌尿道感染、猪弓形虫病等	内服:70 mg/kg 体重 肌注、静注:50mg/kg 体重
磺胺对甲氧嘧啶 (消炎磺)	SMD	敏感菌引起的全身感染、泌尿道感染、猪弓形虫病等	内服:50 mg/kg 体重
磺胺-5,6-二甲氧嘧啶 (周效磺胺)	SDM'	敏感菌引起的全身感染、猪弓形虫病等	内服:50 mg/kg 体重
磺胺喹噁啉	SQ	住白细胞原虫病、球虫病等	混饮:0.04%
磺胺氯吡嗪		住白细胞原虫病、球虫病等	混饮:0.03%

表 4-1-2　肠道难吸收的磺胺药

药名	简称	适应证	用法用量
磺胺脒	SG	敏感菌引起的肠道感染	内服:150 mg/kg 体重
肽磺胺噻唑	PST	敏感菌引起的肠道感染和球虫病等	内服:120 mg/kg 体重
琥珀酰磺胺噻唑	SST	敏感菌引起的肠道感染	内服:150 mg/kg 体重

表 4-1-3　外用磺胺药

药名	简称	适应证	用法用量
磺胺嘧啶银 (烧伤宁)	SD-Ag	局部伤口尤其烧伤	外用:撒布于创面或配成 2%悬液湿敷
醋酸磺胺米隆	SML	局部伤口和化脓疮	外用:5% ~10%悬液湿敷
磺胺醋酰	SA	眼部感染	外用:15%滴眼液

4. 体内过程

（1）吸收　内服易吸收的磺胺药,其生物利用度大小因药物和动物种类而有差异。其顺序分别为: SM_2 > SDM' >SN>SMD>SD;禽>犬>猪>马>羊>牛。一般而言,肉食动物内服后 3 ~ 4 h,草食动物 4 ~ 6 h,反刍动物 12 ~ 24 h,血药浓度达峰值。

（2）分布　吸收后分布于全身各组织和体液中。以血液、肝、肾含量较高,可进入乳腺、胎盘、胸膜、腹膜及滑膜腔。吸收后,一部分与血浆蛋白结合(结合型的药物无抗菌作用,只有分离后才有),但结合疏松,可逐渐释出游离型药物。磺胺药中以 SD 与血浆蛋白的结合率较低,因而进入脑脊液的浓度较高,故可作脑部细菌感染的首选药。磺胺药的蛋白结合率因药物和动物种类的不同而有很大差异,通常以牛为最高,羊、猪、马等次之。一般来说,血浆蛋白结合率高的磺胺药排泄较缓慢,血中有效药物浓度维持时间也较长。SM_2 进入乳腺的量最多,所以是乳腺炎的首选药,SDM 进入鼻腔的量最多,所以是鸡传染性鼻炎的首选药。

（3）代谢　被吸收的磺胺药,主要在肝中代谢,最常见的方式是对位氨基的乙酰化,成为失去抗菌活性的乙酰化磺胺。有的磺胺药经乙酰化后溶解度降低,易在肾小管中析出结晶而损伤肾,但在碱性溶液中溶解度加大,故内服某些磺胺药时要合用等量碳酸氢钠。

（4）排泄　内服难吸收的磺胺药主要从粪便中排出,易吸收的磺胺药主要通过肾排泄,少量经乳汁、消化液或其他分泌物排出。排泄的快慢主要决定于通过肾小管时被重吸收的程度。凡重吸收少者,排泄快,消除半衰期短,有效血药浓度维持时间短(如 SD);而重吸收多者,排泄慢,消除半衰期长,有效血药浓度维持时间较长(如 SM_2、SMM、SDM)。当肾功能损害时,药物的消除半衰期明显延长,毒性可能增加,临床使用时应注意。

5. 耐药性

细菌对磺胺药较易产生耐药性。用量不足、不按疗程用药都会促使细菌产生耐药性。各磺胺药之间可产生程度不同的交叉耐药性,但与其他抗菌药之间无交叉耐药现象。

6. 使用原则

（1）选药原则　全身感染时,宜选用肠道易吸收类药物;肠道感染时,宜选用肠道难吸收类药物;治疗创伤烧伤时,宜选用外用磺胺药,尤其是铜绿假单胞菌感染时,选用 SD－Ag(烧伤宁)最好;泌尿道感染的首选乙酰化低的药物,如 SMM。

（2）剂量原则　为了保证血液中磺胺药的浓度显著高于对氨基苯甲酸的浓度,除采取首次突击量外,在主要症状消失后,仍需继续用药 2 ~ 3 d,以免复发。

7. 注意事项

（1）磺胺药钠盐水溶液呈强碱性,忌与酸性药(B族维生素、维生素 C、青霉素、四环素类、氯化钙、盐酸麻黄素等)混合应用。

（2）外用本类药物时,应彻底清除创面的脓汁、黏液和坏死组织等,也不宜与普鲁卡因同时应用,因普鲁卡因可水解出对氨基苯甲酸而影响疗效。

（3）幼畜、杂食或肉食动物使用磺胺药时(尤其是禽),宜与碳酸氢钠同服,以碱化尿液,同时充分饮水,增加尿量,促进排出。

（4）蛋鸡产蛋期禁用磺胺药,肝、肾功能不全的动物慎用或不用磺胺药。

（二）抗菌增效剂

抗菌增效剂不仅自身具有抗菌作用,还能增强磺胺药和多种抗生素的疗效。国内常用甲氧苄胺嘧啶(TMP)和二甲氧苄胺嘧啶(DVD,即敌菌净)两种抗菌增效剂。

1. 作用机理

抑制二氢叶酸还原酶,使二氢叶酸不能还原成四氢叶酸,从而妨碍菌体核酸合成。TMP 或 DVD 与磺胺类合用时,可从两个不同环节同时阻断叶酸合成而起双重阻断作用,抗菌作用可增强数倍至几十倍,甚至使抑菌作用变为杀菌作用。

2. 抗菌谱

抗菌谱广,对多种革兰阳性菌及阴性菌均有抗菌活性,其中较敏感的有溶血性链球菌、葡萄球菌、大肠杆菌、变形杆菌、巴氏杆菌和沙门菌等。但对铜绿假单胞菌、结核分枝杆菌、丹毒杆菌、钩端螺旋体无效。

3. 临床应用

TMP 内服、肌注,吸收迅速而完全;DVD 内服吸收很少,但在胃肠道内的浓度较高,故用作肠道抗菌增效剂比 TMP 好。但单用 TMP 或 DVD 易产生耐药性,一般不单独作抗菌药使用。

TMP 与 SMD、SMM、SMZ、SD、SM$_2$、SQ 等磺胺药按 1∶5 或 TMP 与抗生素(青霉素、红霉素、庆大霉素、四环素类等)按 1∶4 合用。主要用于治疗敏感菌引起的呼吸道、泌尿道感染及蜂窝织炎、腹膜炎、乳腺炎、创伤感染等,亦用于治疗幼畜肠道感染、猪萎缩性鼻炎、猪传染性胸膜肺炎、禽大肠杆菌病、鸡白痢、鸡传染性鼻炎等。

DVD 常与 SQ 等合用(复方敌菌净),主要防治禽、兔球虫病及畜禽肠道感染。

(三)喹噁啉类

喹噁啉类包括卡巴氧、乙酰甲喹、喹乙醇和喹烯酮等,当前临床上主要应用乙酰甲喹。

乙酰甲喹(痢菌净)

【抗菌谱及适应证】具有广谱抗菌作用,对革兰阴性菌的作用强于革兰阳性菌,对猪痢疾短螺旋体的作用尤为突出;对大肠杆菌、巴氏杆菌、猪霍乱沙门菌、鼠伤寒沙门菌、变形杆菌的作用较强。主要用于治疗猪痢疾、仔猪黄白痢、犊牛副伤寒等。

【用法与用量】内服和肌注给药均易吸收。内服,一次量,每千克体重,牛、猪 5 ~ 10 mg,2 次/d,连用 3 d;肌内注射,一次量,每千克体重,牛、猪 2.5 ~ 5 mg,2 次/d,连用 3 d。

(四)喹诺酮类

1. 作用机理

本类药物能抑制细菌 DNA 回旋酶,干扰 DNA 复制而产生杀菌作用。

2. 耐药性

耐药菌株随着本类药物的广泛应用而逐渐增多,常见的耐药菌有金葡菌、大肠杆菌、沙门菌等。

3. 常用喹诺酮类药物

(1)恩诺沙星

【抗菌谱及适应证】广谱杀菌药,对支原体有特效。对大肠杆菌、沙门菌、巴氏杆菌、克雷伯菌、变形杆菌、铜绿假单胞菌、嗜血杆菌、波氏杆菌、丹毒杆菌、金葡菌、链球菌、化脓棒状杆菌等均敏感。主要用于治疗敏感菌或支原体所导致的消化系统、呼吸系统及泌尿生殖系统疾病。

【用法与用量】内服,一次量,每千克体重,家畜 2.5 ~ 5 mg,家禽 5 ~ 7.5 mg,2 次/d,连用 3 ~ 5 d;肌内注射,一次量,每千克体重,牛、羊、猪 2.5 mg,犬、猫、兔 2.5 ~ 5 mg,1 ~ 2 次/d,连用

2 ~ 3 d。

（2）环丙沙星

【抗菌谱及适应证】广谱杀菌药。对革兰阴性菌的作用强，对革兰阳性菌亦有较强的抗菌作用。主要用于敏感菌对消化道、呼吸道、泌尿生殖道、皮肤软组织的感染。

【用法与用量】内服，一次量，每千克体重，家畜 5 ~ 15 mg，2 次/d，连用 2 ~ 3 d；家禽混饮，0.005%，连用 2 ~ 3 d；肌内注射，一次量，每千克体重，家畜 2.5 mg，家禽 5mg，2 次/d，连用 2 ~ 3 d。

（3）单诺沙星（达氟沙星）

【抗菌谱及适应证】抗菌谱与恩诺沙星相似，尤其对呼吸道致病菌有良好的作用。主要用于治疗牛巴氏杆菌病、猪传染性胸膜肺炎、猪支原体肺炎，禽大肠杆菌病、禽霍乱、鸡毒支原体感染等。

【用法与用量】家禽混饮，0.0025% ~ 0.005%，1 次/d，连用 3 d；肌内注射，一次量，每千克体重，家畜 1.25 ~ 2.5 mg，1 次/d，连用 3 d。

临床常用的喹诺酮类药物还包括氧氟沙星、洛美沙星、双氟沙星等。

三、抗真菌药的应用

1. 制霉菌素

【抗菌谱及适应证】广谱抗真菌药。对隐球菌、球孢子菌、白色念珠菌、芽生菌等都有效。临床主要用其内服治疗胃肠道真菌感染，如犊牛真菌性胃炎、禽念珠菌病；局部应用治疗皮肤、黏膜的真菌感染，如念珠菌病和曲霉菌所致的乳腺炎、子宫炎；也可用于治疗禽曲霉菌性肺炎。

【用法与用量】内服不易吸收。雏鸡曲霉菌病，每 100 羽 50 万 U 拌料，2 次/d，连用 2 ~ 4 d；禽念珠菌病，每千克饲料，50 万 ~ 100 万 U，连用 1 ~ 3 周；乳管内注入，一次量，每一乳室，牛 10 万 U；子宫灌注，马、牛 150 万 ~ 200 万 U。

2. 克霉唑

【抗菌谱及适应证】对各种皮肤真菌（小孢子菌、表皮癣菌、毛发癣菌）有强大的抑菌作用，对深部真菌作用较差。主要用于治疗体表真菌病（毛体癣、鸡冠和耳的各种癣病）、禽曲霉菌病等。

【用法与用量】混饲，每 100 只雏鸡 1 g；内服，一次量，马、牛 5 ~ 10 g，猪、羊 1 ~ 1.5 g，2 次/d。

3. 酮康唑

【抗菌谱及适应证】广谱抗真菌药，对全身及浅表真菌感染均有效，但对曲霉菌作用弱、对白色念珠菌无效。主要用于治疗孢子菌病、隐球菌病、芽生菌病及其他皮肤真菌病。

【用法与用量】内服，一次量，每千克体重，家畜 5 ~ 10 mg，犬 5 ~ 20 mg，2 次/d。

四、抗病毒药的应用

畜禽常用茵陈、板蓝根、大青叶、黄芪等中草药防治某些病毒性传染病，以前常用的金刚烷胺、吗啉胍、利巴韦林等抗病毒药，现在禁止畜禽应用。

五、畜禽常用给药途径

（一）注射给药

注射法是用注射器将药液注入禽畜体内的方法。常用的方法有皮下注射、肌内注射、静脉注射和腹腔注射。

1. 皮下注射

皮下注射是将药物注入皮下疏松结缔组织内,经毛细血管、淋巴管吸收进入血液循环。因皮下有脂肪,吸收较慢,一般经 10～15 min 呈现药效。

注射应选择皮下组织较多、皮肤松弛的部位。牛、马多在颈侧,猪在耳根的后方、肘后或股外侧,羊、犬宜在颈侧中 1/3 部位或股内侧,禽多在颈背部。

2. 肌内注射

肌内注射是用注射器将药液注入肌肉组织内,因肌内血管丰富,药物的吸收和药物的效应都比较稳定。水、油溶液均可肌内注射,略有刺激的可深部肌内注射。注射药液量多时可分点注射。

肌内注射应选择肌肉较发达、血管少、远离神经干的部位,马、牛、羊一般在臀部或颈部,猪在耳根后或股部,禽类在胸部、大腿外侧或翅膀基部。

3. 静脉注射

静脉注射是以注射器(或输液器)将药液直接注入静脉血管内的给药方法。静脉注射药物见效快、分布广、剂量控制准确,并可注入大量药液,适用于抢救危急病畜,畜禽机体脱水而需要补充大量药液时,或某些剂量要求严格的药物的给药。

马、牛、羊多在颈静脉沟上 1/3 和中 1/3 交界处注射,猪在耳静脉注射。

4. 腹腔注射

一般当静脉注射有困难时,可采用腹腔注射。小猪在脐至耻骨前缘连线的中部,离开腹中线约 5 cm 处进行注射。大猪可站立保定,在两侧肷部距髋结节、腰椎横突及最后肋骨等距离的部位注射。

（二）经口给药

1. 灌药器投药

灌药器投药是利用灌药器将药物从口角灌入口内,是投服少量药液时常用的方法,多适用于猪、犬、猫等中小动物,其次是牛、马等大动物。

2. 胃管投药

胃管投药是用胃管经鼻腔插入胃内,将药液投入胃内,是投服大量药液或刺激性药液常用的方法,适用于马、骡,其次为牛、羊、猪、犬等动物。

3. 混饲给药

混饲给药是将药物均匀地混拌在饲料中,让畜禽采食时连同药物一起食入的一种给药方法,此法简便易行,适用于集约化养禽场、养猪场的预防性给药,或发病后的药物治疗。

拌料时应该首先确定混饲药物的浓度,然后按平时每顿饲喂饲料量的 50%～60% 拌料。拌料应尽量均匀,混合的方法是先将药物和少量的饲料混合均匀,然后再将混合物倒入大批饲料中充分混合均匀。

畜禽给药时应先使其饥饿,以确保含药的饲料能够在 1 h 左右的时间内吃完,吃完后再投给不含药物的饲料让其自由采食。

4. 饮水给药

饮水给药是将药物溶解在畜禽饮水中,让畜禽饮水时饮入药物而发挥药效。该法相对于混饲更容易混合均匀,而且节省人力物力,是生产中常用的一种给药方法。适合于预防给药和治疗疾病,特别是对于发病后食欲降低但仍能饮水的畜禽群。

给药前应先估算出畜禽每日饮水量,然后再根据药物的使用说明计算出每天用药的量、次数以及间隔时间等。一般情况下可以按全天饮水量的 1/4 ~ 1/3 加药,混合均匀后任其自由饮用,药液饮完后再供给不含药物的清洁饮水。使用在水中稳定性较差的药物时,可提前停止供水1 ~ 2 h,以促使畜禽在较短时间内饮完。为了提高药物的适口性,降低应激反应,可以在饮水中加入葡萄糖和电解多维等同时饮用。

除此之外,饮水给药还应注意以下几个方面:

(1)配制药液的水质应该清洁,以深井水为好,水槽要事先刷洗干净,然后加入药液。

(2)饮水给药时一定要根据畜禽群的每日饮水量按比例给药,供水量太少了,饮水不均匀,且浓度过大,会致多饮者中毒;供水量太多,在一定的时间内喝不完,同样达不到药效。

(3)饮水中投给抗生素类药物时一定要现用现配,有些药物在水中不稳定,时间长了药效会下降,甚至会失去药效。

(4)饮水给药时应注意配伍禁忌,有些药物相互之间具有协同作用,合用可以增强疗效,如环丙沙星和林可霉素、多西环素。有些药物合用会发生中和、沉淀、分解或药效降低等,如磺胺药和酸性药物(如维生素 C、B 族维生素、青霉素和盐酸四环素等)合用会析出沉淀。

(三)气雾给药

气雾给药适用于治疗一些呼吸道疾病。用药期间畜舍应密闭,通过呼吸系统给药时要求药物必须能够溶解于水,对黏膜无刺激性,同时还要根据空间的大小和畜禽的数量等因素准确计算药物用量和水量,控制好雾滴的大小。较大的雾滴一般落在上呼吸道黏膜表面;而较小的雾滴则吸入较深。一般治疗深部呼吸道感染,或发挥吸收作用以治疗全身感染时,要求雾滴直径为0.5 ~ 5 μm。治疗上呼吸道炎症或使药物主要作用于上呼吸道,雾滴可适当增大,以 10 ~ 30 μm为宜。

(四)体表给药

体表给药是将药直接喷洒在体表或涂擦在患部周围,用于畜禽体表的消毒或外伤处理,以杀灭体表的外寄生虫或病原微生物。

(五)灌肠给药

灌肠给药是将药物用器械灌入肠道内,使药物通过黏膜吸收的一种给药方式。

 任务实施

一、注射器的使用及注射给药

(一)材料准备

各种型号注射针头、玻璃注射器、金属注射器、一次性使用输液器、煮沸消毒器、剪毛剪、镊子、酒精棉盒、纱布、保定栏、牛鼻钳、牛和猪各 1 头、鸡 10 只、注射用水、生理盐水、5% 碘酊、75%乙醇、隔离服、手套等。

（二）人员组织

将学生分组,每组 5 ~ 10 人,轮流担任组长,负责本组操作分工。

（三）操作步骤

1. 注射器的消毒

（1）金属注射器的消毒　金属注射器消毒时,首先拧松固定螺丝,旋松并抽出活塞,取出玻璃管。将玻璃管用纱布包好。放入煮沸消毒器中进行煮沸消毒。

注意金属注射器不能用高压消毒或干热消毒,避免其中的橡皮圈及垫圈老化变质。

（2）玻璃注射器的消毒　玻璃注射器消毒时,首先将活塞抽出。将每一套注射器各用一块纱布包裹,以免碰裂,针头消毒时,插在纱布上。将包好的注射器械放入煮沸消毒器中,或放入高压锅中进行煮沸消毒或高压灭菌消毒。

2. 注射器的安装与调试

（1）金属注射器　先将玻璃管置于金属套筒内,插上活塞,挤紧套筒、玻璃筒,再固定螺丝,旋转活塞,调节手柄至适当松紧程度。抽取清洁用水数次,再以左手食指轻压注射器药液出口,拇指和其余三指握住金属套筒,右手轻拉手柄至一定距离（感到有一定阻力）,松开手柄后,活塞能恢复到原位,表示各处结合紧密,不会漏水,即可使用。如推拉手柄无阻力,松开手柄,活塞不能恢复到原位,则表示结合不紧密,应检查螺丝是否拧紧,或活塞太松,经调节后再抽试,直到合格为止。

（2）玻璃注射器　玻璃注射器由活塞和外套组成,将活塞套入外套中即可使用。

3. 注射方法

（1）皮下注射法

注射部位:牛、马多在颈侧,猪在耳根的后方、肘后或股外侧,羊、犬宜在颈侧中 1/3 部位或股内侧,禽多在颈背部。

注射方法:根据药量多少选用适宜的注射器和针头。将畜禽适当保定,局部剪毛消毒。一手捏起注射部位的皮肤呈一条皱褶,一手持连有针头的注射器,由皱褶近基部处刺入。一般刺入2 ~ 3 cm（如针头刺入皮下则可较自由地拨动）,注入需要量的药液后,拔出针头,局部消毒。必要时,注射后可对局部进行短时间按摩,以促进药液吸收（图 4-1-1 至图 4-1-6）。

注意事项:注射药液太多时,应分点注射;油类药物和具有收缩血管作用的药物均不宜作皮下注射。

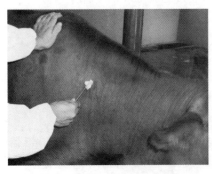 

图 4-1-1　牛的皮下注射——消毒　　图 4-1-2　牛的皮下注射——注射

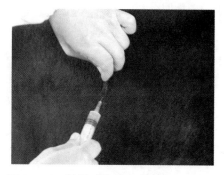

图 4-1-3　马属动物的皮下注射——消毒　　图 4-1-4　马属动物的皮下注射——注射

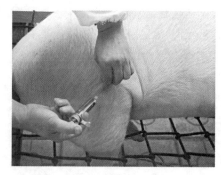
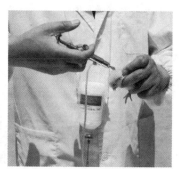

图 4-1-5　猪的皮下注射　　　　　　图 4-1-6　鸡的皮下注射

（2）肌内注射法

注射部位：马、牛、羊一般在臀部或颈部，猪在耳根后或股部，禽类在胸部、大腿外侧或翅膀基部。

注射方法：选择适宜的注射器和针头。局部剪毛消毒。一手固定注射部位，一手持连有针头的注射器，使与皮肤成垂直角度，迅速刺入肌肉 2～4cm，注入药液，如药液量多、注射器较大时，则可在刺入针头后，改用固定部位的手推动活塞以注入药液。注射完后，拔出针头，消毒局部按压（图 4-1-7 至图 4-1-10）。

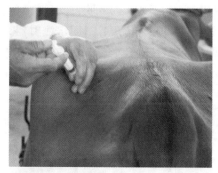
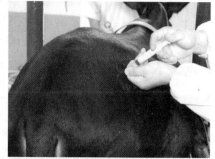

图 4-1-7　牛的肌内注射　　　　　图 4-1-8　马属动物的肌内注射

（3）静脉注射法　　静脉注射时，药液随血液分布至全身，能迅速发挥药效，因而可用以抢救危急病畜，需要迅速发挥药效的情况。

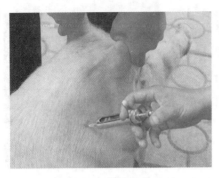
图 4-1-9　猪的肌内注射

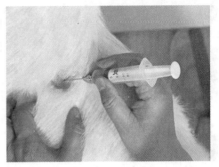
图 4-1-10　羊的肌内注射

猪的静脉注射法：猪耳静脉注射时，先将猪做适当保定，注射部位剪毛消毒，助手用手指捏紧耳根部静脉管处或以胶带紧扎耳根，使静脉充盈怒张。必要时，先用 75% 酒精棉球反复用力涂擦注射处以引起血管充血，然后捏紧或扎紧耳根部。术者以左手把持猪耳，将其托平并使注射部位稍高，右手持连接针头的注射器，沿静脉血管使针头与皮肤成 30°～45° 刺入皮肤及血管内，轻轻抽引活塞，如有血液进入针管，即表示已刺入血管，再将针管平放并将针头继续稍向前伸入，以左手拇指和食指连耳壳与针头一起捏住，助手放开压迫耳血管的手指或松解胶带。此时，术者即可以用右手推进活塞，徐徐注入药液。注射完毕，抽出针头，消毒局部并稍稍捏压针眼，防止出血（图 4-1-11）。

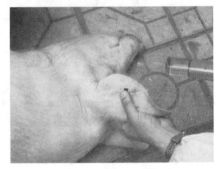
图 4-1-11　猪的静脉注射

马、牛（羊）的静脉注射法：马、牛（羊）多在颈静脉处注射。牛亦可在耳静脉注射（方法同猪耳静脉注射法），马也可在胸外静脉注射。

先将家畜保定于诊疗架内，使头部稍向前伸并偏向于注射部位的对侧。注射部位多在颈静脉沟上 1/3 和中 1/3 交界处。

局部剪毛消毒，术者以左手在注射部位下面约 10 cm 处以拇指紧压在颈静脉沟上，其余四指在右侧相应部位抵住基部，使静脉充盈怒张。然后用右手拇指、中指、食指紧握针头，与皮肤成 45°，沿怒张的颈静脉刺入；如刺入血管则有血液呈线状流出，再使针头靠近皮肤，近似平行地将针头继续刺入血管 1～2 cm，安上注射器以左手食指固定针头，掌心向上，其余各指固定注射器，手背紧靠病畜颈部作为支点，左手稍稍抽引注射器活塞，如见回血，即可注入药液（图 4-1-12、图 4-1-13）。

图 4-1-12　马属动物的静脉注射

图 4-1-13　羊的静脉注射

注射完毕,用75%酒精棉球按压针头刺入部位,抽出针头(如注射刺激性的药液时,应在注射完药液后,回抽少量血液再注入,然后拔出针头)。牛静脉注射时,因其皮肤较厚,故常将针头与皮肤呈垂直刺入,且用力快猛而准确。

(4)输液法　以输液器进行,其注射方法同静脉注射法。在针头刺入血管之后,将连接好的盐水接头放低,排除输液器内的空气,待药液呈线状流出时,即可与针头连接输入药液。同时将输液管近针头处,用夹子固定于畜禽皮肤上,输入速度可根据调节螺旋止水夹的松紧或升高、降低输液瓶控制,注射完毕后,捏住胶带,然后拔出针头,局部消毒。

(四) 注意事项

(1)注射用具、注射部位必须严格消毒。

(2)注射药液必须澄清、无热源质、无异物、无混浊或沉淀,油制剂不可进行静脉注射。

(3)刺激性较大的药物或高渗溶液不可漏出血管外。如果漏出,必须进行热敷以促进吸收或使用适宜的药物(灭菌蒸馏水、生理盐水、10% Na_2SO_4)注射于渗出的局部以缓解疼痛,减少刺激。

(4)静脉注射时必须排尽注射器或输液管内的气泡。

(5)大量输液时,速度不宜过快,药液应加温至接近体温。

(6)输液过程中,畜禽表现躁动不安、出汗、气喘、肌肉战栗时,应停止输液。

二、灌服给药

(一) 材料准备

牛、猪、胃管、漏斗、开口器、胶管、胶皮瓶、麻绳、灌药器、5% 碘酊、75% 酒精溶液、液体石蜡、肥皂、保定栏、牛鼻钳、隔离服、手套等。

(二) 人员组织

将学生分组,每组5~10人,轮流担任组长,负责本组操作分工。

(三) 操作步骤

1. 灌药器投药法

灌药时,首先将准备灌服的药液盛在盆中,等凉或微温备服。给马灌药时,先由助手用绳索连系笼头将马头适当吊高,灌药者一手握笼头保定马头,一手用装好药液的灌药器将药液从口角灌入,如马不吞咽,可用手托住下颌部将马头抬起,如仍不吞咽时,可由助手轻拍马的前额部。注意不能拉住舌头灌药,灌药器一定要伸到舌背上,每次应灌少量,一口一口地灌药。用橡皮灌药瓶灌药时,不能用力捏挤橡皮瓶,以免药液冲入气管。

给牛灌药时,助手握住牛鼻绳,将牛头稍稍抬起,灌药者一只手把牛口打开,稍微压住舌头,另一只手持装好药液的灌药器,从牛的口角插入口腔,分次缓缓灌入药液。灌药时让牛的舌头可以做轻微的前后伸缩活动,以便吞咽。若牛在灌药时咳嗽,应立即停止灌药,使牛低头,等咳嗽停止后继续进行;如发现牛有吞咽困难的情况时,应停止灌药,防止灌入气管。

给猪灌药时,应将猪适当保定,用一根木棒将猪嘴撬开,用灌药器自口角插入缓缓灌入药液,或由助手抓住猪的两耳,并用两腿将猪夹住,灌药者手持灌药器灌药。当猪叫喊时,它的喉门开放,咽头闭锁,这时不能灌药。如是片剂或丸剂,可由一人把猪头、两脚固定好,投药者用镊子把药片夹住,用左手打开猪口腔,将药片直接投到舌根处,猪即自行咽下。

2. 胃管投药法

用胃管经鼻投药适用于给马投服水剂药物及有刺激性的药液,特别是大量的水剂药液,用胃管投药较方便,浪费少。胃管经鼻腔插入马的食管中部或近胸端时,即可连接漏斗灌药。灌完药后,再灌少量清水,冲洗胃管及漏斗,然后拔去漏斗,用力吹气。当管内液排尽时,即可迅速折捏管口,缓缓抽出胃管。

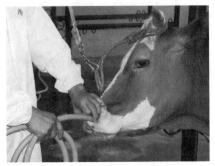

牛胃管投药时,先给牛戴上开口器,从开口器中央圆孔送进胃管,敏捷地推向咽部,牛自然将胃管吞下,很少有阻力;进入食管后,可在颈静脉沟食管区见到胃管逐渐下行的影迹。如无开口器,也可将胃管从鼻孔送入(图4-1-14)。

猪胃管投药时,首先给猪戴上开口器,胃管从口腔经食管送入,胃管的外端装上漏斗,即可投药。

胃管使用前,先将胃管用温水浸泡变软,在插入食管的一端涂上润滑油(液体石蜡、各种食用油等),增加润滑度,避免损伤鼻腔及食管黏膜。严防把胃管插入气管

图4-1-14 牛的胃管投药

内,如果胃管误插入气管,则家畜咳嗽不安,接着呼吸时有气体由胃管向外排出,往胃管里吹气时也无阻力。这时若在胃管外端连上一个压扁的橡皮球,可见球很快鼓起来。当正确插入食管时,家畜发生吞咽动作,往胃管里吹气时,可在左侧颈静脉沟处看到食管波动。

(四)注意事项

(1)灌药器投药时,不能拉住舌头灌药,灌药器一定要伸到舌背上。

(2)动物在灌药时咳嗽,应立即停止灌药。

(3)猪叫喊时,不能灌药。

(4)胃管使用前,先将胃管用温水浸泡变软后,在插入食管的一端涂上润滑油。

任务反思

1. 畜禽常用的广谱抗生素有哪些?

2. 用于治疗畜禽支原体病的抗菌药有哪些?

3. 为什么使用磺胺药时首次用量要加倍?

任务4.2 抗寄生虫药的使用

任务目标

知识目标:1. 掌握抗蠕虫药的应用。

2. 掌握抗原虫药的应用。

3. 了解杀虫药的应用。

技能目标：会给畜禽驱虫。

任务准备

抗寄生虫药就是用来杀灭或驱除畜禽体内外寄生虫的药物。寄生虫病多为群发性,在使用抗寄生虫药物时,应考虑选用低毒、高效、广谱、便于给药(混饲、熏蒸、药浴等)、价格低以及无残留的药物。

一、抗蠕虫药的应用

(一) 驱线虫药

1. 伊维菌素

【作用与应用】高效、广谱、低毒的大环内酯类抗寄生虫药,对线虫、昆虫等均有驱杀作用,对吸虫、绦虫和原虫无效。用于防治动物消化道和呼吸道线虫,犬、猫钩口线虫,犬恶丝虫,动物螨、虱病等。

【用法与用量】皮下注射,一次量,每千克体重,猪0.3 mg,牛、羊0.2 mg,用1次。

2. 阿维菌素

其作用、应用、用法与用量基本同伊维菌素,毒性稍强。

3. 左旋咪唑(左咪唑)

【作用与应用】广谱、高效、低毒的驱线虫药,主要用于动物胃肠道线虫和肺线虫病的治疗。此外,左旋咪唑还具有免疫调节功能。

【用法与用量】内服、皮下和肌内注射,一次量,每千克体重,牛、羊、猪7.5 mg,犬、猫10 mg,家禽25 mg,间隔7~10 d再用1次。

4. 丙硫咪唑(阿苯达唑)

【作用与应用】对线虫、绦虫和吸虫均有驱除作用。用于防治各种畜禽的蠕虫病,各种畜禽的蛔虫病、异刺线虫病、血矛线虫病、肺线虫病、肾虫病、各种绦虫病(猪囊尾蚴、猪细颈囊尾蚴病、鸡癫利绦虫病)、各种吸虫病(肝片吸虫病、猪姜片吸虫病、血吸虫病)等,也可用于防治旋毛虫病。

【用法与用量】内服,一次量,每千克体重,牛、羊10~15 mg,猪5~10 mg,犬25~50 mg,家禽10~20 mg,用1次。

5. 苯硫咪唑(芬苯达唑)

【作用与应用】抗虫谱与丙硫咪唑相似,作用略强于丙硫咪唑。用于防治各种畜禽的线虫病和绦虫病。

【用法与用量】内服,一次量,每千克体重,牛、羊、猪5~7.5 mg,犬、猫25~50 mg,家禽10~50 mg。

(二) 驱绦虫药

1. 氯硝柳胺(灭绦灵)

【作用与应用】广谱驱绦虫药,对牛羊多种绦虫、鸡绦虫以及反刍动物前后盘吸虫等均高效,

对犬、猫绦虫也有明显驱杀作用。此外,氯硝柳胺还有杀钉螺作用。

【用法与用量】内服,一次量,每千克体重,牛 40～60 mg,羊 60～70 mg,犬、猫 80～100 mg,家禽 50～60 mg,用 1 次。

2. 硫双二氯酚(别丁)

【作用与应用】对畜禽多种吸虫和绦虫有驱虫作用。用于防治肝片吸虫病(对成虫效力高,对童虫差)、前后盘吸虫病、姜片吸虫病和绦虫病。

【用法与用量】内服,一次量,每千克体重,马 10～20 mg,牛 40～60 mg,羊、猪 75～100 mg,犬、猫 200 mg,禽 100～200 mg,用 1 次。

3. 丁奈脒

【作用与应用】有杀绦虫作用,使绦虫在宿主消化道内被消化。盐酸丁奈脒用于防治犬、猫绦虫病,羟萘酸丁奈脒用于防治羊绦虫病。

【用法与用量】盐酸丁奈脒内服,一次量,每千克体重,犬、猫 25～50 mg;羟萘酸丁奈脒内服,一次量,每千克体重,羊 25～50 mg。

(三) 驱吸虫药

1. 硝氯酚(拜耳 9015)

【作用与应用】是牛、羊肝片吸虫较理想的驱虫药,对前后盘未成熟的虫体也有较强的杀灭作用,对其他未成熟的虫体无作用。

【用法与用量】内服,一次量,每千克体重,黄牛 3～7 mg,水牛 1～3 mg,羊 3～4 mg,猪 3～6 mg,用 1 次。深层肌内注射,一次量,每千克体重,牛、羊 0.5～1 mg,用 1 次。

2. 三氯苯达唑(三氯苯咪唑)

【作用与应用】对各日龄的肝片吸虫均有杀灭效果,主要用于治疗牛、羊肝片吸虫病。

【用法与用量】内服,一次量,每千克体重,牛 12 mg,羊 10 mg,用 1 次。

(四) 驱血吸虫药

1. 吡喹酮

【作用与应用】广谱驱绦虫药、抗血吸虫药和驱吸虫药,对多数成虫、幼虫都有效。主要用于防治日本分体吸虫病,也用于绦虫病和囊尾蚴病。

【用法与用量】内服,一次量,每千克体重,牛、羊、猪 10～35 mg,犬、猫 2.5～5 mg,禽 10～20 mg。

2. 硝硫氰醚

【作用与应用】广谱驱虫药,主要用于治疗血吸虫、肝片吸虫病、弓首蛔虫病、姜片吸虫病、绦虫病等。

【用法与用量】内服,一次量,每千克体重,牛 30～40 mg,猪 15～20 mg,犬、猫 50 mg,禽 50～70 mg,用 1 次。牛第三胃注射,一次量,每千克体重 15～20 mg。

二、抗原虫药的应用

(一) 抗球虫药

在畜禽球虫病中,以鸡、兔的球虫病危害最大。目前常用的抗球虫药大体分为两类:一是聚醚类离子载体抗生素,另一类是化学合成的抗球虫药。

1. 聚醚类离子载体抗生素

此类药物能使钠、钾离子在虫体内的量增加,渗透压提高,导致死亡。此类药物对子孢子和第一代裂殖生殖阶段的初期虫体具有杀灭作用,对裂殖生殖后期和配子生殖阶段虫体的作用小。

(1)马杜霉素(马杜米星)

【作用与应用】抗球虫谱广,对鸡的 6 种艾美耳球虫都有效。主要用于预防鸡球虫病。

【用法与用量】混饲,每千克饲料,鸡 5 mg。

(2)莫能霉素(莫能菌素、瘤胃素)

【作用与应用】抗球虫谱广,对鸡的 6 种艾美耳球虫都有效。主要用于预防鸡、兔球虫病。

【用法与用量】混饲,每千克饲料,鸡 90 ~ 110 mg,兔 20 ~ 40 mg。

(3)盐霉素

【作用与应用】能杀灭多种鸡球虫,但对巨型艾美耳球虫和布氏艾美耳球虫作用弱。主要用于预防鸡球虫病。

【用法与用量】混饲,每千克饲料,鸡 60 mg。

(4)拉沙菌素(拉沙洛西)

【作用与应用】二价离子载体类抗生素,与其他离子载体类抗生素无交叉耐药性。能杀灭柔嫩艾美耳球虫等多种鸡球虫,但对毒害艾美耳球虫和堆型艾美耳球虫作用弱。主要用于预防鸡球虫病。

【用法与用量】混饲,每千克饲料,鸡 75 ~ 125 mg。

2. 化学合成的抗球虫药

(1)二硝托胺(球痢灵)

【作用与应用】本品作用于第 1 代和第 2 代裂殖体。对多种球虫有抑制作用,对堆型艾美耳球虫效果差。主要用于预防和治疗畜禽球虫病。

【用法与用量】混饲,每千克饲料,预防用 125 mg,治疗用 250 mg。

(2)氨丙林

【作用与应用】本品作用于第一代裂殖体,对子孢子和配子生殖阶段虫体也有一定的抑制作用。对鸡各种球虫有效,对柔嫩艾美耳球虫、堆型艾美耳球虫效果最好,对毒害艾美耳球虫、布氏艾美耳球虫和巨型艾美耳球虫作用稍弱,最好联合用药。主要用于治疗鸡球虫病。

【用法与用量】混饲,每千克饲料,治疗用 250 mg,连用 3 ~ 5 d。

(3)氯羟吡啶

【作用与应用】本品对鸡各种球虫有效,对柔嫩艾美耳球虫效果最好。作用于子孢子,能抑制子孢子在肠上皮细胞发育达 60 d。主要用于预防鸡、兔球虫病。

【用法与用量】混饲预防,每千克饲料,鸡 125 mg,兔 200 mg。

(4)地克珠利

【作用与应用】均三嗪类广谱抗球虫药,对鸡各种球虫有效,主要作用于子孢子和第一代裂殖体。用于预防和治疗畜禽各种球虫病。

【用法与用量】混饲,每千克饲料,兔、禽 1 mg;混饮,禽 0.000 05% ~ 0.000 1%。

（5）托曲珠利

【作用与应用】广谱抗球虫药，对鸡各种球虫有效，作用于球虫在机体内的各个发育阶段。用于预防和治疗鸡各种球虫病。

【用法与用量】混饲，每千克饲料，禽 50 mg；混饮，禽 0.002 5%。

（6）磺胺喹噁啉（SQ）

【作用与应用】对鸡各种球虫有效，主要作用于第二代裂殖体。与氨丙林或 TMP 有协同作用，主要用于治疗鸡各种球虫病。

【用法与用量】磺胺喹噁啉钠可溶性粉，混饮治疗，鸡 0.03% ~ 0.05%，连用 3 d。

（7）磺胺氯吡嗪

【作用与应用】对各种球虫有效，主要作用于第二代裂殖体。主要用于治疗鸡、兔球虫病。

【用法与用量】混饮治疗，鸡 0.03% ~ 0.05%，连用 3 d；内服治疗，每千克体重，兔 5 mg，1 次/d，连用 10 d。

（8）常山酮（卤夫酮）

【作用与应用】广谱抗球虫药，对各种球虫有效，作用于第一代和第二代裂殖体。主要用于预防和治疗鸡、兔球虫病。

【用法与用量】混饲，每千克饲料，预防 3 mg，治疗 6 mg。

（二）抗梨形虫药（抗焦虫药）

1. 三氮脒（贝尼尔、血虫净）

【作用与应用】对锥虫、梨形虫、附红细胞体均有效。主要用于治疗家畜巴贝斯虫病、泰勒虫病、伊氏锥虫病、附红细胞体病等。

【用法与用量】肌内注射，一次量，每千克体重，马 3 ~ 4 mg，牛、羊、猪 3 ~ 5 mg，犬 3.5 mg，1 次/d，连用 3 d。

2. 双脒苯脲

【作用与应用】新型防治梨形虫的药物，对家畜巴贝斯虫病和泰勒虫病均有预防和治疗作用。

【用法与用量】肌内注射，一次量，每千克体重，马 2.2 ~ 5 mg，牛、羊 1 ~ 2 mg，犬 6 mg，14 d 后再用 1 次。

（三）抗锥虫药

1. 萘磺苯酰脲（那加诺、苏拉明）

【作用与应用】对马、牛、骆驼的伊氏锥虫有效，对马媾疫锥虫效果差。

【用法与用量】静脉、皮下、肌内注射，一次量，每千克体重，马 10 ~ 15 mg，牛 15 ~ 20 mg，骆驼 8.5 ~ 17 mg，7 d 后再用 1 次。

2. 安锥赛（喹嘧胺）

【作用与应用】抗锥虫谱广，对伊氏锥虫和马媾疫锥虫最有效。主要用于治疗马媾疫，马、牛、骆驼的伊氏锥虫病。

【用法与用量】皮下、肌内注射，一次量，每千克体重，马、牛、骆驼 4 ~ 5 mg。

三、杀虫药的应用

杀虫药指对体外寄生虫具有杀灭作用的药物。

（一）有机磷类

作为体外抗虫药，有机磷类杀虫药具有杀虫谱广、残效期短、作用强的特点。有触毒、胃毒、内吸毒作用。但安全范围小，尤其是对禽类。

1. 二嗪农

【作用与应用】新型有机磷杀虫、杀螨剂，有触毒、胃毒，无内吸毒作用。外用效果佳，可杀虱、螨、蜱。

【用法与用量】药浴，羊 0.025%，牛 0.062 5%；淋浴，牛、羊 0.06%，猪 0.025%。

2. 倍硫磷

【作用与应用】本品是一种速效、高效、低毒、广谱的杀虫药。是防治牛皮蝇蛆的首选药物。

【用法与用量】0.25% 溶液喷淋。

（二）拟菊酯类

拟菊酯类杀虫药具有杀虫谱广、高效、降解快、残毒低、无污染等优点，对各种昆虫及外寄生虫均有杀灭作用。

1. 溴氰菊酯（敌杀死）

【作用与应用】本品对虫体有触毒、胃毒，无内吸毒作用。外用可杀虱、螨、蜱和厩舍内蚊蝇。

【用法与用量】药浴，0.001 5%；喷淋，0.003%。

2. 氰戊菊酯

【作用与应用】用于驱杀虱、螨、蜱、虻等畜禽体表寄生虫和厩舍内蚊、蝇等。

【用法与用量】药浴，0.002%；喷淋，0.005%。

（三）其他类

双甲脒①

【作用与应用】为广谱杀虫药，杀虫作用慢，兼有胃毒和内吸作用。用于杀灭蜱、螨、虱、蝇等畜禽外寄生虫。

【用法与用量】药浴、喷淋、涂擦，0.025% ~ 0.05%。

任务实施

畜禽驱虫

（一）材料准备

动物（猪、羊）、驱虫药（丙硫咪唑、伊维菌素、胺菊酯乳油）、给药用具、称重用具、粪便检查用

---

① 水生食品动物禁用。

具、工作服、手套、胶靴、各种记录表格等。

（二）人员组织

将学生分组，每组 5~10 人，轮流担任组长，负责本组操作分工。

（三）操作步骤

1. 给药驱虫

驱虫前检查并记录动物的临诊症状，感染情况。根据动物种类和寄生虫种类不同，选择并确定驱虫药的种类及用量。

（1）口服丙硫咪唑驱蛔虫　禁饲一段时间后，将一定量的驱虫药，拌入饲料中投服；或者禁饮一段时间后，将面粉加入少量水中溶解，再加药粉搅拌溶解，最后加足水，将驱虫药制成混悬液让猪自由饮用。投药后 3~5 d 内，粪便集中消毒处理。

（2）注射伊维菌素驱蛔虫　伊维菌素经皮下注射可以达到驱线虫、外寄生虫的作用。在猪、羊颈侧剪毛消毒后，按剂量皮下注入。

（3）涂擦胺菊酯乳油驱除螨　用胺菊酯乳油涂擦羊的体表，适用于畜禽体表寄生虫的驱虫。

（4）胺菊酯乳油药浴驱除体表寄生虫　主要适用于羊体表寄生虫的驱治。羊群剪毛后，选择晴朗无风的中午，羊群充足饮水后，配制好 0.05% 的胺菊酯药液，利用药浴池浸泡 2~3 min 或喷淋 4~6 min，注意全身都要浸泡。

2. 驱虫效果评价

（1）通过对比驱虫前后的发病率与死亡率、营养状况、临诊表现、生产能力等进行效果评定。

（2）通过计算虫卵减少率、虫卵转阴率及驱虫率进行评定。

虫卵减少率：为动物服药后粪便内某种虫卵数与服药前的虫卵数相比所下降的百分率。

$$虫卵减少率 = \frac{投药前 1g 粪便中某种蠕虫虫卵数 - 投药后 1g 粪便中该种蠕虫虫卵数}{投药前 1g 粪便中某种蠕虫虫卵数} \times 100\%$$

虫卵转阴率：为投药后动物的某种蠕虫感染率比投药前感染率下降的百分率。

$$虫卵转阴率 = \frac{投药前某种蠕虫感染率 - 投药后该种蠕虫感染率}{投药前某种蠕虫感染率} \times 100\%$$

为获得准确驱虫效果，粪便检查时所有器具、粪便数量以及操作方法要完全一致；根据药物作用时效，在驱虫 10~15 d 后进行粪便检查；驱虫前后粪便检查各进行 3 次，取其平均数。

粗计驱虫率（驱净率）：是投药后驱净某种蠕虫的头数与驱虫前感染头数相比的百分率。

$$粗计驱虫率 = \frac{投药前动物感染数 - 投药后动物感染数}{投药前动物感染数} \times 100\%$$

精计驱虫率（驱虫率）：是实验动物投药后驱除某种蠕虫平均数与对照动物体内平均虫数相比的百分率。

$$精计驱虫率 = \frac{对照动物体内平均虫数 - 实验动物体内平均虫数}{对照动物体内平均虫数} \times 100\%$$

（四）注意事项

（1）任务实施前熟悉临床常用驱虫药的使用方法和适用范围。

（2）在驱虫后要及时清理掉排泄物，将其深埋或者烧毁处理，避免存在寄生虫或病菌。

任务反思

1. 用于防治猪蛔虫病的药物有哪些?
2. 用于防治鸡球虫病的药物有哪些?

任务 4.3 消毒药的应用

任务目标

知识目标:1. 掌握常用消毒药的种类。
          2. 掌握影响消毒药作用的因素。
技能目标:会配制常用的消毒药。

任务准备

用于杀灭物品或环境中病原体的化学药物,称为消毒药。常用的消毒药种类很多,各类消毒药的理化性质不同、作用机理不同,使用方法也不同。

一、常用的消毒药

根据消毒药结构的不同,常用消毒液可分为以下九类。

(一) 碱类消毒药

(1) 氢氧化钠(苛性钠、火碱) 对细菌的繁殖体、芽孢、病毒及寄生虫虫卵等都有很强的杀灭作用,由于腐蚀性强,主要用于外部环境、动物舍地面的消毒。常用浓度为 2%,杀灭芽孢浓度为 5% ~ 10%。

(2) 石灰乳 石灰乳对一般病原体具有杀灭作用,但对芽孢和结核杆菌无效。10% ~ 20% 的石灰乳主要用于圈舍墙壁、地面、粪渠、污水沟和外部环境消毒;也可用 1 kg 生石灰加 350 mL 水制成粉末,撒布在阴湿地面、粪池周围及污水沟等处进行消毒。由于石灰乳可吸收空气中二氧化碳生成碳酸钙,在使用石灰乳时,应现用现配,以免失效浪费。

(二) 酸类消毒药

此类消毒药应用较少。

(1) 硼酸 0.3% ~ 0.5% 的硼酸用于黏膜消毒。

(2) 乳酸 20% 的乳酸溶液在密闭室内加热蒸发 30 ~ 90 min,用于空气消毒。

(3) 醋酸 醋酸与等量的水混合,按 5 ~ 10 mL/m³ 的用量加热蒸发,用于空气消毒;冲洗口腔时常用浓度是 2% ~ 3%。

(三) 醇类消毒药

乙醇(又称酒精)是应用最广泛的皮肤消毒药,常用浓度为 75%。乙醇可杀灭一般的病原体,但不能杀死芽孢,对某些病毒效果差。

(四) 酚类消毒药

(1) 石炭酸(苯酚) 可杀灭细菌繁殖体,但对芽孢无效,对病毒效果差。主要用于环境地面、排泄物消毒,常用浓度为 2% ~5% 。本品有特殊臭味,不适于肉、蛋的运输车辆及贮藏肉蛋的仓库消毒。

(2) 来苏尔(煤酚皂液、甲酚皂液) 比苯酚抗菌作用强,能杀灭细菌的繁殖体,但对芽孢的作用差。主要用于外部环境、排泄物消毒,常用浓度为 3% ~5% ;若用于皮肤消毒,则浓度为 2% ~3% 。由于本品有臭味,不能用于肉品、蛋品的消毒。

(3) 复合酚(又名农乐,含酚 41% ~49% 、含醋酸 22% ~26%) 抗菌谱广,能杀灭细菌、霉菌和病毒,对多种寄生虫卵亦有杀灭作用。主要用于外部环境、排泄物、动物圈舍以及笼具等用品的消毒,常用浓度为 0.5% ~1% ;若用于熏蒸消毒,则用量为 2 g/m³ 。

(五) 氧化剂类消毒药

(1) 过氧乙酸(过醋酸) 对绝大多数病原体和芽孢均有杀灭作用。可用于环境、用品、空气及动物舍带动物消毒。动物舍带动物喷雾消毒时的常用浓度为 0.2% ~0.3% ,用量为 20 ~30 mL/m³ ;耐酸塑料、玻璃、搪瓷制品消毒时的常用浓度为 0.2% ;环境地面消毒时的常用浓度为 0.5% ;用品浸泡消毒时的常用浓度为 0.2% ;密闭的实验室、无菌室、仓库加热熏蒸消毒时的常用浓度为 15% ,用量为 7 mL/m³ 。

过氧乙酸性质不稳定,需低温避光保存,要求现用现配。

(2) 高锰酸钾 用于物品消毒时,常用浓度为 0.1% ;用于皮肤消毒时,常用浓度为 0.1% ;用于黏膜消毒时,常用浓度为 0.01% ;杀芽孢浓度为 2% ~3% 。

(3) 过氧化氢(双氧水) 过氧化氢在接触伤口创面时,分解迅速,产生大量初生态氧,形成大量气泡,可将创腔中的脓液和坏死组织排出。主要用于清洗化脓创伤,常用浓度为 1% ~3% ,有时也用 0.3% ~1% 的双氧水冲洗口腔黏膜。

(六) 卤素类消毒药

(1) 漂白粉 主要成分为次氯酸钙,有效氯含量一般为 25% ~32% ,但有效氯易散失,本品应密闭保存。漂白粉遇水产生次氯酸,次氯酸不稳定,易离解产生氧原子和氯原子,对各类病原体均有杀灭作用。可用于环境地面、排泄物、物品的消毒,常用浓度为 5% ;将干粉剂与粪便以 1∶5 的比例均匀混合,可进行粪便消毒;杀灭芽孢浓度为 10% ~20% 。

次氯酸钙在酸性环境中杀灭力强,在碱性环境中杀灭力弱。

(2) 84 消毒液 主要成分为次氯酸钠,有效氯含量为 5.5% ~6.5% ,可杀灭各类病原体。用于用具、白色衣物、污染物的消毒时,常用浓度为 0.3% ~0.5% ;用于入孵种蛋消毒时,常用浓度为 0.000 2% ;舍内带动物气雾消毒时的常用浓度为 0.3% ,用量为 50 mL/m³ 。

(3) 氯胺-T 含有效氯 24% ~25% ,性质较稳定,易溶于水且刺激性小。杀菌谱广,对各类病原体都有杀灭作用,用于饮水消毒时浓度为 0.000 4% ;用于物品消毒时浓度为 0.5% ~1% ;用于环境地面、排泄物消毒时浓度为 3% ~5% 。

(4) 二氯异氰尿酸钠(优氯净、消毒灵) 本品遇水产生次氯酸,对各类病原体均有杀灭作用。用于饮水消毒时浓度为 0.000 4% ;用于物品浸泡消毒时浓度为 0.5% ~1% ;用于圈舍带动物气雾消毒时的常用浓度为 0.5%，用量为 30 mL/m³；用于环境地面、排泄物消毒时浓度为 3%～5%；杀灭芽孢浓度为 5%～10%。

（5）二氧化氯（超氯、消毒王）　本品具有安全、高效、杀菌谱广的特点。适用于畜禽舍、空气、器具、饮水和带畜禽消毒。用于饮水消毒时浓度为 0.000 1%～0.000 2%；用于圈舍带动物气雾消毒时的常用浓度为 0.005%，用量为 30 mL/m³；用于环境、物品、圈舍地面消毒时浓度为 0.025%～0.05%。

（6）碘酊　用于皮肤消毒，常用浓度为含碘 2%～5%。

（7）碘甘油　用于黏膜消毒，常用浓度为含碘 1%。

（8）碘伏　是碘与表面活性剂的不定型络合物，主要剂型为聚乙烯吡咯烷酮碘和聚乙烯醇碘等，比碘杀菌作用强。用于皮肤消毒时，浓度为 0.5%；用于饮水消毒时，浓度为 0.001 2%～0.002 5%；用于物品浸泡消毒时，浓度为 0.05%。

（七）表面活性剂

（1）苯扎溴铵（新洁尔灭）　单链季铵盐类阳离子表面活性消毒药，不能与阴离子表面活性剂（肥皂、合成类洗涤剂）合用。本品对化脓菌、肠道菌及部分病毒有较好的杀灭作用，对芽孢作用差。用于黏膜、创面消毒时，浓度为 0.01%；用于手浸泡消毒时，浓度为 0.05%～0.1%；用于种蛋的浸泡消毒时，浓度为 0.1%。

（2）癸甲溴铵（百毒杀）　为双链季铵盐类表面活性剂。本品对细菌有强大杀灭作用，但对病毒的杀灭作用弱。0.002 5%～0.005% 溶液用于饮水消毒和预防水塔、水管、饮水器污染；0.015% 溶液可用于舍内、环境喷洒或设备器具浸泡消毒。

（八）挥发性烷化剂

（1）环氧乙烷　本品有毒、易爆炸，主要用于皮毛、皮革的熏蒸消毒，按 0.4～0.8 kg/m³ 用量，维持 12～48 h，环境相对湿度在 30% 以上。

（2）福尔马林　为 36%～40% 甲醛水溶液，具有很强的消毒作用，对一般病原体及芽孢均具有杀灭作用，广泛用于防腐消毒。用于喷洒地面、墙壁时，常用浓度为 2%～4%；与高锰酸钾混合用于畜禽舍熏蒸消毒时，混合比例是 14 mL/m³ 福尔马林加入 7 g/m³ 高锰酸钾，如污染严重可加倍用量。本品对皮肤、黏膜刺激强烈，可引起支气管炎，甚至窒息，使用时要注意人畜安全。

（3）聚甲醛　为甲醛的聚合物，具有甲醛特有臭味的白色松散粉末，常温下可缓慢解聚释放甲醛，加热至 80～100 ℃ 时迅速产生大量的甲醛气体，呈现强大的杀菌作用。主要用于畜禽舍、孵化室、出雏室、出雏器等熏蒸消毒，用量为 3～5 g/m³，消毒时室温应在 18 ℃ 以上，湿度在 80%～90% 之间。

（九）染料类

此类消毒药刺激性小，一般治疗浓度对组织无损害。分为碱性染料和酸性染料，碱性染料对革兰阳性细菌有选择作用，在碱性环境中杀菌力强；酸性染料对革兰阴性细菌有特殊亲和力，在酸性环境中抗菌效果好。一般来说碱性染料比酸性染料抗菌作用强。

（1）甲紫（龙胆紫、结晶紫）　是碱性染料，对革兰阳性细菌杀灭力较强。用于皮肤或黏膜创面消毒时，浓度为 1%～2%；用于烧伤时，浓度为 0.1%～1%。

（2）乳酸依沙吖啶（利凡诺、雷佛奴尔）　碱性染料，对革兰阳性细菌及少数革兰阴性细菌有较强的杀灭作用,对球菌尤其是链球菌的抗菌作用较强。用于各种创伤、渗出、糜烂的感染性皮肤病及伤口冲洗,浓度为0.1%~0.2%。

二、影响消毒药作用的因素

消毒药的抗菌作用不仅取决于药物的理化性质,还受许多相关因素的影响。

(1) 消毒药的浓度　一般说来,消毒药的浓度和消毒效果成正比。也有的当浓度达到一定程度后,消毒药的效力就不再增高,如75%的乙醇杀菌效果要比95%的乙醇好。因此,使用消毒剂时应选择有效和安全的杀菌浓度。

(2) 消毒药的作用时间　一般情况下,消毒药的效力与作用时间成正比,与病原体接触并作用的时间越长,其消毒效果就越好。

(3) 病原体对消毒药的敏感性　不同的病原体和处于不同状态的同一种病原体,对同一种消毒药的敏感性不同。如病毒对碱类消毒药很敏感,对酚类消毒药有抵抗力;适当浓度的酚类消毒药对繁殖型细菌消毒效力强,对芽孢消毒效力弱。

(4) 温度、湿度　消毒药的杀菌力与环境温度成正相关,温度增高,杀菌力增强;湿度对甲醛熏蒸消毒作用有明显的影响。

(5) 酸碱度　环境或组织的pH对有些消毒药的作用影响较大。如新洁尔灭、洗必泰(氯己定)等阳离子消毒药,在碱性环境中消毒作用强;石炭酸、来苏尔等阴离子消毒药在酸性环境中的消毒效果好;含氯消毒药在pH 5~6时,杀菌活性最强。

(6) 消毒物品表面的有机物　消毒物品表面的有机物与消毒药结合形成不溶性化合物,或者将其吸附、发生化学反应或对微生物起机械性保护作用。因此消毒药物使用前,对消毒场所先进行充分的机械性清扫,对消毒物品先清除表面的有机物,对需要处理的创伤先清除脓汁。

(7) 水质硬度　硬水中的Ca^{2+}和Mg^{2+}能与季铵盐类消毒药、碘伏等结合成不溶性盐,从而降低消毒效力。

(8) 消毒药间的拮抗作用　有些消毒药由于理化性质不同,两种消毒药合用时,可能产生拮抗作用,使消毒药药效降低。如阴离子清洁剂肥皂与阳离子清洁剂苯扎溴铵共用时,可发生化学反应而使消毒效果减弱,甚至完全消失。

 任务实施

常用消毒药的配制

(一) 材料准备

氢氧化钠、30%来苏尔、40%甲醛溶液、量筒、天平或台秤、盆、桶、缸、搅拌棒、橡皮手套等。

(二) 人员组织

将学生分组,每组5~10人,轮流担任组长,负责本组操作分工。

(三) 操作步骤

(1) 根据需要配制消毒液浓度及用量,正确计算所需溶质、溶剂的用量。

可按下式计算：$N_1V_1 = N_2V_2$

式中，N_1 为原药液浓度，V_1 为原药液容量，N_2 为需配制药液的浓度，V_2 为需配制药液的容量。

（2）用天平或台秤称量固态消毒剂，用量筒量取液态消毒剂。

（3）称量后，先将消毒剂溶解在少量水中，使其充分溶解后再与足量的水混匀。

5% 来苏尔溶液的配制：用量筒量取 30% 来苏尔 1 份，再量取清水 5 份，混合均匀即可。

10% 福尔马林溶液的配制：用量筒量取 40% 甲醛溶液 1 份，再量取清水 9 份，混合均匀即可。

2% 氢氧化钠溶液的配制：用量筒量取清水 100 mL，再用天平称取氢氧化钠 2 g，混合均匀，完全溶解即可。

（四）注意事项

（1）所需药品应准确称量。

（2）配制浓度应符合消毒要求，不得随意加大或减少。

（3）消毒液最好现用现配。

任务反思

1. 查阅资料，抗击 COVID-19 疫情中，家庭、社区用过哪些消毒药？

2. 影响消毒药作用的因素有哪些？

项 目 小 结

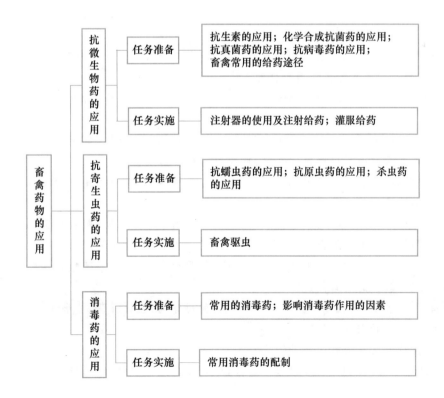

项目测试

一、名词解释

抗微生物药　抗生素　耐药性　抗寄生虫药　消毒药

二、单项选择题

1. 用于耐青霉素的金黄色葡萄球菌感染最有效的药物是（　　）。
A. 磺胺嘧啶　　　　　B. 克霉唑　　　　　C. 土霉素　　　　　D. 邻氯青霉素

2. DVD（二甲氧苄胺嘧啶）与磺胺脒合用，药效有（　　）。
A. 相加作用　　　　　B. 拮抗作用　　　　C. 无关作用　　　　D. 协同作用

3. 治疗铜绿假单胞菌感染，有效的药物是（　　）。
A. 庆大霉素　　　　　B. 青霉素 G 钾　　　C. 四环素　　　　　D. 氨苄青霉素

4. 治疗脑部细菌感染，有效的药物是（　　）。
A. 青霉素　　　　　　B. 磺胺嘧啶　　　　C. 卡那霉素　　　　D. 沃尼妙林

5. 磺胺类的抗菌原理是（　　）。
A. 抑制细菌二氢叶酸合成酶活性　　　B. 抑制细菌细胞壁的合成
C. 损伤细菌胞浆膜　　　　　　　　　D. 抑制细菌呼吸功能

6. 下列药物属于动物专用的是（　　）。
A. 磺胺嘧啶　　　　　B. 恩诺沙星　　　　C. 氨苄西林　　　　D. 青霉素

7. 治疗猪痢疾首选的药物是（　　）。
A. 头孢拉定　　　　　B. 替米考星　　　　C. 痢菌净　　　　　D. 磺胺药

8. 下列药物对革兰阴性菌作用较强的是（　　）。
A. 甲硝唑　　　　　　B. 阿米卡星　　　　C. TMP　　　　　　D. 青霉素

9. 下列药物中，对球虫和细菌均有效的是（　　）。
A. 磺胺氯吡嗪钠　　　B. 氨丙啉　　　　　C. 甲氧喹脂　　　　D. 酮康唑

10. 动物青霉素过敏反应严重休克时，可选用的解救药是（　　）。
A. 氨甲酰胆碱　　　　B. 阿托品　　　　　C. 肾上腺素　　　　D. 新斯的明

11. 可用于治疗动物支原体病的药物是（　　）。
A. 阿莫西林　　　　　B. SMM　　　　　　C. 头孢菌素　　　　D. 阿奇霉素

12. 对大肠杆菌最敏感的药物是（　　）。
A. 青霉素　　　　　　B. 红霉素　　　　　C. 阿莫西林　　　　D. 苯唑青霉素

13. 对磺胺药敏感的病原体是（　　）。
A. 炭疽杆菌、真菌、球虫　　　　　　B. 葡萄球菌、巴氏杆菌、弓形体
C. 炭疽杆菌、巴氏杆菌、病毒

14. 治疗猪弓形虫病的首选药是（　　）。
A. 青霉素　　　　　　B. 诺氟沙星　　　　C. 磺胺药　　　　　D. 阿莫西林

15. 火碱用于环境消毒时,常用的消毒浓度为(　　　)。

A. 0.1% ~ 0.5%　　　B. 0.1%　　　　　C. 0.5%　　　　　D. 2% ~ 4%

16. 复合酚用于排泄物、动物圈舍以及笼具等用品的消毒,常用浓度为(　　　)。

A. 0.1%　　　　　　B. 1%　　　　　　C. 5%　　　　　　D. 10%

17. 过氧乙酸用于动物舍带动物喷雾消毒时的常用浓度为(　　　)。

A. 0.1%　　　　　　B. 0.3%　　　　　C. 1%　　　　　　D. 5%

18. 高锰酸钾用于物品消毒时的常用浓度为(　　　)。

A. 0.1%　　　　　　B. 0.2%　　　　　C. 1%　　　　　　D. 5%

19. 氯胺-T 用于饮水消毒时的常用浓度为(　　　)。

A. 0.1%　　　　　　B. 0.01%　　　　C. 0.000 4%　　　D. 0.000 1%

20. 二氯异氰尿酸钠用于饮水消毒时的常用浓度为(　　　)。

A. 0.1%　　　　　　B. 0.01%　　　　C. 0.000 4%　　　D. 0.000 1%

三、判断题(正确的打√,错误的打×)

1. 氢氧化钠用于杀灭炭疽芽孢时的浓度为 3%。(　　　)

2. 给鸡内服磺胺药时,同时使用 $NaHCO_3$ 的目的是增强抗菌作用。(　　　)

3. 莫能霉素具有抗球虫作用。(　　　)

4. 使用苯扎溴铵(新洁尔灭)溶液浸泡器械消毒时,时间应不少于 30 min。(　　　)

5. 青霉素类抗生素的抗菌谱广,对革兰阳性菌、革兰阴性菌、螺旋体、支原体等敏感。(　　　)

四、简答题

1. 主要作用于革兰阳性菌的抗生素有哪些?

2. 主要作用于革兰阴性菌的抗生素有哪些?

3. 说出 5 种抗蠕虫药和抗原虫药。

4. 说出 8 种消毒药的名称和用途。

五、综合分析题

畜禽养殖过程中,消毒是净化环境、防控疫病的一项措施。请分析说明影响消毒药作用效果的因素,并提出提高消毒效果的措施。

项目 5

畜禽疫情调查

项目导入

2018年8月，我国出现非洲猪瘟疫情，农业农村部立即启动重大突发动物疫情一级响应，对发生非洲猪瘟地区进行动物疫情调查。动物疫情调查资料显示，非洲猪瘟在国内传播的方式主要有三种，即生猪及其产品跨区域调运、餐厨剩余物喂猪、人员与车辆带毒传播。

针对以上疫情报告，有关专家提出非洲猪瘟防控措施"五要四不要"。"五要"：一要减少场外人员和车辆进入猪场；二要对人员和车辆入场前彻底消毒；三要对猪群实施全进全出饲养管理；四要对新引进生猪实施隔离；五要按规定申报检疫。"四不要"：一不要使用餐馆、食堂的泔水或餐厨剩余物喂猪；二不要散放饲养，避免家猪与野猪接触；三不要从疫区调运生猪；四不要对出现的可疑病例隐瞒不报。

通过以上资料，可以看出我国对畜禽防控工作组织得严密细致。其中，畜禽疫情调查是制订防控措施的重要保证。本项目将学习如何科学有效地进行畜禽疫情调查。

本项目的学习内容为：（1）畜禽疫病发生的调查；（2）畜禽疫病流行过程的调查。

任务 5.1　畜禽疫病发生的调查

知识目标：1. 掌握感染的类型。

　　　　　2. 掌握动物疫病发生的条件。

　　　　　3. 掌握动物疫病发生的四个发展阶段。

技能目标：会进行畜禽疫病发生的调查。

动物机体在整个生命活动中，会受到来自体内外各种病原体的侵袭。病原体感染动物机体

后,可引起机体不同程度的损伤,机体内部与外界的相对平衡稳定状态遭受破坏,机体处于异常的生命活动中,其机能、代谢甚至组织结构多会发生改变,从而出现一系列异常的症状,导致动物疫病的发生。

一、感染

(一)感染的概念

病原体侵入动物机体或动物体内的条件性病原体,在机体一定的部位定居、生长繁殖,引起动物机体产生病理反应的过程,称为感染。病原体对动物的感染不仅取决于其本身的特性,而且与动物的易感性、免疫状态以及环境因素有关。

当病原体具有相当的毒力和数量,且动物机体的抵抗力又相对较弱时,动物机体就会表现出一定的临床症状;如果病原体毒力较弱或数量较少,且动物机体的抵抗力较强时,病原体可能在动物体内存活,但不能大量繁殖,动物机体也不表现明显病状。当动物机体抵抗力较强时,机体内并不适合病原体生长,一旦病原体进入动物体内,机体就能迅速动员自身的防御力量将病原体杀死,从而保持机体功能的正常稳定。

(二)感染的类型

病原体与动物机体抵抗力之间的关系错综复杂,影响因素较多,造成了感染过程的表现形式多样化,从不同角度可分为不同的类型。

1. 外源性感染和内源性感染

病原体从外界侵入动物机体引起的感染过程,称为外源性感染,大多数疫病都是此类。如果病原体是寄居在动物体内的条件性病原体,由于动物机体抵抗力的降低,而引起的感染,称为内源性感染。

2. 单纯感染和混合感染、原发感染和继发感染

由单一病原体引起的感染,称为单纯感染;由两种以上的病原体同时参与的感染称为混合感染。动物感染了一种病原体后,随着动物抵抗力下降,又有新的病原体侵入或原先寄居在动物体内的条件性病原体引起的感染,称为继发感染;最先侵入动物体内引起的感染,称为原发感染。如鸡感染了支原体后,再感染大肠杆菌,那么感染支原体是原发感染,感染大肠杆菌是继发感染。

继发感染概述

3. 显性感染和隐性感染

一般按患病动物症状是否明显可分为显性感染和隐性感染。动物感染病原体后表现出明显的临床症状称为显性感染;症状不明显或不表现任何症状称为隐性感染。隐性感染的动物一般难以发现,多是通过病原体检查或血清学方法查出,因此在临床上这类动物更具危险性。

显性感染概述

4. 良性感染和恶性感染

一般以患病动物的致死率作为标准。致死率高的称为恶性感染,致死率低的则为良性感染。如狂犬病为恶性感染,猪气喘病多为良性感染。

5. 最急性、急性、亚急性和慢性感染

病程较短,一般在 24 h 内,常把没有典型症状和病变的感染称为最急性感染,常见于传染病流行的初期。急性感染的病程一般在几天到两周不等,常伴有明显的症状,这有利于临床诊断。亚急性感染的动物临床症状一般相对缓和,也可由急性发展而来,病程一般在两周到一个月不等。慢性感染病程长,在一个月以上,如布鲁菌病、结核病。

6. 典型感染和非典型感染

在感染过程中表现出该病的特征性临床症状,称为典型感染。而非典型感染则表现或轻或重,与特征性临床症状不同。

7. 局部感染和全身感染

病原体侵入动物机体后,能向全身多部位扩散或其代谢产物被吸收,从而引起全身性症状,称为全身感染,其表现形式有:菌(病毒)血症、毒血症、败血症和脓毒败血症等。如果侵入动物体内的病原体毒力较弱或数量不多,病原体常被限制在一定的部位生长繁殖,并引起局部病变的感染,称为局部感染,如葡萄球菌、链球菌引起的化脓创。

8. 病毒的持续性感染和慢病毒感染

有些病毒可以长期存活于动物机体内,感染的动物有的持续有症状,有的间断出现症状,有的不出现症状,这称为病毒的持续性感染。疱疹病毒、副黏病毒和反转录病毒科病毒,常诱发持续性感染。

慢病毒感染是指某些病毒或类病毒感染后呈慢性经过,潜伏期长达几年至数十年,临床上早期多没有症状,后期出现症状后多以死亡结束,如牛海绵状脑病。

以上感染的各种类型都是人为划分的,因此都是相对的,它们之间往往会出现交叉、重叠和相互转化。

二、动物疫病

(一)动物疫病的概念

动物疫病主要是指生物性病原引起的动物群发性疾病,包括动物传染病、寄生虫病。动物传染病是由致病微生物引起的具有传播性的动物疾病,动物寄生虫病是由动物性寄生物(统称寄生虫)引起的疾病。

动物机体在整个生命活动中,会受到来自体内外各种致病因素的作用,尤其是各种病原体的侵袭。由于病原体个体小、繁殖快、在自然界分布广,对动物健康构成的威胁最大。病原体感染动物机体后,可引起机体不同程度的损伤,机体内部与外界的相对平衡稳定状态遭受破坏,机体处于异常的生命活动中,其代谢、机能甚至组织结构多会发生改变,从而在临诊上出现一系列异常的症状。

(二)动物疫病的特征

动物疫病虽然因病原体的不同以及动物的差异,在临床上表现各种各样,但同时也具有一些共性,主要有以下五点:

(1)由病原体作用于机体引起 动物疫病都是由病原体引起的,如狂犬病由狂犬病病毒引起,猪瘟由猪瘟病毒引起,鸡球虫病由艾美耳球虫引起。

(2)具有传染性和流行性 从患病动物体内排出的病原体,侵入其他动物体内,引起其他动物感染,这就是传染性。传染性是动物疫病固有的重要特征,也是区别于非传染性疾病的主要指标。如果个别动物的发病造成了群体性的发病,这就是流行性。

（3）感染的动物机体发生特异性免疫反应　几乎所有的病原体都具有抗原性,当病原体侵入动物体内一般会激发动物体的特异性免疫应答。

（4）耐过动物能获得特异性免疫　当患某种疫病的动物耐过后,动物体内会产生一定量的特异性免疫效应物质(如抗体、细胞因子),并能在动物体内存留一定的时间。在这段时间内,这些效应物质可以保护动物机体不受该病原体的侵害。不同疫病耐过保护的时间长短不一,有的几个月,有的几年,也有终身免疫的。

（5）具有特征性的症状和病变　由于一种病原体侵入易感动物体内,侵害的部位相对来说是一致的,所以出现的临床症状也基本相同,显现的病理变化也基本相似。

三、动物疫病发生的条件

动物疫病的发生需要一定的条件,其中病原体是引起疫病发生的首要条件,动物的易感性和环境因素也是疫病发生的必要条件。

1. 病原体的毒力、数量与侵入门户

毒力是病原体致病能力强弱的反映,人们常把病原体分为强毒株、中等毒力株、弱毒株、无毒株等。病原体的毒力不同,与机体相互作用的结果也不同。病原体须有较强的毒力才能突破机体的防御屏障引起传染,导致疫病的发生。

病原体引起感染,除必须有一定毒力外,还必须有足够的数量。一般来说病原体毒力越强,引起感染所需数量就越少;反之需要数量就越多。

具有较强的毒力和足够数量的病原体,还需经适宜的途径侵入易感动物体内,才可引发传染。有些病原体只有经过特定的侵入门户,并在特定部位定居繁殖,才能造成感染。例如,伤寒沙门菌须经口进入机体,破伤风梭菌侵入深部创伤才有可能引起破伤风,日本脑炎病毒由蚊子为媒介叮咬皮肤后经血流传染。但也有些病原体的侵入途径是多种的,例如炭疽杆菌、布鲁菌可以通过皮肤和消化道、生殖道黏膜等多种途径侵入宿主。

2. 易感动物

对病原体具有感受性的动物称为易感动物。动物对病原体的感受性是动物"种"的特性,因此动物的种属特性决定了它对某种病原体的传染具有天然的免疫力或感受性。动物的种类不同对病原体的感受性也不同,如猪是猪瘟病毒的易感动物,而牛、羊则是非易感动物;对炭疽杆菌,人、草食动物易感,而鸡不易感。同种动物对病原体的感受性也有差异,如肉鸡对马立克病毒的易感性大于蛋鸡。

另外,动物的易感性还受年龄、性别、营养状况等因素的影响,其中以年龄因素影响较大。例如,雏鹅易感染小鹅瘟病毒,成鹅感染但不发病,猪霍乱沙门菌容易感染 1～4 月龄的猪。

3. 外界环境因素

外界环境因素包括气候、温度、湿度、地理环境、生物因素(如传播媒介、宿主)、饲养管理及使役情况等,它们对于疫病的发生是不可忽视的条件,是疫病发生相当重要的诱因。环境因素改变时,一方面可以影响病原体的生长、繁殖和传播;另一方面可使动物机体抵抗力、易感性发生变化。如夏季气温高,病原体易于生长繁殖,因此易发生消化道疫病;而寒冷的冬季能降低易感动物呼吸道黏膜抵抗力,易发生呼吸道疫病。另外,在某些特定环境条件下,存在着一些疫病的传

播媒介,影响疫病的发生和传播。如日本脑炎、蓝舌病以昆虫为媒介,故在昆虫繁殖的夏季和秋季容易发生和传播。

四、动物疫病的发展阶段

为了更好地理解动物疫病的发生、发展规律,人们将疫病的发展分为四个阶段,虽然各阶段有一定的划分依据,但有的界限不是非常严格。

动物疫病的
发展阶段

1. 潜伏期

从病原体侵入机体开始繁殖,到动物出现最初症状为止的一段时间称为潜伏期。

不同疫病的潜伏期不同,就是同一种疫病也不一定相同。潜伏期一般与病原体的毒力、数量、侵入途径和动物机体的易感性有关,但一般来说还是相对稳定的,如猪瘟的潜伏期为 2 ~ 20 d,多数为 5 ~ 8 d。总的来说,急性疫病的潜伏期比较一致,慢性疫病的潜伏期差异较大,较难把握。同一种疫病的潜伏期短时,疫病经过往往比较严重;潜伏期长时,则表现较为缓和。动物处于潜伏期时没有临床表现,难以被发现,对健康动物威胁大。因此,了解疫病的潜伏期对于预防和控制疫病有极重要的意义。

2. 前驱期

前驱期是指动物从出现最初症状到出现特征性症状的一段时间。这段时间一般较短,仅表现疾病的一般症状,如食欲下降、发热,此时进行疫病确诊是非常困难的。

3. 明显期

明显期是疫病特征性症状的表现时期,是疫病诊断最容易的时期。这一阶段患病动物排出体外的病原体最多、传染性最强。

4. 转归期

转归期是指明显期进一步发展到动物死亡或恢复健康的一段时间。如果动物机体不能控制或杀灭病原体,则以动物死亡为转归;如果动物机体的抵抗力得到加强,病原体得到有效控制或杀灭,症状就会逐步缓解,病理变化慢慢恢复,生理功能逐步正常。在病愈后一段时间内,动物体内的病原体不一定马上消失,会出现带毒(菌、虫)现象,各种病原体的保留时间不相同。

任务实施

宠物疫病调查

（一）材料准备

当地某宠物医院门诊资料、已确诊的患病宠物、隔离衣、一次性手套、口罩等。

（二）人员组织

将学生分组,每组 5 ~ 10 人,轮流担任组长,负责本组操作分工。

（三）调查步骤

（1）现场检查　观察并记录患病宠物的临床症状,查看实验室检查结果。

（2）查找传染来源　根据发生疫病的潜伏期和发病时间推算感染日期,感染日期确定后,通过询问宠物主人,了解患病宠物在感染日期内到过的地方、活动场所,是否接触过类似的患病宠物以及接触方式。

（3）调查防疫措施　调查患病宠物的免疫情况、饲养管理情况、治疗情况等。

（4）撰写调查报告　根据调查资料,分析该疫病发生的条件、感染类型和疫病的发展阶段。

（四）注意事项

（1）在调查过程中,小组成员要分工协作。

（2）与宠物主人沟通,注意技巧与方法。

任务反思

1. 查阅资料,分析 COVID-19 发生的条件有哪些。

2. 简述动物疫病发展的四个阶段。

任务 5.2　畜禽疫病流行过程的调查

任务目标

知识目标：1. 掌握疫病流行过程的三个基本要素。

　　　　　2. 掌握动物疫病流行病学调查的方法。

　　　　　3. 了解影响流行过程的因素。

技能目标：会进行畜禽养殖场疫情调查。

任务准备

一、疫病流行过程的三个基本要素

动物疫病的流行过程(简称流行)是指疫病在动物群体中发生、发展和终止的过程,也就是从动物个体发病到群体发病的过程。

动物疫病的流行必须同时具备三个基本要素,即传染源、传播途径和易感动物群。这三个要素同时存在并互相联系时,就会导致疫病的流行,如果其中任何要素受到控制,疫病的流行就会终止。所以在预防和扑灭动物疫病时,都要紧紧围绕这三个基本要素来开展工作。

（一）传染源

传染源是指某种疫病的病原体能够在其中定居、生长、繁殖,并能够将病原体排出体外的动物体。包括患病动物和病原携带者。

传染源概述

1. 患病动物

患病动物是最重要的传染源。动物在明显期和前驱期能排出大量毒力强的病原体,传染的可能性也就大。

患病动物能排出病原体的整个时期称为传染期。不同动物疫病的传染期不同,为控制传染源隔离患病动物时,应隔离至传染期结束。

2. 病原携带者

病原携带者是指外表无症状但携带并排出病原体的动物体。由于其很难被发现,平时常常和健康动物生活在一起,所以对其他动物影响较大,是更危险的传染源。主要有以下几类:

(1)潜伏期病原携带者　大多数传染病在潜伏期不排出病原体,少数疫病(狂犬病、口蹄疫、猪瘟等)在潜伏期的后期能排出病原体,传播疫病。

(2)恢复期病原携带者　是指病症消失后仍然排出病原体的动物。部分疫病(布鲁菌病、猪瘟、鸡白痢等)康复后仍能长期排出病原体。对于这类病原携带者,应进行反复的实验室检查才能查明。

(3)健康病原携带者　是指动物本身没有患过某种疫病,但体内存在且能排出病原体。一般认为这是隐性感染的结果,如巴氏杆菌病、沙门菌病、猪丹毒的健康病原携带者是重要的传染源。

病原携带者存在间歇排毒现象,只有反复多次检查均为阴性时,才能排除病原携带状态。

被病原体污染的各种外界环境因素,不适于病原体长期寄居、生长繁殖,也不能排出。因此这些因素不能被认为是传染源,而应称为传播媒介。

(二)传播途径

病原体从传染源排出后,通过一定的途径侵入其他动物体内的方式称为传播途径。掌握疫病传播途径的重要性在于人们能有效地切断传播途径,保护易感动物的安全。传播途径可分为水平传播和垂直传播两大类。

1. 水平传播

水平传播是指疫病在群体之间或个体之间以水平形式横向平行传播,可分为直接接触传播和间接接触传播。

狂犬病病毒的传播——经咬伤传播

(1)直接接触传播　是在没有任何外界因素的参与下,病原体通过传染源与易感动物直接接触(交配、舐、咬等)而引起的传播方式。最具代表性的是狂犬病,人类大多数患者是被狂犬病患病动物咬伤而感染的。其流行特点是一个接一个地发生,形成明显的链锁状感染,一般不会造成大面积流行,以直接接触传播为主要传播方式的疫病较少。

(2)间接接触传播　是在外界因素的参与下,病原体通过传播媒介使易感动物发生传染的方式。大多数疫病(口蹄疫、猪瘟、鸡新城疫等)以间接接触传播为主要传播方式,同时也可直接接触传播。两种方式都能传播的疫病称为接触性疫病。间接接触传播一般通过以下几种途径传播。

① 经污染的饲料和饮水传播　这是主要的传播方式。传染源的分泌物、排泄物等污染了饲料、饮水而传给易感动物,如以消化道为主要侵入门户的疫病(猪瘟、口蹄疫、犬细小病毒病、球虫病等),其传播媒介主要是污染的饲料和饮水。因此,在防疫上要特别注意做好饲料和饮水的消毒卫生工作。

② 经污染的空气(飞沫、尘埃)传播　空气并不适合于病原体生存,但病原体可以短时间内存留在空气中。空气中的飞沫和尘埃是病原体的主要依附物,病原体主要通过飞沫和尘埃进行传播。几乎所有的呼吸道传染病都主要通过飞沫进行传播,如流行性感冒、结核病、猪气喘病。一般冬春季节、动物密度大、通风不良的环境,有利于通过空气进行传播。

间接接触传播
——经飞沫
传播

③ 经污染的土壤传播　炭疽、破伤风、猪丹毒等的病原体对外界抵抗力强,随传染源的分泌物、排泄物和尸体一起落入土壤而能生存很久,导致感染其他易感动物。

④ 经活的媒介物传播　媒介物主要是非本种动物和人类。

节肢动物:主要有蚊、蝇、蠓、虻类和蜱等。传播主要是机械性的,通过在患病动物和健康动物之间的刺螫吸血而传播病原体。可以传播马传染性贫血、日本脑炎、炭疽、鸡住白细胞原虫病、梨形虫病等疫病。

间接接触传播
——经蚊虫
传播

野生动物:野生动物的传播可分为两类。一类是本身对病原体具有易感性,感染后再传给其他易感动物,如飞鸟传播禽流感,狼、狐传播狂犬病;另一类是本身对病原体并不具有感受性,但能机械性传播病原微生物,如鼠类传播猪瘟和口蹄疫。

⑤ 经用具传播　体温计、注射针头、手术器械等,用后消毒不严,可能成为马传染性贫血、炭疽、猪瘟、猪附红细胞体病、口蹄疫等病的传播媒介。

2. 垂直传播

垂直传播一般是指疫病从母体到子代两代之间的传播。它包括以下几种方式。

(1)经胎盘传播　受感染的动物能通过胎盘血液循环将病原体传给胎儿,如猪瘟、伪狂犬病、猪圆环病毒病、布鲁菌病。

(2)经卵传播　带有病原体的卵细胞发育而使胚胎感染,如鸡白痢、禽白血病。

(3)经产道传播　病原体通过子宫口到达绒毛膜或胎盘引起的传播,如大肠杆菌病、葡萄球菌病、链球菌病、疱疹病毒感染。

垂直传播——
经卵传播

(三)易感动物群

易感动物群是指一定数量的有易感性的动物群体。动物易感性的高低虽与病原体的种类和毒力强弱有关,但主要还是由动物的遗传性状和特异性免疫状态决定的。另外外界环境也能影响动物机体的感受性。易感动物群体数量与疫病发生的可能性成正比,群体数量越大,疫病造成的影响越大。影响动物易感性的因素主要有:

(1)动物群体的内在因素　不同种动物对一种病原体的感受性有较大差异,这是动物的遗传性决定的。动物的年龄也与抵抗力有一定的关系,一般初生动物和老年动物抵抗力较弱,而年轻动物抵抗力较强,这和动物机体的免疫能力高低有关。

(2)动物群体的外界因素　动物生活过程中的一切外界因素都会影响动物机体的抵抗力。

如环境温度、湿度、光线、有害气体浓度，日粮成分、喂养方式、运动量。

（3）特异性免疫状态 在疫病流行时，一般感受性高的动物个体发病严重，感受性较低的动物症状较缓和。通过获取母源抗体和接触抗原获得特异性免疫，就可提高特异性免疫的能力，如果动物群体中70%～80%的动物具有较高免疫水平，就不会引发大规模的流行。

动物疫病的流行必须有传染源、传播途径和易感动物群三个基本环节同时存在。因此，动物疫病的防治措施必须紧紧围绕这三个基本环节进行，施行消灭和控制传染源、切断传播途径及增强易感动物的抵抗力的措施，是疫病防治的根本。

二、疫源地和自然疫源地

1. 疫源地

具有传染源及其排出的病原体存在地区称为疫源地。疫源地比传染源含义广泛，它除包括传染源之外，还包括被污染的物体、房舍、牧地、活动场所，以及这个范围内的可疑动物群。防疫方面，对于传染源采取隔离、扑杀或治疗，对疫源地还包括环境消毒等措施。

疫源地的范围大小一般根据传染源的分布和病原体的污染范围的具体情况确定。它可能是个别动物的生活场所，也可能是一个小区或村庄。人们通常将范围较小的疫源地或单个传染源构成的疫源地称为疫点，而将较大范围的疫源地称为疫区，疫区划分时应注意考虑当地的饲养环境、天然屏障（如河流、山脉）和交通等因素。通常疫点和疫区并没有严格的界限，而应从防疫工作的实际出发，切实做好疫病的防治工作。

疫源地的存在具有一定的时间性，时间的长短由多方面因素决定。一般而言，只有当所有的传染源死亡或离开疫区，康复动物体内不带有病原体，经一个最长潜伏期没有出现新的病例，并对疫源地进行彻底消毒，才能认为该疫源地被消灭。

2. 自然疫源地

有些疫病的病原体在自然情况下，即使没有人类或家畜的参与，也可以通过传播媒介感染动物造成流行，并长期在自然界循环延续后代，这些疫病称为自然疫源性疾病。存在自然疫源性疾病的地区，称为自然疫源地。自然疫源性疾病具有明显的地区性和季节性，并受人类活动改变生态系统的影响。自然疫源性疾病很多，有狂犬病、伪狂犬病、口蹄疫、日本脑炎、鹦鹉热、野兔热、布鲁菌病等。

在日常的动物疫病防控工作中，一定要切实做好疫源地的管理工作，防止其范围内的传染源或其排出的病原体扩散，引发疫病的蔓延。

三、疫病流行过程的特征

（一）动物疫病流行过程的形式

在动物疫病的流行过程中，根据在一定时间内发病动物的多少和波及范围的大小，大致分为以下四种表现形式。

1. 散发

散发是指在一段较长的时间内，一个区域的动物群体中仅出现零星的病例，且无规律性随机发生。形成散发的主要原因：动物群体对某病的免疫水平较高，仅极少数没有免疫或免疫水平不高的动物发病，如猪瘟；某病的隐性感染比例较大，如日本脑炎；有些疫病的传播条件非常苛刻，如破伤风。

2. 地方流行性

地方流行性是指在一定的地区和动物群体中，发病动物数量较多，常局限于一个较小的范围内流行。它一方面表明了本地区内某病的发生频率，另一方面说明此类疫病带有局限性传播特征，如炭疽、猪丹毒。

3. 流行性

流行性是指在一定时间内一定动物群发病率较高，发病数量较多，波及的范围也较广。流行性疫病往往传播速度快，如果采取的防治措施不力，可很快波及很大的范围。

"爆发"是指在一定的地区和动物群体中，短时间内（该病的最长潜伏期内）突然出现很多病例。

4. 大流行

大流行是指传播范围广，常波及整个国家或几个国家，发病率高的流行过程。如流感和口蹄疫都曾出现过大流行。

（二）动物疫病流行的季节性和周期性

1. 季节性

某些动物疫病常发生于一定的季节，或在一定的季节出现发病率显著上升的现象，这称为动物疫病的季节性。造成疫病季节性的原因较多，主要有以下三点：

（1）季节对病原体的影响　病原体在外界环境中存在时，受季节因素的影响。如口蹄疫病毒在夏天阳光曝晒下很快失活，因而口蹄疫在夏季较少流行。

动物疫病流行
的季节性

（2）季节对活的媒介物的影响　如鸡住白细胞原虫病、日本脑炎主要通过蚊子传播，所以这些病主要发生在蚊虫活跃季节。

（3）季节对动物抵抗力的影响　季节的变化，主要是气温和饲料的变化，对动物的抵抗力也会发生一定的影响。冬季呼吸道抵抗力差，呼吸系统疫病较易发生；夏季由于饲料的原因消化系统疫病较多。

了解动物疫病的季节性，对人们防治疫病具有十分重要的意义，它可以帮助我们提前做好此类疫病的预防。

2. 周期性

某些动物疫病在一次流行以后，常常间隔一段时间（常以数年计）后再次发生流行，这种现象称为动物疫病的周期性。这种动物疫病一般具有以下特点：易感动物饲养周期长；不进行免疫接种或免疫密度很低；动物耐过免疫保护时间较长；发病率高等。如口蹄疫和牛流行热易周期性流行。

四、影响疫病流行过程的因素

动物疫病的发生和流行主要取决于传染源、传播途径和易感动物群三个基本要素，而这三个要素往往受到很多因素的影响，归纳起来主要是自然因素和社会因素两大方面。如果我们能够利用这些因素，就能防止疫病的发生。

1. 自然因素

对动物疫病的流行起影响作用的自然因素主要有气候、气温、湿度、光照、雨量、地形、地理环境等。江、河、湖等水域是天然的隔离带，对传染源的移动进行限制，形成了一道坚固的屏障。对于生物传播媒介而言，自然因素的影响更加重要，因为媒介物本身也受到环境的影响。同时自然因素也会影响动物的抗病能力，动物抗病能力的降低或者易感性的增加，都会增加疫病流行的机会。所以在动物养殖过程中，一定要根据天气、季节等各种自然因素的变化，切实做好动物的饲养和管理工作，以防动物疫病的发生和流行。

2. 社会因素

影响动物疫病流行的社会因素包括社会制度、生产力、经济、文化、科学技术水平等多种因素，其中重要的是动物防疫法规是否健全和得到充分执行。各地有关动物饲养的规定正不断完善，动物疫病的预防工作正得到不断加强，这与国家的政策保障，各地政府及职能部门的重视是分不开的。同时动物疫病的有效防治需要充足的经济保障和完善的防疫体制，我国的举国体制起到了非常重要的作用。

五、流行病学调查的方法

流行病学就是研究动物疫病在动物群中发生、发展和分布的规律，制订并评价防控措施，达到预防和消灭疫病目的的一门学科。

1. 询问调查

这是流行病学调查中最常用的方法。通过询问座谈，对动物的饲养者、主人、动物医生以及其他相关人员进行调查，查明传染源、传播方式及传播媒介等。

2. 现场调查

现场调查重点调查疫区的兽医卫生、地理地形、气候条件等，同时疫区的动物存在状况、动物的饲养管理情况等也应重点观察。在现场调查时应根据传染病的不同，选择观察的重点。如发生消化道传染病时，应特别注意动物的饲料来源和质量，水源卫生情况，粪便处理情况等；如发生节肢动物传播的传染病时，应注意调查当地节肢动物的种类、分布、生态习性和感染情况等。

3. 实验室检查

为了在调查中进一步落实致病因子，常常对疫区的各类动物进行实验室检查。检查的内容主要有病原检查、抗体检查、毒物检查、寄生虫及虫卵检查等，另外也可检查动物的排泄物、呕吐物，动物饲料、饮水等。

六、流行病学的统计分析

流行病学的统计分析是指将流行病学调查所取得的材料，去伪存真，综合分析，找到动物疫病流行过程的规律，为人们找到有效的防控措施提供重要的帮助。

流行病学统计分析中常用的指标有以下五个：

1. 发病率

发病率是指一定时期内动物群体中发生某病新病例的百分比。其能全面地反映传染病的流行速度，但往往不能说明整个过程，有时常有动物呈隐性感染。

$$发病率 = \frac{一定时期内某动物群中某病的新病例数}{同期内该群动物的平均数} \times 100\%$$

2. 感染率

感染率是指用临床检查方法和各种实验室检查法(微生物学、血清学等)检查出的所有感染某动物疫病的动物总数占被检查动物总数的百分比。统计感染率可以比较深入地提示流行过程的基本情况,特别是在发生慢性动物疫病时有非常重要的意义。

$$感染率 = \frac{感染某疫病的动物总数}{被检查的动物总数} \times 100\%$$

3. 患病率

患病率是指在某一指定时间内动物群中存在某病的病例数的比率,病例数包括该时间内新老病例,但不包括此时间前已死亡者和痊愈者。

$$患病率 = \frac{在某一指定时间内动物群中存在的病例数}{在同一指定时间内该群动物总数} \times 100\%$$

4. 死亡率

死亡率是指因某病死亡的动物数占该群动物总数的百分比。它能较好地表示该病在动物群体中发生的频率,但不能说明动物疫病的发展特性。

$$死亡率 = \frac{某动物群在一定时期内因某病死亡数}{同期内该群动物平均数} \times 100\%$$

5. 病死率

病死率是指因某病死亡的动物数占该群动物中患该病动物数的百分比。它反映动物疫病在临床上的严重程度。

$$病死率 = \frac{某时期内因某病死亡动物数}{同期内患该病动物数} \times 100\%$$

 **任务实施**

畜禽养殖场疫情调查

(一) 材料准备

动物疫情调查表、当地发生疫情的养殖场资料、养殖户动物疫情资料、防护用具、交通工具等。

(二) 人员组织

将学生分组,每组5~10人,轮流担任组长,负责本组操作分工。

(三) 调查步骤

(1) 进入发生疫情的养殖场 师生严格按照养殖场生物安全要求,经洗澡,更换养殖场工作服、鞋靴,佩戴一次性口罩和手套后,进入养殖场。

(2) 进行疫情调查 在养殖场专业人员带领下,学生根据疫情调查表(表5-2-1)中的内容,通过询问、现场观察和查看资料等方法完成调查。

(3) 整理调查资料 根据整理调查的资料填写动物疫情调查表。

表 5-2-1 养殖场动物疫情调查表

养殖场名称		启用时间		负责人	
联系地址		邮编		联系电话	

养殖场基本情况	1. 地理特点:□山地 □平原 □河谷 □盆地 □其他_____ 2. 近期气候是否异常:□否 □是_____ 3. 交通情况:距交通干线____km;距居民区____km 4. 场区面积_____;畜禽舍栋数_____;每栋畜禽舍面积_____ 5. 周边有无河流、湖泊:□无 □有_____ 　附近有无养殖场污水排入:□无 □有_____ 6. 周围有无野生动物(野兽、野鸟):□无 □有_____ 7. 隔离野鸟、防鼠、防虫等设施设备:□无 □有_____ 8. 畜禽群构成:□种畜禽 □商品畜禽(□肉用 □蛋用 □奶用 □皮毛用) □混合 9. 饲养量:发病前存栏数_____头/只;年出栏数_____头/只 10. 饲养方式:□全进全出 □连续饲养 11. 防疫设施:□进场洗澡更衣　　　□进生产区换胶靴　　　□场舍门口消毒设施 　　　　　　□畜禽场粪便污水处理 □动物尸体无害化处理 □供料与出粪道分离 12. 畜禽场卫生状况:□好 □一般 □差 13. 饲料:□全价饲料 □配合饲料 □其他_____ 14. 饲养员居住情况:□住场 □不住场(□家中饲有畜禽 □家中没饲有畜禽)

发病情况	动物种类		发病年龄		发病时间		死亡时间	
	临床表现	发病数:_____头/只,幼龄畜禽_____头/只,青年畜禽_____头/只,成年畜禽_____头/只,种畜禽_____头/只。发病率_____% 死亡数:_____头/只,幼龄畜禽_____头/只,青年畜禽_____头/只,成年畜禽_____头/只,种畜禽_____头/只。死亡率_____% 主要临诊症状: 主要病理变化:					

发病后防控情况	治疗情况	药物治疗情况:
	紧急接种	□无 □有_____
	消毒	消毒时间_____,消毒次数_____,消毒剂_____
	其他措施	

周边疫情	□无 □有_____

免疫情况	免疫程序:
	免疫效果监测:□无 □有_____

续表

疫 病 史	过去类似疫情:□无　□有:发生时间_____ 诊断单位_____ 诊断结论_____ 发病情况_____
水源 情况	饮用水:□自来水　□自备井水　□河水　□池塘水　□水库水　□其他_____ 冲洗水:□自来水　□自备井水　□河水　□池塘水　□水库水　□其他_____
畜禽 来源	种畜禽来源:_____ 禽苗/仔畜来源:_____
发病前 14 天 购入畜禽 情况	来源:□种畜禽场　□交易市场　□畜禽商贩　□其他_____ 购进时间_____;购进数量_____;购进地名_____ 进场前是否检疫:□无　□有;有无异常:□无　□有_____ 混群前是否隔离:□否　□是
发病前 14 天 购进饲料 情况	来源:□饲料厂　□交易市场　□饲料经销商　□其他_____ 购进时间_____;购进数量_____;购进地名_____ 用相同饲料的其他养殖场是否有同样疫情:□无　□有

发病前 14 天 场外有关业 务人员入场 情况	姓名	职业	入场日期	来自何地	是否疫区

初诊结论	
采样 送样 情况	血清:_____份;抗凝血:_____份;其他液体样品(_____):_____份 拭子(□口咽　□鼻　□肛　□肠　□其他):_____份;死胎:_____份 脏器(□心　□肝　□脾　□肾　□淋巴结　□肺　□脑　□其他____):_____份
结论	
防控 措施	

被调 查人 情况	姓名	学历	工作年限	职务及岗位	联系电话

调查 人员 情况	组长:_____;联系电话:_____ 组员:_____;联系电话:_____ 组员:_____;联系电话:_____

（4）分析调查资料　明确该调查养殖场疫病流行的类型、特点、发生原因,疫病传播来源和途径等,并提出防控动物疫病的具体措施。

（5）撰写调查报告。

（6）小组成员之间互评调查完成情况,教师对各小组进行点评。

畜禽疫情调查的整体工作流程如图 5-2-1 所示。

（四）注意事项

（1）在调查过程中,小组成员要分工明确、各负其责,同时又要协同互助。

（2）严格遵守养殖场生物安全要求。

（3）注意与养殖场养殖人员沟通的技巧与方法。

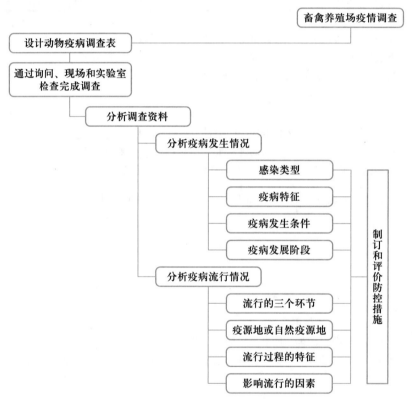

图 5-2-1　畜禽疫情调查流程

任务反思

1. 不同地区或养殖场疫情调查内容是否相同?

2. 在"任务实施"过程中,各组之间撰写的调查报告会有所不同甚至有较大差异,试分析为什么会有不同。

3. 影响动物易感性的因素主要有哪些?

4. 查阅资料,分析 COVID-19 传播的特点。

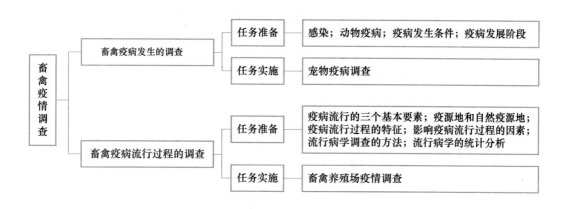

项 目 测 试

一、名词解释

感染　隐性感染　继发感染　动物疫病　潜伏期　传染源　病原携带者　间接接触传播
垂直传播　疫源地

二、单项选择题

1. 从刚刚出现临床症状到出现特征性临床症状,这段时间称为(　　)。

A. 潜伏期　　　　　　B. 前驱期　　　　　　C. 明显期　　　　　　D. 转归期

2. 从病原体入侵机体开始繁殖到出现最初临床症状,这段时间称为(　　)。

A. 潜伏期　　　　　　B. 前驱期　　　　　　C. 明显期　　　　　　D. 转归期

3. 动物表现疫病特征性症状的时期是(　　)。

A. 潜伏期　　　　　　B. 前驱期　　　　　　C. 明显期　　　　　　D. 转归期

4. 下列传播途径,属于直接接触传播的是(　　)。

A. 经咬伤传播　　　　B. 经空气传播　　　　C. 经卵传播　　　　　D. 经污染的饲料传播

5. 下列疫病的传播方式,属于垂直传播的是(　　)。

A. 经咬伤传播　　　　B. 经空气传播　　　　C. 经卵传播　　　　　D. 经污染的饲料传播

6. 下列感染的表现形式中,属于局部感染的是(　　)。

A. 菌血症　　　　　　B. 败血症　　　　　　C. 化脓创　　　　　　D. 毒血症

7. 在一段时间内,一个区域的动物群体中仅出现零星病例的疫病流行形式是(　　)。

A. 流行性　　　　　　B. 散发　　　　　　　C. 地方流行性　　　　D. 大流行

8. 病程发展缓慢,在一个月以上,这种感染类型是(　　)。

A. 最急性型　　　　　B. 急性型　　　　　　C. 亚急性型　　　　　D. 慢性型

9. 病程一般在几天到两周不等,常伴有明显的症状,这种感染类型是(　　)。

A. 最急性型　　　　B. 急性型　　　　C. 亚急性型　　　　D. 慢性型

10. 病程较短,一般在 24 h 内,常没有典型症状和病变,这种感染类型是(　　　)。

A. 最急性型　　　　B. 急性型　　　　C. 亚急性型　　　　D. 慢性型

11. 病程一般在两周到一个月不等,临床症状一般相对缓和,这种感染类型是(　　　)。

A. 最急性型　　　　B. 急性型　　　　C. 亚急性型　　　　D. 慢性型

12. 一定时期内动物群体中发生某病新病例的百分比是(　　　)。

A. 发病率　　　　B. 患病率　　　　C. 死亡率　　　　D. 病死率

13. 因某病死亡的动物数占该群动物总数的百分比是(　　　)。

A. 发病率　　　　B. 患病率　　　　C. 死亡率　　　　D. 病死率

14. 因某病死亡的动物数占该群动物中患该病动物数的百分比是(　　　)。

A. 发病率　　　　B. 患病率　　　　C. 死亡率　　　　D. 病死率

三、判断题(正确的打√,错误的打×)

1. 病原体对动物的感染仅取决于病原体本身的特性。(　　　)

2. 寄居在动物体内的条件性病原体引起的感染是内源性感染。(　　　)

3. 耐过动物能获得特异性免疫是动物疫病的重要特征。(　　　)

4. 病原体须有一定的毒力才能突破机体的防御屏障引起传染,导致疫病的发生。(　　　)

5. 患病动物痊愈意味着体内的病原体消失。(　　　)

四、简答题

1. 动物疫病流行过程中出现季节性的原因有哪些?

2. 动物疫病发生的条件有哪些?

五、综合分析题

1. 结合我国新型冠状病毒肺炎疫情,分析做好自然疫源地管理工作的重要意义。

2. 分析畜禽疫病流行过程调查的意义。

项目 *6*

畜禽疫病的预防

项目导入

牛肺疫是一种严重危害养牛业的烈性传染病,曾给我国养牛业造成巨大损失。中华人民共和国成立以来,我国政府和兽医主管部门采取了"免疫、检疫、捕杀病牛"等综合防治措施,取得了明显防治效果。从 1993 年开始,原农业部对全国 24 个原疫省区和 3 个血清学阳性省区进行了消灭牛肺疫考核验收,到 1995 年 9 月检查结果表明,我国已达到国际动物流行病组织规定的消灭牛肺疫标准。牛肺疫的消灭使我国养牛业经济效益大大增加,也使我国疫病预防水平得到显著提高。

如何有效地预防畜禽疫病,对于我国养殖业的健康发展,对于保障人民群众的食品安全和公共卫生安全都有着十分重要的意义。

本项目的学习内容为:(1) 消毒的实施;(2) 动物粪污的处理;(3) 杀虫、灭鼠的实施;(4) 免疫接种的实施;(5) 药物预防的实施。

1. 动物防疫的概念

动物防疫是指采取各种措施,将动物疫病排除于动物群之外。根据疫病发生发展的规律,采取的措施包括消毒、免疫接种、药物预防、检疫、隔离、封锁、畜群淘汰等,以消除或减少疫病的发生。

2. 动物防疫工作的基本原则

(1) 建立和健全各级动物疫病防控机构 重视基层动物疫病防控机构,构建立体式动物疫病防控机构,动物防疫工作是一项与农业、商贸、卫生、交通等部门都有密切关系的重要工作,只有各有关部门密切配合、紧密合作,从全局出发,统一部署,才能把动物防疫工作做好。

(2) 贯彻"预防为主"的方针 搞好防疫卫生、饲养管理、消毒、免疫接种、检疫、隔离、封锁等综合性防疫措施,以达到提高动物健康水平和抗病能力,控制和杜绝动物疫病的传播蔓延,降低发病率和死亡率的目的。

(3) 贯彻执行防疫法规 《动物防疫法》对动物防疫工作的方针政策和基本原则做出了明确而具体的规定,是我国目前执行的主要防疫法规。

任务 6.1　消毒的实施

 **任务目标**

知识目标：1. 掌握消毒、灭菌的概念。
　　　　　2. 掌握常用的消毒灭菌方法。
技能目标：1. 会畜禽舍带畜禽消毒。
　　　　　2. 会养殖场空圈舍的消毒。

 **任务准备**

一、消毒的相关概念和分类

1. 消毒的相关概念

（1）消毒　应用理化方法杀灭物体中病原微生物的过程称消毒。消毒只要求达到无传染性的目的，而对非病原微生物及其芽孢、孢子并不严格要求全部杀死。

（2）灭菌　应用理化方法杀灭物体中所有微生物的过程称灭菌。

（3）防腐　应用理化方法抑制微生物生长与繁殖的过程称防腐。

（4）无菌　环境或物品中没有活微生物存在的状态称为无菌。

（5）无菌操作　防止微生物进入机体或其他物品的操作方法称为无菌操作或无菌法。

2. 消毒的分类

消毒的主要目的是消灭病原体，切断疫病的传播途径，阻止疫病的发生、流行，进而控制和消灭疫病。根据消毒时机和目的不同，分为预防消毒、随时消毒和终末消毒三类。

（1）预防消毒　也叫平时消毒。是为了预防疫病的发生，结合平时的饲养管理对畜舍、场地、用具和饮水等按计划进行的消毒。

（2）随时消毒　是指在发生疫病期间，为及时清除、杀灭患病动物排出的病原体而采取的消毒措施。如在隔离封锁期间，对患病动物的排泄物、分泌物污染的环境及一切用具、物品、设施等进行反复、多次的消毒。

（3）终末消毒　在疫情结束之后，解除疫区封锁前，为了消灭疫区内可能残留的病原体而采取的全面、彻底的消毒。

二、消毒的方法

（一）物理消毒法

物理消毒法是指应用物理因素杀灭或清除病原体的方法。包括机械清除，辐射消毒如阳光、紫外线消毒，高温消毒等方法。

1. 机械清除

机械消除包括清扫、洗刷、通风、过滤等，是最普通、最常用的方法。用这些方法在清除污物的同时,大量病原体也被清除,但是机械清除达不到彻底消毒的目的,必须配合其他消毒方法进行。清除的污物要进行发酵、掩埋、焚烧或用消毒剂处理。

通风虽然不能杀灭病原体,但可以通过短期内使舍内空气交换,达到减少舍内病原体的目的。

2. 阳光、紫外线消毒

阳光光谱中的紫外线有较强的杀菌能力,阳光的灼热和蒸发水分引起的干燥也有杀菌作用,一般病毒和非芽孢细菌在阳光下曝晒下几分钟至数小时就可杀死,阳光消毒能力的大小与季节、天气、时间、纬度等有关,最好配合应用其他消毒方法。

紫外线杀菌作用最强的波段是 250 ~ 270 nm。紫外线的消毒作用受很多因素的影响,表面光滑的物体才有较好的消毒效果,空气中的尘埃吸收大部分紫外线,因此消毒时,舍内和物体表面必须干净。用紫外线灯管消毒时,灯管距离消毒物品表面不超过 1 m,灯管周围 1.5 ~ 2 m 处为消毒有效范围,消毒时间一般为 30 min。

3. 高温消毒

高温对微生物有明显的致死作用,是最彻底的消毒方法之一。

(1)火焰灭菌

① 烧灼法　金属笼具、地面及墙壁等可以用火焰喷灯直接烧灼灭菌,实验室的接种针、接种环、试管口、玻璃片等耐热器材可在酒精灯火焰上进行烧灼灭菌。

② 焚烧法　发生烈性疫病或由抵抗力强的病原体引起的疫病时(如炭疽),用于染疫动物尸体、垫草、病料以及污染的垃圾、废弃物等物品的消毒,可直接焚烧或用焚烧炉焚烧。

(2)热空气灭菌　又称干热灭菌法,在电热干燥箱内进行。适用于烧杯、烧瓶、吸管、试管、离心管、培养皿、玻璃注射器等干燥的玻璃器皿及针头、滑石粉、凡士林、液体石蜡等的灭菌。灭菌时,将物品放入干燥箱内,温度上升至 160 ℃维持 2 h。

(3)煮沸消毒　常用于针头、金属器械、工作服和工作帽等物品的消毒。多数非芽孢病原微生物在 100 ℃沸水中迅速死亡,多数芽孢在煮沸后 15 ~ 30 min 内死亡,煮沸 1 ~ 2 h 可以杀灭所有病原体。在水中加入 1% ~ 2% 的小苏打,可增强消毒效果。煮沸消毒时,消毒时间应从水煮沸后开始计算。

(4)流通蒸气消毒　利用蒸笼或流通蒸汽灭菌器进行消毒灭菌。一般在 100 ℃加热 30 min,可杀死细菌的繁殖体,但不能杀死芽孢和霉菌孢子。若要杀死芽孢,常在 100 ℃加热 30 min 消毒后,将消毒物品置于室温下,待其芽孢萌发,连续用同样的方法进行 3 次消毒即可杀灭物品中全部细菌及芽孢。这种连续流通蒸汽灭菌的方法,称为间歇灭菌法。

(5)高压蒸汽灭菌　即用高压蒸汽灭菌器进行灭菌的方法,是应用最广泛、最有效的灭菌方法。通常用 0.105 MPa(每平方英寸 15 lb)的压力,在 121.3 ℃下维持 15 ~ 30 min,即可杀死包括细菌芽孢在内的所有微生物,达到完全灭菌的目的。凡耐高温、不怕潮湿的物品,如各种培养基、溶液、玻璃器皿、金属器械、敷料、橡皮手套、工作服和小动物尸体等均可用这种方法灭菌。

(6)巴氏消毒　由巴斯德首创,是以较低温度杀灭液态食品中的病原菌或特定微生物,又不致严重损害其营养成分和风味的消毒方法。目前主要用于葡萄酒、啤酒、果酒及牛乳等食品的消毒。

具体方法可分为三类:第一类为低温维持巴氏消毒法(LTH),在 63 ~ 65 ℃维持 30 min;第二类为高温瞬时巴氏消毒法(HTST),在 71~72 ℃ 保持 15 s;第三类为超高温巴氏消毒法(UHT),在 132 ℃ 保持 1~2 s,加热消毒后将食品迅速冷却至 10 ℃ 以下,故此法亦称冷击法,这样可促使细菌死亡,也有利于鲜乳等食品马上转入冷藏保存。

(二) 生物热消毒法

生物热消毒法是利用微生物在分解污物(垫草、粪便、尸体等)中的有机物时产生的大量热能来杀死病原体的方法。该法主要用于粪污及动物尸体的无害化处理,嗜热细菌生长繁殖可使堆积物的温度达到 60~75 ℃,经过一段时间便可杀死病毒、细菌繁殖体、寄生虫卵等病原体,但不能消灭芽孢。

(三) 化学消毒法

化学消毒法是指用化学消毒剂杀灭病原体的方法。在疫病防控过程中,经常利用各种消毒剂对病原体污染的场所、物品等进行清洗、浸泡、喷洒和熏蒸,以杀灭其中的病原体。不同的消毒剂对微生物的影响不同,即使是同一种消毒剂,由于其浓度、环境温度、作用时间及作用对象等的不同,也表现出不同的作用效果。因此生产中,要根据不同的消毒对象,选用不同的消毒剂。消毒剂除对病原体具有广泛的杀伤作用外,对动物、人的组织细胞也有损伤作用,使用过程中应加以注意。

三、不同对象的消毒

1. 养殖场通道口消毒

外来车辆、物品、人员可能带入病原体,因此由场外进入场区或由生活区进入生产区,要进行消毒。

(1) 车辆消毒　场区及生产区入口必须设置与门同宽、长 4 m、深 0.3 m 以上的消毒池,消毒池上方要建有顶棚,防止雨淋日晒。池内放入 2%~4% 氢氧化钠溶液,每周定时更换,冬天可加 8%~10% 的食盐防止结冰。

有条件的在场区及生产区入口处设置喷淋、烘干装置,对车辆进行清洗、消毒和烘干。可用 0.1% 的百毒杀或 0.1% 的新洁尔灭。

养殖场通道口
人员消毒

(2) 人员消毒　场区入口设置消毒室,消毒室内安装紫外线灯,设置脚踏消毒池,内放 2%~4% 氢氧化钠溶液。入场人员经消毒室消毒后进入洗澡间,洗澡并更换鞋靴、工作服后进入生产区。每栋畜禽舍入口还需设脚踏消毒池,进舍工作人员的靴鞋需在消毒液中浸泡 1 min,并洗手消毒方可进入畜舍。

2. 场区环境消毒

平时做好场区环境的卫生清扫工作,及时清除垃圾,定期使用高压水冲洗路面和其他硬化区域,每周用 0.2%~0.5% 过氧乙酸溶液或 2%~4% 氢氧化钠溶液对场区进行 1~3 次环境消毒。

3. 污染地面、土壤的消毒

患病动物停留过的圈舍、运动场地面等被一般病原体污染时,用 0.2%~0.5% 过氧乙酸溶液、2%~4% 氢氧化钠溶液或 3%~5% 二氯异氰尿酸钠溶液喷洒消毒。如芽孢污染的土壤,需用 5%~10% 氢氧化钠溶液或 5%~10% 二氯异氰尿酸钠溶液喷洒地面。若为炭疽等芽孢杆菌污染时,铲除的表土与漂白粉按 1:1 混合后深埋,地面以 5 kg/m² 漂白粉撒布;若为水泥地面被炭疽等芽孢杆菌污染,则用 10% 氢氧化钠溶液喷洒。

4. 空圈舍消毒

动物出栏后,圈舍已经严重污染,再次进动物之前,必须空出一定时间(15 d 或更长时间),进行全面彻底的消毒。

(1)机械清除 对空舍顶棚、墙壁、地面彻底打扫,将垃圾、粪便、垫草和其他各种污物全部清除,焚烧或生物热消毒处理。

(2)净水冲洗 饲槽、饮水器、围栏、笼具、网床等设施用水洗刷干净;最后用高压水冲洗地面、粪槽、过道等,待晾干后用化学法消毒。

(3)药物喷洒 常用 0.2% ~ 0.5% 过氧乙酸溶液、20% 石灰乳、3% ~ 5% 二氯异氰尿酸钠溶液或 2% ~ 4% 氢氧化钠溶液等喷洒消毒。地面消毒液用量 800 ~ 1 000 mL/m²,舍内其他设施 200 ~ 400 mL/m²。为了提高消毒效果,应使用 2 种或以上不同类型的消毒药进行 2 ~ 3 次消毒。每次消毒要等地面和物品干燥后进行下次消毒。必要时,对耐燃物品还可使用酒精或煤油喷灯进行火焰消毒。

(4)熏蒸消毒 常用福尔马林和高锰酸钾熏蒸。用量为每立方米空间 25 mL 福尔马林、12.5 mL 水和 12.5 g 高锰酸钾,若污染严重可加倍用量。圈舍密闭 24 h 后,通风换气,待无刺激气味后,方可进入动物。

5. 圈舍带畜禽消毒

圈舍带畜禽消毒除了对舍内环境的消毒,还包括动物体表的消毒。动物体表可携带多种病原体,尤其动物在换羽、脱毛期间,羽毛可成为一些疫病的传播媒介,定期对畜禽舍和畜禽体表进行消毒,对预防一般疫病的发生有一定作用,在疫病流行期间采取此项措施意义更大。消毒时应选用对皮肤、黏膜无刺激性或刺激性较小的消毒剂用喷雾法消毒,可杀灭动物体表和畜禽舍内多种病原体。常用消毒剂有 0.015% 百毒杀、0.1% 新洁尔灭、0.2% ~ 0.3% 过氧乙酸溶液和 0.2% ~ 0.3% 次氯酸钠溶液等。

此外,每天要清除圈舍内排泄物和其他污物,保持饲槽、水槽、用具清洁卫生,每天最少清洗消毒一次,可用 0.1% ~ 0.2% 过氧乙酸溶液或 0.5% ~ 1% 二氯异氰尿酸钠溶液。

6. 运载工具消毒

车、船、飞机等运载工具,活动范围广,接触病原体的机会多,受到污染的可能性大,是重要的传播媒介。运载工具装前和卸后须进行消毒,先将污物清除,洗刷干净,然后用 0.5% ~ 1% 二氯异氰尿酸钠溶液或 2% ~ 4% 氢氧化钠溶液或 0.5% 过氧乙酸溶液等喷洒消毒,消毒后用清水洗刷一次,用清洁抹布擦干。

车辆密封舱和集装箱,可用福尔马林熏蒸消毒,其方法和要求同畜舍消毒。

 **任务实施**

一、带畜禽圈舍的消毒

(一)材料准备

过氧乙酸、次氯酸钠、二氯异氰尿酸钠、百毒杀、天平、药匙、喷雾消毒机、细眼喷壶、量筒、天平或台秤、盆、桶、清扫用具、工作服、胶靴、口罩、手套、护目镜等。

（二）人员组织

将学生分组，每组 5~10 人，轮流担任组长，负责本组操作分工。

（三）操作步骤

（1）师生入场消毒　师生登记入消毒室，更换工作服和胶靴，消毒后方可进入畜禽舍。

（2）清洗饲槽、水槽、用具及地面　分组清除圈舍内排泄物和其他污物，保证饲槽、水槽、用具和地面的清洁卫生。

（3）选配消毒药　气雾消毒选用对皮肤、黏膜无刺激性或刺激性较小的消毒剂，如 0.015% 百毒杀、0.1% 新洁尔灭、0.2%~0.3% 过氧乙酸溶液和 0.2%~0.3% 次氯酸钠溶液；圈舍地面喷洒消毒用 0.2%~0.5% 过氧乙酸溶液、2%~4% 氢氧化钠溶液或 3%~5% 二氯异氰尿酸钠溶液；用具等的消毒用 0.1%~0.2% 过氧乙酸溶液或 1% 二氯异氰尿酸钠溶液等。根据需要量分组配制。

（4）饲槽、水槽、用具及地面消毒　把 3%~5% 二氯异氰尿酸钠溶液装入细眼喷壶，对饲槽、水槽、舍内用具及地面喷洒消毒，一定要均匀喷洒，用药量为 400~800 mL/m^2。

（5）带畜禽喷雾消毒　把 0.2%~0.3% 次氯酸钠溶液装入喷雾消毒机，充气后开始喷洒，将喷头高举空中，喷嘴向上以画圆圈方式先内后外逐步喷洒，使药液如雾一样缓慢下落，喷雾粒子直径控制在 80~120 μm，喷雾距离在 1~2 m。药液用量为 40~60 mL/m^3，以地面、墙壁、天花板均匀湿润和畜禽体表略湿为宜。

消毒完毕后 30~60 min，用清水冲刷饲槽和水槽。

（四）注意事项

（1）消毒过程中要有一定的防护（戴手套、护目镜等），不要用手直接接触原液。

（2）要掌握好消毒药使用的浓度。

二、空圈舍的消毒

（一）材料准备

二氯异氰尿酸钠、氢氧化钠、福尔马林、高锰酸钾、量筒、天平或台秤、盆、桶、药匙、高压冲洗机、喷洒消毒机、工作服、胶靴、口罩、手套、护目镜等。

（二）人员组织

将学生分组，每组 5~10 人，轮流担任组长，负责本组操作分工。

（三）操作步骤

（1）消毒液的配制　根据空圈舍消毒需要配制消毒液。

（2）机械清除　清扫前用清水或消毒剂喷洒圈舍，以免灰尘及微生物飞扬。然后对地面、饲槽等，扫除粪便、垫草及残余的饲料等污物，扫除的污物进入化粪池处理。

（3）净水冲洗　饲槽、饮水器、围栏、笼具、网床等设施用水洗刷干净，最后用高压冲洗机冲洗天花板、墙壁、地面、粪槽、过道等。注意不能将高压冲洗机喷枪对着自己或他人。

（4）药物喷洒　按照"先里后外，先上后下"的顺序使用喷洒消毒机喷洒消毒药，天花板、墙壁、舍内设施选用 3% 二氯异氰尿酸钠溶液,地面、粪槽、过道等处选用 4% 氢氧化钠溶液。地面用药量 800 ~ 1 000 mL/m²,舍内其他设施 200 ~ 400 mL/m²。为了提高消毒效果,应使用 2 种或以上不同类型的消毒药进行 2 ~ 3 次消毒。每次消毒要等地面和物品干燥后进行下次消毒。

（5）熏蒸消毒　用福尔马林和高锰酸钾熏蒸,室温不低于 15 ~ 18 ℃,用量按照圈舍空间计算,每立方米空间 25 mL 福尔马林、12.5 mL 水和 12.5 g 高锰酸钾,先将福尔马林和水混合,再放高锰酸钾。药物反应后,人员必须迅速离开圈舍,圈舍密闭 24 h 后,通风换气,待无刺激气味后,方可进入畜禽。

若急需使用圈舍,可用氨气中和甲醛气,每立方米空间取氯化铵 5 g、生石灰 2 g,加入 75 ℃的水 7.5 mL,混合液装于小桶内放入圈舍。也可用氨水代替,按每立方米空间用 25% 氨水 12.5 mL,中和 20 ~ 30 min,打开门窗通风 20 ~ 30 min,即可迁入畜禽。

（四）注意事项

（1）消毒液浓度要配制准确。
（2）注意自身防护。

任务反思

1. 在日常生活中,你家曾采取过哪些消毒灭菌方法?
2. 如何进行养殖场空圈舍的消毒?

任务 6.2　动物粪污的处理

任务目标

知识目标：1. 掌握自然发酵处理粪污的方法。
　　　　　2. 掌握有机肥生产的方法。
　　　　　3. 了解动物粪污销毁的方法。
技能目标：会进行粪便好氧条垛式堆肥。

任务准备

畜禽养殖业在提供大量畜禽产品的同时,也产生了大量畜禽粪尿、污水、垫料等畜牧生产废弃物,严重污染环境。粪污中含有多种病原体,染疫动物粪污中病原体的含量更高。若粪污不加处理任意排放,势必影响人们的生活和身体健康。因此,及时正确地做好粪污的处理,对切断疫病传播途径、维护公共卫生安全及资源化利用具有重要意义。

一、动物粪污的销毁

烈性动物疫病病原体或能生成芽孢的病原体污染的粪污,要做销毁处理,不能进行资源化利用。

（1）焚烧　粪便可直接与垃圾、垫草和柴草混合置入焚烧炉中进行焚烧。如没有焚烧炉，可在地上挖一宽 75～100 cm、深 75 cm 的坑（长度视粪便多少而定），在距坑底 40～50 cm 处加一层铁梁，梁下放燃料，梁上放欲焚烧的粪便。如粪便太湿，可混一些干草，以便烧毁。

（2）掩埋　选择远离生产区、生活区及水源的地方，可用漂白粉或生石灰与粪便按 1 : 5 混合，然后深埋于地下 2 m 左右。

二、动物粪污的资源化利用

1. 自然发酵

自然发酵一般为厌氧发酵，是传统的粪污处理方法，包括堆粪法和发酵池法。

动物粪污处理
——自然发酵

（1）堆粪法　选择与人、畜居住地保持一定距离且避开水源处，在地面挖一深 20～25 cm 的长形沟或圆形坑，沟的宽窄长短、坑的大小视粪便量的多少自行设定。先将麦草、谷草、稻草等堆至 25 cm 于底层，上面堆放粪便，高 1～1.5 m，最外层抹上 10 cm 厚草泥或外包塑料薄膜密封。应注意粪便的干湿度，含水量在 50%～70% 之间为宜。发酵时间冬季不短于 3 个月，夏季不短于 3 周，即可作肥料用。此方法主要适用于各类中小型畜禽养殖场和散养户固体粪便的处理。

（2）发酵池法（氧化塘）　选择发酵池的地点要求与堆粪法相同。坑池的数量和大小视粪便的多少而定，内壁防渗处理。粪污池内发酵 1～3 个月即可出池还田。主要适用于各类中小型畜禽养殖场和散养户粪便的处理。

动物粪污处理
——垫料发酵
床堆肥

2. 垫料发酵床堆肥

垫料发酵床堆肥是将发酵菌种与秸秆、锯末、稻壳等混合制成有机垫料，将有机垫料置于特殊设计的圈舍内，动物生活在有机垫料上，其粪便能够与有机垫料充分混合，有机垫料中的微生物对粪便进行分解形成有机肥。主要适用于中小型养猪场、肉鸭养殖场等。

3. 有机肥生产

有机肥生产主要是采用好氧堆肥发酵。好氧堆肥发酵，是在有氧条件下，依靠好氧微生物的作用使粪便中的有机物质稳定化的过程。好氧堆肥有动态条垛式堆肥、静态通气条垛式堆肥、槽式堆肥、发酵仓堆肥 4 种堆肥形式。堆肥过程中可通过调节碳氮比、控制堆温、通风、添加沸石和采用生物过滤床等技术进行除臭。主要适用于各类大型养殖场、养殖密集区和区域性有机肥生产中心对固体粪便处理。

动物粪污处理
——条垛式
堆肥

4. 沼气工程

沼气工程是指在厌氧条件下通过微生物作用将畜禽粪污中的有机物转化为沼气的技术（图 6-2-1）。适用于大型畜禽养殖场、区域性专业化集中处理中心。

养殖场畜禽粪便、尿液及其冲洗污水经过预处理后进入厌氧反应器，经厌氧发酵产生沼气、沼渣和沼液。沼气经脱硫、脱水后可通过发电、直燃等方式实现利用，沼液、沼渣等可作为农用肥料回田。一般 1 t 鲜粪产生沼气 50 m^3 左右，1 m^3 沼气相当于 0.7 kg 标准煤，能够发电约 2 度。

动物粪污处理
——沼气工程

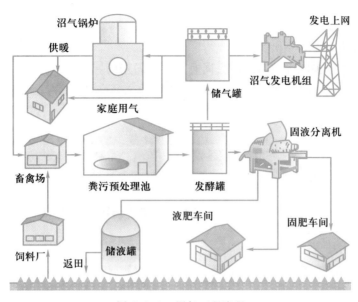

图 6-2-1　沼气工程流程

粪便好氧条垛式堆肥

（一）材料准备

畜禽粪便无害化处理场、动物粪便、秸秆、壳糠、糟渣、饼粕、分解纤维素细菌、槽式翻抛机、金属套筒温度计、铁棍记录表、防护服、口罩、护目镜、胶靴和手套。

（二）人员组织

将学生分组，每组 5 ~ 10 人，轮流担任组长，负责本组操作分工。

（三）操作步骤

（1）堆垛　在畜禽粪便无害化处理场工作人员指导下，使用槽式翻抛机将粪便、堆肥辅料和高湿分解纤维素细菌（如酵素菌）按照适当的比例混合均匀后，将混合物料在水泥地面上堆制成长条形堆垛。垛底部宽度 3 ~ 5 m，高度 2 ~ 3 m，截面呈梯形或三角形。

（2）通气　每 2 ~ 3 d 用槽式翻抛机翻堆一次，促进氧气与发酵物料充分接触。

（3）温度测定　在堆肥期间，每天检查堆内上、中、下三层与中心部位两个测点的温度变化。用金属套筒温度计直接插入堆体表面下 10 cm，待温度恒定后，读数记录，取平均值，要求堆肥温度 50 ℃以上，至少持续 10 d。

（4）湿度判断　在堆肥期间，要每天检查堆内水分的变化。用铁棍插入堆体，拔出铁棍观察表面的干湿状况。若呈湿润状态，表示水分适量；若呈干燥状态，表示水分过少，可在堆顶打洞加水。

（5）撰写实训报告并分析影响粪便好氧条剁式堆肥的因素。

（四）注意事项

（1）做好自身的生物安全措施。

（2）小组成员要分工明确、各负其责，同时又要协同互助。

 **任务反思**

1. 自然发酵处理粪污的方法有哪些？

2. 有机肥生产的方法有哪些？

任务 6.3　杀虫、灭鼠的实施

 **任务目标**

知识目标：1. 掌握养殖场杀虫的方法。

　　　　　2. 掌握养殖场灭鼠的方法。

技能目标：会在养殖场实施杀虫和灭鼠。

任务准备

一、杀虫

虻、蠓、蚊、蝇、蜱、虱、螨等节肢动物通过叮、咬、吸血等方式传播多种疫病，是重要的传播媒介。杀灭这些媒介昆虫和防止它们出现，在消灭传染源、切断传播途径、保障人和动物健康等方面具有十分重要的意义。实施杀虫可采取物理法、生物法、药物法等。

1. 物理杀虫法

（1）机械拍打、捕捉　能消灭部分昆虫，不适合畜禽养殖场应用。

（2）火焰烧　昆虫聚居的墙壁、用具的缝隙及昆虫聚居的垃圾等废物可用喷灯火焰烧。

（3）沸水烫　用沸水杀灭畜禽用具、工作人员衣物、宠物玩具以及服饰品上的昆虫。

（4）纱网隔离　在圈舍门窗安装纱网。

2. 生物杀虫法

生物杀虫法是利用昆虫的天敌或病菌及雄虫绝育技术控制昆虫繁殖等办法以消灭昆虫。如用辐射使雄虫绝育；用激素抑制昆虫的变态或蜕皮；利用微生物感染昆虫，影响其生殖或使其死亡；排除积水、污水，清理粪便垃圾，消除昆虫滋生繁殖的环境等。

3. 药物杀虫法

药物杀虫法是应用化学杀虫剂来杀虫，主要有拟除虫菊酯类杀虫剂、氨基甲酸酯类杀虫剂、昆虫生长调节剂、驱避剂等。

二、灭鼠

鼠类是很多人畜疫病的传播媒介和传染源，它可以传播炭疽、鼠疫、布鲁菌病、野兔热、李氏杆菌病、钩端螺旋体病、伪狂犬病、口蹄疫、衣原体病和立克次体病等多种疫病。因此,灭鼠在防控人和动物疫病方面具有很重要的意义。

灭鼠工作应从两个方面进行,一方面根据鼠类的生态特点防鼠、灭鼠,从畜禽舍建筑着手,使鼠无处觅食和无藏身之处。例如,保持畜舍及周围地区的整洁,及时清除饲料残渣;保证墙基、地面、门窗的坚固,及时堵塞鼠洞等。另一方面,则采取各种方法直接杀灭鼠类。常用的灭鼠方法有以下三种。

1. 器械灭鼠法

器械灭鼠法是利用物理原理制成各种灭鼠工具杀灭鼠类,如利用关、笼、夹、压、箭、扣、套、粘、堵(洞)、挖(洞)、灌(洞)、翻(草堆)以及现代的多种电子、智能捕鼠器等。此类方法可就地取材,简便易行。使用鼠笼、鼠夹之类工具捕鼠,应注意诱饵的选择,布放的方法和时间。诱饵以鼠类喜吃的为佳。捕鼠工具应放在鼠类经常活动的地方,如墙脚、鼠的走道及洞口附近。放鼠夹应离墙 6～9 cm,与鼠道成"丁"字形,鼠夹后端可垫高 3～6 cm。晚上放,早晨收,并应断绝鼠粮。

2. 药物灭鼠法

药物灭鼠法是利用化学毒剂杀灭鼠类,灭鼠药物包括杀鼠剂、绝育剂和驱鼠剂等,以杀鼠剂(杀鼠灵、安妥、敌鼠钠盐、氟乙酸钠)使用最多。应用此法灭鼠时一定注意不要使畜禽接触到灭鼠药物,防止误食而发生中毒。

3. 生态灭鼠法

生态灭鼠法是利用鼠类天敌捕食鼠类,如利用猫捕鼠,但应该注意猫也会传播一些疫病,猫不适合进入畜禽舍。

任务实施

养殖场杀虫、灭鼠

(一)材料准备

杀虫药(胺菊酯)、灭鼠药(溴敌隆、氯化苦)、饵料、喷雾器、杀虫灭鼠器械、工作服、手套、胶靴、各种记录表格等。

(二)人员组织

将学生分组,每组 5～10 人,轮流担任组长,负责本组操作分工。

(三)操作步骤

1. 杀虫

(1)环境治理 清除或填埋低注地面的积水,修剪杂草,打扫粪便和垃圾,以减少蚊虫滋生地。

(2)物理防治 检查养殖场安装的防虫设施如纱门、纱窗、捕虫灯、捕蝇笼等是否有遗漏或损坏,以便及时补充和修理。

(3)药物杀虫 使用 0.3% 的胺菊酯油剂喷雾,按 0.1～0.2 mL/m³ 用量,喷洒地面、墙壁。

2. 灭鼠

(1)物理防治 检查舍内外建筑墙体及周边有无鼠洞,及时填、抹、堵鼠洞;修复门缝和封闭孔洞,降低侵入频率。

（2）药物灭鼠

氯化苦熏蒸灭鼠:将氯化苦药液直接注入鼠洞内,每洞使用 5 ～ 10 g。投毒者应站在上风位置,以防吸入毒气。药剂投入鼠洞后,应立即堵洞,先用草团、石块等物塞住洞口,然后用细土封严实。

毒饵灭鼠:溴敌隆与饵料混合,浓度为 0.005%,将混合好的毒饵投放在毒饵站。

（四）注意事项

（1）任务实施前熟悉临床常用杀虫药和灭鼠药的使用方法和适用范围。

（2）妥善处理鼠尸,以免被其他动物吃掉引起中毒。

（3）杀虫灭鼠过程,注意自身防护,防止中毒。

任务反思

1. 养殖场杀虫的方法有哪些?
2. 养殖场灭鼠的方法有哪些?

任务 6.4　免疫接种的实施

任务目标

知识目标:1. 掌握免疫接种、疫苗的概念。
　　　　　2. 掌握疫苗的种类,以及疫苗运输和保存的方法。
　　　　　3. 了解免疫接种反应。
　　　　　4. 掌握制订免疫程序的依据。
　　　　　5. 了解评价免疫效果的方法。
　　　　　6. 掌握影响免疫效果的因素。
技能目标:1. 会给家禽和家畜免疫接种。
　　　　　2. 会测定禽流感血凝抑制抗体效价。

任务准备

免疫接种是通过给动物接种疫苗、类毒素或免疫血清等生物制品,激发动物机体产生特异性抵抗力,使易感动物转化为非易感动物的一种手段。在防控疫病的诸多措施中,免疫接种是一种经济、方便、有效的手段,是贯彻"预防为主"方针的重要措施。

一、生物制品

利用微生物、寄生虫及其组织成分或代谢产物,以及动物或人的血液与组织液等制成的,用于动物疫病的预防、诊断和治疗的生物制剂称为生物制品。主要包括疫苗、免疫血清和诊断液三大类。

（一）疫苗

疫苗是利用病原微生物、寄生虫及其组分或代谢产物制成的,用于人工主动免疫的生物制品。大体分为活疫苗、灭活疫苗、代谢产物和亚单位疫苗以及生物技术疫苗。

1. 活疫苗

活疫苗简称活苗,有强毒苗、弱毒苗和异源苗三种。

（1）强毒苗　是应用最早的疫苗种类,如我国古代民间预防天花所使用的痂皮粉末就含有强毒。使用强毒进行免疫有较大的危险,免疫的过程就是散毒的过程,所以现在严禁在生产中应用。

（2）弱毒苗　是指通过人工诱变使病原微生物毒力减弱,但仍保持良好的免疫原性或筛选自然弱毒株,扩大培养后制成的疫苗,是目前使用最广泛的疫苗。如鸡新城疫Ⅱ系、Ⅳ系弱毒苗。

弱毒苗的优点:能在动物体内有一定程度的增殖,免疫剂量小,接种途径多样,可刺激机体产生一定的全身免疫和局部免疫应答,免疫保护期长,不需要使用佐剂,应用成本低,有些弱毒苗可刺激机体细胞产生干扰素,对抵抗其他强毒的感染有一定意义。

弱毒苗的缺点:可能出现毒力增强、返祖现象,有散毒的可能,不易制成联苗,运输保存条件要求高,现多制成冻干苗。

（3）异源苗　是用具有共同保护性抗原的不同种病毒制成的疫苗。例如用火鸡疱疹病毒（HVT）预防鸡马立克病,用鸽痘病毒疫苗预防鸡痘。

2. 灭活疫苗

灭活疫苗是选用免疫原性强的病原微生物经人工培养后,用理化方法将其灭活而保留免疫原性所制成的疫苗。

灭活苗的优点:研制周期短,使用安全,容易制成联苗或多价苗。

灭活苗的缺点:不能在动物体内增殖,使用剂量大;不产生局部免疫,引起细胞介导免疫的能力弱;免疫力产生较迟,不适于紧急免疫接种;需加佐剂以增强免疫效果,只能注射免疫。

3. 代谢产物疫苗

代谢产物疫苗是利用细菌的代谢产物如毒素、酶制成的疫苗。破伤风毒素、白喉毒素、肉毒毒素经甲醛灭活后制成的类毒素有良好的免疫原性,可作为主动免疫制剂。另外,致病性大肠杆菌肠毒素、多杀性巴氏杆菌的攻击素和链球菌的扩散因子等都可用作代谢产物疫苗。

4. 亚单位疫苗

亚单位疫苗是微生物经物理和化学方法处理后,提取其保护性抗原成分制备的疫苗。微生物保护性抗原包括大多数细菌的荚膜多糖、菌毛黏附素、多数病毒的囊膜、衣壳蛋白等,以上成分经提取后即可制备不同的亚单位疫苗。此类疫苗由于去除了病原体中与激发保护性免疫无关的成分,没有微生物的遗传物质,因而无不良反应,使用安全,效果较好。口蹄疫、伪狂犬病、狂犬病等亚单位疫苗及大肠杆菌菌毛疫苗、沙门菌共同抗原疫苗已有成功的应用报道。亚单位疫苗的不足之处是制备困难,价格昂贵。

5. 生物技术疫苗

生物技术疫苗是利用生物技术制备的分子水平的疫苗,包括基因工程亚单位疫苗、合成肽疫苗、抗独特型疫苗、基因工程活苗以及 DNA 疫苗。

（1）基因工程亚单位疫苗　基因工程亚单位疫苗是用 DNA 重组技术，将编码病原微生物保护性抗原的基因导入受体菌（如大肠杆菌）或真核细胞，使其在受体细胞中高效表达，分泌保护性抗原肽链，提取保护性抗原肽链，加入佐剂制成的疫苗。现已研制出预防肠毒素性大肠杆菌病、炭疽、链球菌病和牛布鲁菌病的基因工程亚单位疫苗。

此类疫苗安全性好，稳定性好，便于保存和运输，产生的免疫应答可以与感染产生的免疫应答相区别。但因该类疫苗的免疫原性较弱，往往达不到常规疫苗的免疫水平。

（2）合成肽疫苗　合成肽疫苗是用化学合成法人工合成病原微生物的保护性多肽，并将其连接到大分子载体上，再加入佐剂制成的疫苗。合成肽疫苗的优点是可在同载体上连接多种保护性肽链或多个血清型的保护性抗原肽链，这样只要一次免疫就可预防几种疾病或几个血清型。但合成肽免疫原性一般较弱，成本昂贵。

（3）抗独特型疫苗　抗独特型疫苗是根据免疫调节网络学说设计的疫苗。如抗猪带绦虫六钩蚴独特型抗体疫苗、兔源抗 IBDV 独特型抗体疫苗。

（4）基因工程活疫苗　以某种非致病性病毒（株）或细菌为载体来携带并表达其他致病性病毒或细菌的保护性免疫抗原基因，即用基因工程方法，将一种病毒或细菌免疫相关基因整合到另一种载体病毒或细菌基因组 DNA 的片段中，构成重组病毒或细菌而制成的疫苗。常用的病毒载体有鸡痘病毒、疱疹病毒和腺病毒。细菌活载体疫苗主要有沙门菌活载体疫苗、大肠杆菌活载体疫苗、卡介苗活载体疫苗等。此类疫苗具有应用剂量小、生成成本低、使用方便、安全的优点，并能同时激发体液免疫和细胞免疫，是目前生物工程疫苗研究的主要方向之一，已有多种产品成功地用于生产实践。包括基因缺失苗、重组活载体疫苗及非复制性疫苗三类。

（5）DNA 疫苗　这是一种最新的分子水平的生物技术疫苗，将编码保护性抗原的基因与能在真核细胞中表达的载体 DNA 重组，重组的 DNA 可直接注射（接种）到动物（如小鼠）体内，刺激机体产生体液免疫和细胞免疫。目前研制中的有禽流感 H7 亚型 DNA 疫苗、鸡传染性支气管炎 DNA 疫苗、猪瘟病毒 *E2* 基因 DNA 疫苗等。

6. 多价疫苗和联合疫苗

多价疫苗简称多价苗，是指将细菌（或病毒）的不同血清型混合制成的疫苗，如巴氏杆菌多价苗、大肠杆菌多价苗。联合疫苗简称联苗，是指由两种或两种以上的细菌或病毒联合制成的疫苗，一次免疫可达到预防几种疾病的目的。如犬瘟热-犬传染性肝炎-犬细小病毒感染三联苗、猪瘟-猪丹毒-猪肺疫三联苗、鸡新城疫-产蛋下降综合征-传染性支气管炎三联苗。

给机体接种联苗可分别刺激机体产生多种抗体，它们可能彼此无关，也可能彼此影响。影响的结果，可能彼此促进，有利于抗体产生，也可能彼此抑制，阻碍抗体产生。同时，还要注意给机体接种联苗可能引起严重的接种反应，减少机体产生抗体。因此，究竟哪些疫苗可以同时接种，哪些不能，要通过试验来证明。

联苗或多价苗的应用，可减少接种次数，减少接种动物的应激反应，因而利于动物生产管理。

（二）免疫血清

动物经反复多次注射同一种抗原物质（菌苗、疫苗、类毒素等）后，机体体液中尤其是血清中产生大量抗体，由此分离所得的血清称为免疫血清，又称高免血清或抗血清。免疫血清注入机体后免疫产生快，但免疫持续期短，常用于传染病的紧急预防和治疗，属人工被动免疫。临床上常用的有抗炭疽血清、抗小鹅瘟血清、抗鸭病毒性肝炎血清、破伤风抗毒素等。

除了用免疫血清进行人工被动免疫外,还可用卵黄抗体制剂进行人工接种,例如用鸡传染性法氏囊病(IBD)卵黄抗体进行紧急接种防治 IBD。

<u>免疫血清使用的注意事项</u> 免疫血清一般保存于 2~8 ℃ 的冷暗处,冻干制品在-15 ℃ 以下保存。

(1) 早期使用 抗毒素具有中和外毒素的作用,抗病毒血清具有中和病毒的作用,这种作用仅限于未和组织细胞结合的外毒素和病毒,而对已和组织细胞结合的外毒素、病毒及产生的组织损害无作用。因此,用免疫血清治疗时,愈早愈好,以便使毒素和病毒在未达到侵害部位之前,就被中和而失去毒性。

(2) 多次足量 应用免疫血清治疗虽然有收效快、疗效高的特点,但维持时间短,因此必须多次足量注射才能收到好的效果。一般大动物预防用量为 10~20 mL,中等动物 5~10 mL,家禽预防用量 0.5~1 mL,治疗用量 2~3 mL。

(3) 途径适当 使用免疫血清适当的途径是注射,而不能经口途径。

(4) 防止过敏 用异种动物制备的免疫血清使用时可能会引起过敏反应,要注意预防,最好用提纯制品。给大动物注射异种血清时,可采取脱敏疗法注射,准备好抢救措施。

(三) 诊断液

利用微生物、寄生虫或其代谢产物,以及含有其特异性抗体的血清制成的,专供传染病、寄生虫病或其他疾病诊断以及机体免疫状态检测用的生物制品,称为诊断液。包括诊断抗原和诊断抗体(血清)。

诊断抗原包括变态反应性抗原和血清学反应抗原。如结核菌素是变态反应性抗原,对于已感染的机体,此类诊断抗原能刺激机体发生迟发型变态反应,从而来判断机体的感染情况;血清学反应抗原包括各种凝集反应抗原,如鸡白痢全血平板凝集抗原;沉淀反应抗原,如炭疽环状沉淀反应抗原;补体结合反应抗原,如鼻疽补体结合反应抗原。

诊断抗体,包括诊断血清和诊断用特殊抗体。诊断血清是用抗原免疫动物制成的,如鸡白痢血清、炭疽沉淀素血清。此外,单克隆抗体、荧光抗体、酶标抗体等也已作为诊断制剂而得到广泛应用。研制出的诊断试剂盒也日益增多。

二、疫苗的保存和运输

疫苗必须按规定的条件保存和运输,否则会使疫苗的质量明显下降而影响免疫效果甚至会造成免疫失败。一般来说,灭活疫苗要保存于 2~15 ℃ 的阴暗环境中,非经冻干的活菌疫苗(湿苗)要保存于 4~8 ℃ 的冰箱中,这两种疫苗都不应冻结保存。冻干的弱毒疫苗,一般都要求低温冷冻-15 ℃ 以下保存,并且保存温度越低,疫苗病毒(或细菌)死亡越少。如猪瘟兔化弱毒冻干苗在-15 ℃ 可保存 1 年,0~8 ℃ 保存 6 个月,25 ℃ 约保存 10 d。有些冻干苗因使用耐热保护剂而保存于 4~6 ℃。所有疫苗的保存温度均应保持稳定,温度高低波动大,尤其是反复冻融,疫苗病毒(或细菌)会迅速大量死亡。细胞结合型马立克病疫苗,必须于液氮罐中保存和运输。

疫苗运输应实行冷链运输,与保存的温度一致。疫苗运输有时达不到理想的低温要求,因此,运输时间越长,中转次数越多,疫苗病毒(或细菌)的死亡率越高。

三、免疫接种的分类

免疫接种根据时机和目的不同可分为预防免疫接种、紧急免疫接种和临时免疫接种。

1. 预防免疫接种

为预防疫病的发生和流行,平时有计划地给健康动物进行的免疫接种,称为预防免疫接种。

预防免疫接种要有针对性,除国家强制免疫的疫病,养殖场要根据本地区及本场的实际情况拟定合理的预防接种计划。

2. 紧急免疫接种

在发生疫病时,为了迅速控制和扑灭疫情,而对疫区和受威胁区内尚未发病的动物进行应急性免疫接种,称为紧急免疫接种。其目的是建立"免疫带"以包围疫区,阻止疫病向外传播扩散。

紧急免疫接种常使用高免血清,其具有安全、产生免疫快的特点,但免疫期短,用量大,价格高,不能满足实际使用需求。有些疫病(如口蹄疫、猪瘟、鸡新城疫、鸭瘟)使用疫苗紧急接种,也可取得较好的效果。紧急接种必须与疫区的隔离、封锁、消毒等防疫措施配合实施。

用疫苗紧急接种时仅对尚未发病的动物进行,对发病动物及可能感染的处于潜伏期的动物,应该在严格消毒的情况下隔离,不能接种疫苗。由于外表无症状的动物群中可能混有处于潜伏期的动物,这部分动物接种疫苗后不能获得保护,反而促使它更快发病,因此在紧急接种后的一段时间内可能出现发病动物增多的现象,但疫苗接种后很快产生抵抗力,发病率不久即可下降,最终平息疫病流行。

3. 临时免疫接种

临时为避免某些疫病发生而进行的免疫接种,称临时免疫接种。如引进、外调、运输动物时,为避免途中或到达目的地后发生某些疫病而临时进行的免疫接种。又如动物手术前、受伤后,为防止发生破伤风,而进行临时免疫接种。

四、免疫接种的方法

畜禽免疫接种的方法很多,有皮下注射、皮内注射、肌内注射、皮肤刺种、口服、气雾免疫、点眼、滴鼻等多种。在临床实践中,应根据疫苗的类型、疫病特点及免疫程序来选择适合的接种途径。

(1)皮下注射　选择皮薄、被毛少、皮肤松弛、皮下血管少的部位。马、牛等大家畜宜在颈侧中 1/3 部位,猪宜在耳后或股外侧,羊、犬宜在颈侧中 1/3 部位或股内侧,家禽在颈背部下 1/3 处。

此法的优点是操作简单,接种剂量准确,免疫效果确实,灭活苗和弱毒苗均可采用本法;缺点是逐只进行,费工费力,应激大。

(2)皮内注射　目前主要用于山羊痘和绵羊痘弱毒疫苗的免疫,注射部位多在尾根腹侧。

(3)肌内注射　应选择肌肉丰满、血管少、远离神经干的部位,牛、马、羊在颈侧中部上 1/3 处或臀部注射;猪通常在耳根后或股部注射;犬、兔宜在颈部;禽类在胸部、大腿外侧或翅膀基部注射,一般多在胸部接种。

此法的优点是免疫剂量准确,效果确实,免疫迅速,灭活苗和弱毒苗均可采用本法;缺点是局部刺激大,费工费力。

(4)胸腔注射　目前主要用于猪气喘病弱毒苗的免疫,在右侧胸腔倒数第 6 肋骨至肩胛骨后缘 3～6cm 处进针,注进胸腔内。此法能很快产生局部免疫,但是免疫刺激大,技术要求高。

（5）饮水免疫　是将可供口服的疫苗混于水中,动物通过饮水而获得免疫。此法的优点是操作方便、省时省力,能使动物群体在同一时间内进行接种,对群体的应激反应小。缺点是动物的饮水量不一,进入每一动物体内的疫苗量也不同,免疫后动物的抗体水平不均匀,免疫效果不确实,且饮水免疫必须是弱毒苗。

（6）皮肤刺种　主要用于禽痘疫苗的接种,刺种部位在翅膀内侧翼膜下的无血管处。

（7）滴鼻、点眼　用乳头滴管吸取疫苗滴于鼻孔内或眼内。多用于雏鸡新城疫Ⅳ系疫苗和传染性支气管炎疫苗的接种。

此法的优点是可避免疫苗被母源抗体中和,并能保证每只鸡得到免疫,且剂量一致;缺点是费时费力,对呼吸道刺激大。

（8）气雾免疫　此法是用压缩空气通过气雾发生器将稀释疫苗喷射出去,使疫苗形成直径 $1 \times 10^{-6} \sim 1 \times 10^{-5}$ m 的雾化粒子,均匀地浮游在空气之中,通过呼吸道吸入肺内,以达到免疫目的。气雾免疫对某些与呼吸道有亲嗜性的疫苗效果好,如新城疫弱疫苗、传染性支气管炎弱毒疫苗。

此法的优点是省时省力,全群动物可在同一短暂时间内获得同步免疫,尤其适于大群动物的免疫,免疫效果确实;缺点是需要的疫苗数量较多,对呼吸道应激大。

五、免疫接种反应

1. 免疫接种反应的类型

对动物机体来说,疫苗是外源性物质,接种后会出现一些不良反应,反应的性质和强度因疫苗及动物机体的不同也有所不同,按照反应的强度和性质可将其分为三个类型。

（1）正常反应　是由疫苗本身的特性引起的反应。某些疫苗本身有一定毒性,接种后引起机体一定反应;某些活疫苗,接种实际是一次轻度感染,这些疫苗接种后,动物常常出现一过性的精神沉郁、食欲下降、注射部位的短时轻度炎症等局部性或全身性异常表现。如果出现这种反应的动物数量少、反应程度轻、维持时间短暂,属于正常反应,一般不用处理。

（2）严重反应　是指反应性质与正常反应相似,但反应程度严重或出现反应的动物数量多。通常是由于疫苗质量低劣或毒（菌）株的毒力偏强、使用剂量过大、接种方法错误或接种对象不正确等引起。通过提高疫苗质量,按说明书正确操作,常可避免或减少严重反应的发生。

（3）过敏反应　动物接种后出现黏膜发绀、呼吸困难、呕吐、腹泻、虚脱或惊厥等全身性反应和过敏性休克症状。过敏反应主要与疫苗本身性质和培养液中的过敏原有关,也与动物本身体质有关。

2. 免疫接种反应的急救措施

（1）全身反应　轻度全身反应,一般不需做任何处理。全身反应严重者,可用抗休克、抗炎、抗感染、强心补液、镇静解痉等方法处理。

（2）局部反应　轻度的局部反应,一般不需做任何处理,较重的局部反应,可用干净毛巾热敷或对症治疗。

（3）过敏反应　接种动物发生过敏反应时,必须立即进行急救,肌内注射 0.1% 盐酸肾上腺素或地塞米松磷酸钠、盐酸异丙嗪等抗过敏药和采取其他对症治疗措施。

六、免疫程序的制订

免疫程序就是根据一定地区或养殖场内不同疫病的流行情况及疫苗特性为特定动物制订的免疫接种计划,主要包括疫苗名称、类型、接种次序、次数、途径及间隔时间。

免疫接种必须按合理的免疫程序进行,制订免疫程序时,要统筹考虑下列因素。

(1)当地疫病的流行情况及严重程度　免疫程序的制订首先要考虑当地疫病的流行情况及严重程度,据此才能决定需要接种什么种类的疫苗,达到什么样的免疫水平。

(2)疫苗特性　疫苗的种类、接种途径、产生免疫力所需的时间、免疫有效期等因素均会影响免疫效果,因此在制订免疫程序时,应进行充分的调查、分析和研究。

(3)动物免疫状况　畜禽体内的抗体水平与免疫效果有直接关系,抗体水平低的要早接种,抗体水平高的推迟接种,免疫效果才会好。畜禽体内的抗体有两大类,一是母源抗体,二是通过后天免疫产生的抗体。制订免疫程序时必须考虑抗体水平的变化规律,免疫选在抗体水平到达临界线前进行较合理。

(4)生产需要　畜禽的用途、饲养时期不同,免疫程序也不同。例如肉用家禽与蛋用家禽免疫程序就不同。蛋用家禽的生产周期长,需要进行多次免疫,且还应考虑接种对产蛋率、孵化率及母源抗体的影响;而肉用禽生产周期短,免疫疫苗种类及次数就大大减少。

(5)养殖场综合防疫能力　免疫接种是养殖场众多防疫措施之一,养殖场其他防疫措施严密得力,就可减少免疫疫苗种类及次数。

不同地区、不同养殖场可能发生的疫病不同,用来预防这些疫病的疫苗的性质也不尽相同,不同养殖场的综合防疫能力相差较大。因此,不同养殖场没有可供统一使用的免疫程序,应根据本地和本场的实际情况制订合理的免疫程序。

七、免疫效果的评价

免疫接种的目的是降低动物的易感性,将易感动物群转变为非易感动物群,从而预防疫病的发生与流行。因此,判定动物群是否达到了预期的免疫效果,需要定期对免疫动物群的发病率和抗体水平进行监测和分析,评价免疫方案是否合理,找出可能存在的问题,以期取得好的免疫效果。

1. 免疫效果评价的方法

(1)流行病学评价方法　通过免疫动物群和非免疫动物群的发病率、死亡率等流行病学指标,来比较和评价不同疫苗或免疫方案的保护效果。

(2)血清学评价　血清学评价是以测定抗体的转化率和几何滴度为依据的,多用血清抗体的几何滴度来进行评价,通过比较接种前后滴度升高的幅度及其持续时间来评价疫苗的免疫效果。如果接种后的平均抗体滴度比接种前升高4倍及以上,即认为免疫效果良好;如果小于4倍,则认为免疫效果不佳或需要重新进行免疫接种。

(3)人工攻毒试验　通过对免疫动物的人工攻毒试验,可确定疫苗的免疫保护率、安全性、开始产生免疫力的时间、免疫持续期和保护性抗体临界值等指标。

2. 影响免疫效果的因素

动物免疫接种后,在免疫有效期内不能抵抗相应病原体的侵袭,仍发生了该种疫病,或效力检查不合格,均可认为是免疫接种失败。出现免疫接种失败的原因很多,大体可归纳为疫苗因素、动物因素和人为因素三大方面。

（1）疫苗因素　主要有疫苗本身的保护性差，疫苗毒（菌）株与流行毒（菌）株血清型或亚型不一致，疫苗运输、保存不当，疫苗稀释后未在规定时间内使用，不同疫苗之间的干扰作用等。

（2）动物因素　主要有动物母源抗体水平或上一次免疫接种引起的残余抗体水平过高，动物接种时已处于潜伏期感染，动物感染免疫抑制性疾病等。

（3）人为因素　主要有免疫程序不合理，疫苗稀释错误，疫苗用量不足，接种有遗漏，接种途径错误，动物免疫接种前后使用了影响疫苗活性或免疫抑制性药物等。

八、强制免疫

1. 强制免疫制度

强制免疫制度是指我国对严重危害养殖业生产和人体健康的动物疫病，采取制订强制免疫计划，确定免疫用生物制品和免疫程序，以及对免疫效果进行监测等一系列预防控制动物疫病的强制性措施，以达到有计划按步骤地预防、控制、扑灭动物疫病的目标的制度。这项制度是动物防疫法制化管理的重要标志，充分体现了国家对动物疫病实行预防为主的方针。

2. 强制免疫的病种

实施强制免疫的病种是严重危害养殖业生产和人体健康的动物疫病。由国务院兽医主管部门确定强制免疫的动物疫病病种和区域，省、自治区、直辖市人民政府兽医主管部门也可根据本行政区域内动物疫病流行情况增加实施强制免疫的动物疫病病种和区域，报本级人民政府批准后执行，并报国务院兽医主管部门备案。

目前每年各地强制免疫病种不尽相同，2016 年国家动物疫病强制免疫病种有高致病性禽流感、口蹄疫、高致病性猪蓝耳病、猪瘟、小反刍兽疫、布鲁菌病和棘球蚴病，2017 年国家动物疫病强制免疫病种就没有了猪瘟。

3. 强制免疫费用

实行强制免疫疫苗经费由中央财政和地方财政共同按比例分担，饲养户不承担此项费用。

4. 强制免疫计划

国务院兽医主管部门根据国内外动物疫情，会同国务院有关部门制订国家动物疫病强制免疫计划。

省、自治区、直辖市人民政府兽医主管部门根据国家动物疫病强制免疫计划，制订本行政区域的强制免疫计划；县级以上地方人民政府兽医主管部门组织实施动物疫病强制免疫计划。乡级人民政府、城市街道办事处应当组织本管辖区域内饲养动物的单位和个人做好强制免疫工作。

饲养动物的单位和个人应当依法履行动物疫病强制免疫义务，按照兽医主管部门的要求做好强制免疫工作。

 任务实施

一、家禽的免疫接种

（一）材料准备

待免疫鸡、疫苗（新城疫弱毒苗、鸡痘疫苗、禽流感油剂灭活苗、稀释液）、5% 碘酊、75% 酒

精、3%来苏尔、肥皂、高压蒸汽灭菌锅、兽用连续注射器、针头(7号)、刺种针、疫苗滴瓶、量筒、气雾免疫器、饮水器、工作服、胶靴、口罩、橡胶手套、护目镜等。

（二）人员组织

将学生分组，每组5~10人，组员在各任务实施过程中轮流担任组长，组长安排本次操作分工。

（三）操作步骤

1. 预防接种前的准备

（1）器械清洗消毒　气雾免疫器、饮水器认真清洗；注射器、针头、刺种针等接种用具用清水冲洗干净，放入高压蒸汽灭菌锅灭菌。

（2）疫苗检查　免疫接种前，对所使用的疫苗进行仔细检查，有下列情况之一者不得使用：没有瓶签或瓶签模糊不清者；过期失效者；疫苗的质量与说明书不符的；瓶塞松动或瓶壁破裂者；没有按规定方法保存者。

（3）人员消毒和防护　免疫接种人员剪短手指甲，用肥皂、3%来苏尔洗手，再用75%酒精消毒手指；穿工作服、胶靴、戴橡胶手套、口罩、帽等。

（4）待免动物检查　接种前对待免疫鸡群进行健康检查，疑似患病鸡不应接种疫苗。

2. 疫苗的稀释

各种疫苗使用的稀释液及用量都有明确规定，必须严格按生产厂家的使用说明书进行操作。

（1）注射用疫苗的稀释　疫苗须用专用稀释液稀释，若没有专用稀释液，可用注射用水或生理盐水稀释。用镊子取下疫苗瓶及稀释液瓶的塑料瓶盖，用75%酒精棉球消毒瓶塞。待酒精完全挥发后，用灭菌注射器抽取少量稀释液注入疫苗瓶中，振荡，使其完全溶解，抽取溶解的疫苗注入稀释液瓶中，再用稀释液将疫苗瓶冲洗2~3次，将疫苗全部冲洗下来转入稀释液瓶中。

（2）饮水用疫苗的稀释　饮水免疫时，疫苗可用洁净的深井水稀释，不能用自来水，因为自来水中的消毒剂会把疫苗中活的微生物杀死。

（3）气雾用疫苗的稀释　气雾免疫时，疫苗最好用蒸馏水或无离子水稀释。

（4）滴鼻、点眼用疫苗的稀释　先计算稀释液的用量，每只鸡用两滴，根据总鸡只数算出稀释液的量。疫苗须用专用稀释液稀释，若没有专用稀释液，可用蒸馏水或无离子水稀释。

3. 免疫接种的方法

（1）颈部皮下注射　左手握住幼禽，在颈背部下1/3处，用大拇指和食指捏住颈中线的皮肤并向上提起，使其形成一皱褶，针头从头部方向向后沿皱褶基部刺入皮下，推动注射器活塞，缓缓注入疫苗。

（2）肌内注射　胸部、大腿部或翅膀基部，一般多用胸部。

胸肌注射时，一人保定鸡，使其胸部朝上，一人持注射器，针头与鸡胸肌成30°~45°，在胸部中1/3处向背部方向刺入胸部肌肉。腿部肌内注射时，助手一手抓住翅膀，另一手抓住一腿保定，操作者抓住另一侧腿，针头朝身体方向刺入大腿外侧肌肉。翅膀基部肌内注射时，助手一手握住鸡的双腿，另一手握住一翅，同时托住背部，使其仰卧，操作者一手抓住另一翅，针头垂直刺入翅膀基部肌肉。

（3）饮水免疫　将新城疫弱毒苗混于水中，鸡群通过饮水而获得免疫。

饮水法免疫须注意以下几个问题:① 准确计算饮水量(表 6-4-1);② 免疫前应限制饮水,夏季一般 2 h,冬季一般为 4 h;③ 稀释疫苗的饮水必须不含有任何灭活疫苗病毒或细菌的物质;④ 疫苗必须是高效价的,适当加大用量;⑤ 饮水器具要干净,数量要充足。

表 6-4-1　饮水免疫时每只雏鸡的加水量　　　　　　　　　单位:mL

日龄	加水量
<5	3 ~ 5
5—14	6 ~ 10
14—30	8 ~ 12
30—60	15 ~ 20
>60	20 ~ 40

(4)刺种　适用于鸡痘疫苗的接种。助手一手握住鸡的双腿,另一手握住一翅,同时托住背部,使其仰卧。操作者左手抓住鸡另一翅膀,右手持刺种针插入疫苗溶液中,针槽充满疫苗液后,在翅膀翼膜内侧无血管处刺针。拔出刺种针,稍停片刻,待疫苗被吸收后,将鸡轻轻放开。

(5)滴鼻、点眼　操作者左手握住雏鸡,食指和拇指固定住雏鸡头部,雏鸡眼和一侧鼻孔向上。右手持滴瓶倒置,滴头朝下,滴头与眼保持 1 cm 左右距离,轻捏滴瓶,垂直滴入一滴疫苗。滴鼻时食指堵住对侧的鼻孔,垂直滴入一滴疫苗。待疫苗完全吸入,缓慢将鸡放下。

家禽免疫接种
——点眼法

(6)气雾免疫　免疫时,疫苗用量主要根据圈舍大小而定,可按下式计算:

$$疫苗用量 = DA/TV$$

其中:疫苗用量为室内气雾免疫用的疫苗的量,单位为头(只、羽)份;D 为计划免疫剂量,单位为头(只、羽)份/头(只、羽);A 为免疫室容积,单位为 L;T 为免疫时间,单位为 min;V 为呼吸常数,即动物每分钟吸入的空气量(L),单位为 L/[min·头(只、羽)]。

疫苗用量计算好以后,关闭门窗,使气雾免疫器喷头保持与动物头部同高,向舍内四面均匀喷射。喷射完毕,30 min 后方可通风。

4. 免疫废弃物的处理

对废弃的疫苗要进行无害化销毁处理。

(1)灭活疫苗　倾于小口坑内,注入消毒液,加土掩埋。

(2)活疫苗　先高压蒸汽灭菌或煮沸消毒,然后掩埋。

(3)用过的疫苗瓶　高压蒸汽灭菌或煮沸消毒后,方可废弃。

(四)注意事项

(1)免疫接种前,必须对家禽进行临床检查,不健康者暂缓接种。

(2)已经开瓶或稀释过的疫苗,必须尽快(一般不过夜)用完,未用完的需无害化处理。

(3)针筒排气溢出的药液,应吸积于酒精棉球上,并将其收集于专用瓶内。用过的酒精棉球和吸入注射器内未用完的药液都放入专用瓶内,集中销毁。

二、家畜的免疫接种

(一) 材料准备

待免疫动物(猪、牛、羊)、疫苗(猪瘟弱毒苗、牛羊口蹄疫灭活苗、羊痘弱毒疫苗)及稀释液、0.1%盐酸肾上腺素、地塞米松磷酸钠、5%碘酊、75%酒精、高压蒸汽灭菌锅、注射器(1 mL、10 mL规格)、针头(兽用12、16、18号)、剪毛剪、镊子、体温计、工作服、胶靴、口罩、橡胶手套、护目镜、动物保定用具等。

(二) 人员组织

将学生分组,每组5~10人,轮流担任组长,负责本组操作分工。

(三) 操作步骤

1. 预防接种前的准备

(1) 器械清洗消毒、疫苗检查、人员消毒和防护的要求与家禽免疫接种相同。

(2) 待免疫动物检查　接种前对待免疫动物进行了解及临诊观察,必要时进行体温检查。凡体质过于瘦弱、体温升高或疑似患病的动物均不应接种疫苗。

2. 疫苗的稀释

各种疫苗使用的稀释液和稀释方法都有明确规定,必须严格按生产厂家的使用说明书进行操作。用75%酒精棉球擦拭消毒疫苗和稀释液的瓶盖,然后用带有针头的灭菌注射器吸取少量稀释液注入疫苗瓶中,充分振荡溶解后,再加入全量的稀释液。

3. 免疫接种的方法

(1) 皮内注射　羊痘弱毒疫苗采用皮内注射。免疫部位在尾根腹侧。

助手两手握耳,两膝夹住胸背部保定。接种部位先用5%碘酊、再用75%酒精擦拭消毒(此为常规消毒)后,接种者以左手绷紧固定皮肤,右手持注射器,使针头几乎与皮面平行,轻轻刺入皮内约0.5 cm,放松左手;左手在针头和针筒交接处固定针头,右手持注射器,徐徐注入疫苗,注射处形成一个圆丘,突起于皮肤表面。

(2) 肌内注射　牛在臀部或颈部中侧上1/3处;猪在耳后2指左右,仔猪可在股内侧;羊在颈部或股部。

牛的肌内注射:接种部位常规消毒后,接种者把注射针头取下,标定刺入深度,对准注射部位用腕力将针头垂直刺入肌肉,然后接上注射器,回抽针芯,如无回血,随即注入疫苗。注射完毕,拔出注射针头,用灭菌干棉球按压接种部位。

猪、羊的肌内注射:接种部位常规消毒后,接种者持注射器垂直刺入肌肉后,回抽一下针芯,如无回血,即可缓慢注入疫苗。注射完毕,拔出注射针头,用灭菌干棉球按压接种部位。

4. 免疫废弃物的处理

对废弃的疫苗要进行无害化销毁处理,方法同家禽的免疫接种。

5. 免疫接种后的护理与观察

免疫接种后,注意观察接种动物的饮食、精神、呼吸等情况,对严重反应或过敏反应者注射0.1%盐酸肾上腺素或地塞米松磷酸钠及时救治。

（四）注意事项

（1）在免疫接种前，对动物进行临诊检查，凡体质过于瘦弱、体温升高或疑似患病的动物均不应接种疫苗。

（2）接种时应严格执行无菌操作。

（3）已经开瓶或稀释过的疫苗，须尽快（一般不过夜）用完，未用完的需无害化处理。

（4）针筒排气溢出的药液，应吸积于酒精棉球上，并将其收集于专用瓶内。用过的酒精棉球和吸入注射器内未用完的药液都放入专用瓶内，集中销毁。

三、禽流感血凝抑制抗体效价的测定

（一）材料准备

pH 7.0~7.2 PBS、成年鸡（采血用）、禽流感血凝抗原、待检血清、微量血凝板（V形96孔板）、微量移液器、吸头、微型振荡器、恒温培养箱、离心机、天平、注射器、小烧杯、抗凝剂（3.8%的柠檬酸钠）。

（二）人员组织

将学生分组，每组5~10人，轮流担任组长，负责本组操作分工。

（三）操作步骤

1. 1%红细胞悬液配制

（1）采集抗凝血　取健康成年鸡1只，用注射器吸入抗凝剂（与血液比为1:5）采集血液，将注射器针栓略外拉形成空隙，迅速上下颠倒注射器数次混匀，以防血液凝固。

（2）离心洗涤　用20倍量pH 7.2、0.01 mol/L PBS洗涤3~4次，每次以2 000 r/min离心3~4 min，最后一次5 min。每次离心后弃去上清液，并彻底去除白细胞。

（3）配制　最后用PBS稀释成1%红细胞悬液。

2. 血凝（HA）试验

血凝（HA）试验操作方法见表6-4-2。

表6-4-2　病毒血凝（HA）试验操作术式　　　　单位：μL

孔号	1	2	3	4	5	6	7	8	9	10	11	12
PBS或生理盐水	25	25	25	25	25	25	25	25	25	25	25	50
禽流感血凝抗原	25	25	25	25	25	25	25	25	25	25	25	—
												弃25
病毒稀释倍数	2^1	2^2	2^3	2^4	2^5	2^6	2^7	2^8	2^9	2^{10}	2^{11}	对照
1%红细胞悬液	25	25	25	25	25	25	25	25	25	25	25	25
振荡1 min，20~25 ℃下作用30~40 min，或置37 ℃恒温培养箱中作用15~30 min观察结果													
结果举例	+	+	+	+	+	+	+	±	±	—	—	—

（1）用微量移液器向反应板每孔分别加PBS 25 μL。

（2）换一吸头吸取25 μL的禽流感血凝抗原，加于第1孔的PBS中，并用移液器挤压3~5

次使液体混合均匀,然后取 25 μL 移入第 2 孔,混匀后取 25 μL 移入第 3 孔,依次倍比稀释到第 11 孔,第 11 孔中液体混匀后从中吸出 25 μL 弃去。第 12 孔不加禽流感血凝抗原,为 PBS 对照。

病毒的血凝
试验

（3）换一吸头吸取 1% 红细胞悬液依次加入 1 ~ 12 孔中,每孔加 25 μL。

（4）加样完毕,将反应板置于微型振荡器上振荡 1 min,并放室温（20 ~ 25 ℃）下作用 30 ~ 40 min,或置 37 ℃恒温培养箱中作用 15 ~ 30 min 后取出,观察并判定结果。

（5）结果判定及记录

"+"表示红细胞完全凝集。凝集的红细胞完全平铺于反应板孔底,呈颗粒状或边缘不整齐或锯齿状的片状,而上层液体中无悬浮的红细胞。

"−"表示红细胞未凝集。反应孔底部的红细胞没有凝集成一层,而是全部沉淀成小圆点,位于小孔最底端,边缘整齐。

"±"表示部分凝集。红细胞下沉情况介于"+"与"−"之间。

禽流感病毒能凝集鸡的红细胞,但随着病毒液被稀释,其凝集红细胞的作用逐渐变弱,稀释到一定倍数时,就不能使红细胞出现明显凝集、部分凝集或不凝集的现象。能使一定量红细胞完全凝集的病毒最大稀释倍数为该病毒的血凝价,以 log2 的对数表示。

3. 病毒的血凝抑制（HI）试验

采用同样的血凝板,每排孔可检查 1 份血清样品。

（1）制备 4 个血凝单位的病毒抗原　用 PBS 稀释病毒抗原,使之含 4 个血凝单位的病毒抗原。病毒抗原的血凝滴度除以 4 即为 4 个血凝单位病毒抗原（简称 4 单位病毒抗原）的稀释倍数。

（2）被检血清的制备　静脉或心脏采血完全凝固后自然析出或离心得淡黄色被检血清。

（3）血凝抑制试验（HI）的操作方法（表 6-4-3）

表 6-4-3　病毒血凝抑制（HI）试验操作术式　　　　　　　单位：μL

孔号	1	2	3	4	5	6	7	8	9	10	11	12
PBS	25	25	25	25	25	25	25	25	25	25	25	50
被检血清	25	25	25	25	25	25	25	25	25	25	—	—
血清稀释倍数	2^1	2^2	2^3	2^4	2^5	2^6	2^7	2^8	2^9	2^{10}	弃 25 病毒对照	PBS 对照
4 单位病毒抗原	25	25	25	25	25	25	25	25	25	25	25	—
振荡 1 min,20 ~ 25 ℃下作用 30 min,或置 37 ℃恒温培养箱中作用 5 ~ 10 min											
1% 红细胞悬液	25	25	25	25	25	25	25	25	25	25	25	25
振荡 15 ~ 30 s,20 ~ 25 ℃下作用 30 ~ 40 min,或置 37 ℃恒温培养箱中作用 15 ~ 30 min 观察结果											
结果举例	—	—	—	—	—	—	—	−	−	+	+	+	—

病毒的血凝
抑制试验

① 用微量移液器加 PBS,第 1 ~ 11 孔各加 25 μL,第 12 孔加 50 μL。

② 换一吸头取被检血清 25 μL 置于第 1 孔的 PBS 中,挤压 3 ~ 5 次混匀,吸出 25 μL 放入第 2 孔中,然后依次倍比稀释至第 10 孔,并将第 10 孔的液体混匀后取 25 μL 弃去;第 11 孔为病毒对照,第 12 孔为 PBS 对照。

③ 用微量移液器吸取稀释好的 4 单位病毒抗原,向第 1 ~ 11 孔中分别加 25 μL。

然后,振荡 1 min,将反应板置室温(20~25 ℃)下作用 30 min,或在 37 ℃恒温培养箱中作用 5~10 min。

④ 取出血凝板,用微量移液器向每一孔中各加入 1% 红细胞悬液 25 μL,再将反应板置于微型振荡器上振荡 15~30 s,混合均匀。

⑤ 将反应板置 20~25 ℃下作用 30~40 min,或置 37 ℃恒温培养箱中作用 15~30 min,观察并记录结果。

⑥ 结果判断和记录

"-"表示红细胞凝集完全被抑制。高浓度的禽流感抗体能抑制禽流感病毒抗原对红细胞的凝集作用,使反应孔中红细胞呈圆点状沉淀于反应孔底端中央,而不出现血凝现象。

"±"表示不完全抑制。随着血清被稀释,血清的抗体含量降低,反应孔中部分病毒不被抗体结合而结合红细胞,表现红细胞一部分被凝集,一部分不被凝集,表现出部分红细胞沉淀在孔底成较小的红点状,部分细小的凝集颗粒平铺于孔底壁。

"+"表示红细胞完全凝集。血清稀释到一定倍数后,反应孔中抗体极少或完全没有,所有的病毒均能够结合红细胞,而表现为使红细胞完全凝集,凝集颗粒平铺于反应孔底,边缘不整或呈锯齿状。

能够使 4 单位病毒抗原的血凝现象完全受到抑制的血清最大稀释倍数称为血清的血凝抑制滴度或血清的血凝抑制效价,以 log2 的对数表示。

任务反思

1. 查看个人免疫接种证,你接种过哪些疫苗?
2. 疫苗如何进行运输和保存?
3. 制订免疫程序的依据包括哪些?
4. 影响免疫效果的因素有哪些?

任务 6.5　药物预防的实施

任务目标

知识目标:1. 掌握选择预防用药的原则。
　　　　　2. 掌握预防用药的方法。
技能目标:会通过药物敏感试验选择药物。

任务准备

在平时正常的饲养管理状态下,给动物投服药物以预防疫病的发生,称为药物预防。

动物疫病种类繁多,除部分疫病可用疫苗预防外,有相当多的疫病没有疫苗,或虽有疫苗但应用效果不佳。因此,通过在饲料或饮水中加入抗微生物药、抗寄生虫药及微生态制剂,来预防疫病的发生有十分重要的意义。

一、预防用药的选择

临床应用的抗微生物药、抗寄生虫药种类繁多,选择预防用药时应遵循以下原则。

(1)病原体对药物的敏感性　进行药物预防时,应先确定某种或某几种疫病作为预防的对象。针对不同的病原体选择敏感、广谱的药物。为防止产生耐药性,应适时更换药物。为达到最好的预防效果,在使用药物前,应进行药物敏感性试验,选择高度敏感的药物用于预防。

(2)动物对药物的敏感性　不同种属的动物对药物的敏感性不同,同种动物但年龄、性别不同对药物的敏感性也有差异,因此在做药物预防时应区别对待。例如,可用 3 mg/kg 速丹拌料来预防鸡的球虫病,但对鸭、鹅均有毒性,甚至会引起死亡。

兽药使用管理
概述

(3)药物安全性　使用药物预防应以不影响动物产品的品质和消费者的健康为前提,具体使用时应符合《兽药管理条例》《饲料和饲料添加剂管理条例》要求,以及农业农村部发布的禁限用兽药的规定,不用禁用药物,对待出售的畜禽使用药物预防时,应注意休药期,以免药物残留。

(4)有效剂量　药物必须达到最低有效剂量,才能收到应有的预防效果。因此,要按规定的剂量,均匀地拌入饲料或完全溶解于饮水中。有些药物的有效剂量与中毒剂量之间距离太近(如马杜拉霉素),掌握不好就会引起中毒。

(5)注意配伍禁忌　两种或两种以上药物配合使用时,有的会产生理化性质改变,使药物产生沉淀或分解、失效甚至产生毒性。如硫酸新霉素、庆大霉素与替米考星、罗红霉素、盐酸多西环素、氟苯尼考配伍时疗效会降低;维生素 C 与磺胺类配伍时会沉淀,分解失效。在进行药物预防时,一定要注意配伍禁忌。

(6)药物广谱性　最好是广谱抗菌、抗寄生虫药,可用一种药物预防多种疫病。

(7)药物成本　在集约化养殖场中,预防药物用量大,若药物价格较高,则增加了药物成本。因此,应尽可能地使用价廉而又确有预防作用的药物。

二、预防用药的方法

不同的给药方法可以影响药物的吸收速度、利用程度、药效出现时间及维持时间。药物预防一般采用群体给药法,将药物添加到饲料中,或溶解到饮水中,让动物服用,有时也采用气雾给药法。

(1)拌料给药　就是将药物均匀地拌入饲料中,让动物在采食时摄入药物。该法简便易行,节省人力,应激小,适合预防性长期给药。

拌料给药时应注意:根据动物群体重及采食量,准确掌握药量;采用分级混合法,保证药物混合均匀;注意不良反应。

(2)饮水给药　就是将药物溶解到饮水中,通过饮水进入动物体内。是家禽药物预防最常用、最方便的途径,适用于短期投药。

饮水给药所用的药物应是水溶性的。为保证动物在较短的时间内饮入足够剂量的药物,应停饮一段时间,以增加饮欲。例如,在夏季停饮 1～2 h,然后供给加有药物的饮用水,使动物在较短的时间内充分喝到药水。另外,还应根据动物的品种、季节、畜舍内温湿度、饲养方法等因素,掌握动物群一次饮水量,然后按照药物浓度,准确计算用药剂量,以保证预防效果。

（3）气雾给药　是指利用喷雾器械,将药物雾化成一定直径的微粒,弥散到空间中,让畜禽通过呼吸作用吸入体内或作用于畜禽皮肤及黏膜的一种给药方法。这种方法,药物吸收快、作用迅速、节省人力,尤其适用于现代化大型养殖场。

能应用于气雾途径的药物应该无刺激性,易溶于水。计算药量时应根据畜舍空间和气雾设备,准确计算用药剂量。

（4）外用给药　主要是为杀死动物体外寄生虫或体外致病微生物所采用的给药方法。包括喷洒、熏蒸和药浴等不同的方法。应注意掌握药物浓度和使用时间。

任务实施

细菌的药物敏感试验

（一）材料准备

接种环、酒精灯、试管架、镊子、温箱、普通营养琼脂平板、药敏试纸片（简称药敏片）、大肠杆菌和金黄色葡萄球菌的培养物。

（二）人员组织

将学生分组,每组5～10人,轮流担任组长,负责本组操作分工。

（三）操作步骤

（1）取6～8 h大肠杆菌和金黄色葡萄球菌的肉汤培养物,以密集均匀划线法,接种于普通营养琼脂平板上（磺胺类药物需用无胨琼脂平板）。

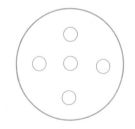

大肠杆菌药物
敏感试验

（2）用灭菌镊子夹取药敏试纸片,轻轻贴在已接种细菌的琼脂培养基表面,一次放好,不能移动。药敏试纸片离平皿边缘的距离在15～20 mm之间,而每相邻两片药敏试纸片之间的距离也不应小于15 mm,以避免相互影响（图6-5-1）。

（3）将贴好药敏试纸片的平板倒置于37 ℃温箱中培养18～24 h后取出,观察并记录分析结果。根据纸片周围有无抑菌圈及其直径大小,按表6-5-1列出的标准确定细菌对药物的敏感度。

图6-5-1　药敏试验纸片的贴法

表6-5-1　细菌对不同抗菌药物敏感度标准

药物名称	抑菌圈直径/mm	敏感度
青霉素	<10	不敏感
	11～20	中度敏感
	>20	高度敏感
链霉素及其他抗菌药物	<10	不敏感
	11～15	中度敏感
	>15	高度敏感

（四）注意事项

（1）以密集均匀划线法培养细菌。

（2）注意药敏试纸片离平皿边缘的距离及药敏片之间的距离。

任务反思

1. 选择预防用药应遵循哪些原则？

2. 预防用药的方法有哪些？

项 目 小 结

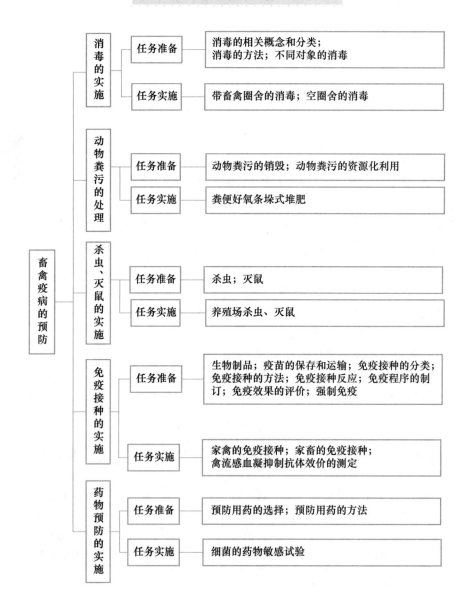

	任务准备	消毒的相关概念和分类；消毒的方法；不同对象的消毒
消毒的实施	任务实施	带畜禽圈舍的消毒；空圈舍的消毒
动物粪污的处理	任务准备	动物粪污的销毁；动物粪污的资源化利用
	任务实施	粪便好氧条垛式堆肥
杀虫、灭鼠的实施	任务准备	杀虫；灭鼠
	任务实施	养殖场杀虫、灭鼠
免疫接种的实施	任务准备	生物制品；疫苗的保存和运输；免疫接种的分类；免疫接种的方法；免疫接种反应；免疫程序的制订；免疫效果的评价；强制免疫
	任务实施	家禽的免疫接种；家畜的免疫接种；禽流感血凝抑制抗体效价的测定
药物预防的实施	任务准备	预防用药的选择；预防用药的方法
	任务实施	细菌的药物敏感试验

（畜禽疫病的预防）

项目测试

一、名词解释

消毒　预防性消毒　随时消毒　终末消毒　预防免疫接种　紧急免疫接种

二、单项选择题

1. 养殖场消毒的主要目的是(　　)。
A. 消灭传染源　　　B. 切断传播途径　　　C. 保护易感动物群　D. 保持卫生

2. 下列方法中,饮用水消毒常用的方法是(　　)。
A. 氯化法　　　　　B. 煮沸法　　　　　　C. 紫外线照射法　　D. 臭氧法

3. 在夏季采用堆粪发酵法消毒粪便,堆粪时间不少于(　　)。
A. 3 d　　　　　　B. 10 d　　　　　　　C. 3 周　　　　　　D. 2 个月

4. 生物热消毒法是利用粪便内的微生物发酵产热而使内部温度达到(　　)℃以上,经过一定的时间可以杀死细菌、病毒和寄生虫卵。
A. 30　　　　　　　B. 50　　　　　　　　C. 70　　　　　　　D. 90

5. 免疫接种时,注射针头消毒最好采用的消毒方法是(　　)。
A. 消毒剂浸泡　　　B. 火焰烧灼　　　　　C. 煮沸　　　　　　D. 巴氏消毒

6. 平时给健康动物注射疫苗等生物制品的免疫接种称为(　　)。
A. 预防免疫接种　　B. 紧急免疫接种　　　C. 临时免疫接种　　D. 补种

7. 灭活苗的适宜保存温度是(　　)℃。
A. 0　　　　　　　B. -37　　　　　　　C. 2~8　　　　　　D. -15 以下

8. 弱毒冻干苗的适宜保存温度是(　　)℃。
A. 0　　　　　　　B. -37　　　　　　　C. 2~8　　　　　　D. -15 以下

9. 鸡马立克病细胞结合苗的储藏温度是(　　)℃。
A. -196　　　　　　B. -20　　　　　　　C. 0　　　　　　　D. 4

10. 下列疫苗,免疫接种需要皮内注射的是(　　)。
A. 伪狂犬病疫苗　　B. 山羊痘疫苗　　　　C. 小反刍兽疫疫苗　D. 口蹄疫疫苗

三、判断题(正确的打√,错误的打×)

1. 圈舍的地面、墙壁可用火焰烧灼灭菌。(　　)
2. 免疫接种时,注射针头一般用 0.1% 新洁尔灭浸泡消毒。(　　)
3. 生物热消毒法主要用于粪便、污水和其他废物的生物发酵处理。(　　)
4. 苍蝇不吸血,所以不作为生物媒介传播动物疫病。(　　)
5. 长期使用某种药物,容易产生耐药性,使用药物时,最好进行药敏试验。(　　)

四、简答题

1. 常用的消毒方法有哪些?

2. 动物粪污的资源化利用方法有哪些?

3. 常用的免疫接种方法有哪些?

五、综合分析题

1. 阐述制订免疫程序的依据。

2. 设计养殖场的预防性消毒方案。

项目 **7**

畜禽疫病的诊断与治疗

项目导入

实习兽医小张所在的猪场发生疫情,小张对病死猪进行了剖检,初步判定该猪场发生了蓝耳病,遂对猪群进行治疗,但治疗一周后疫情仍继续发展。于是,小张请来高校朱老师对疫情进行诊断。朱老师通过临诊诊断和实验室检查,判定猪场发生了猪链球菌病,通过药敏实验选择敏感药物进行治疗,疫情很快得到了控制。

通过朱老师的讲解,小张了解到许多畜禽疫病在临床上表现非常相似,单纯剖检往往很难确诊。疫病临床诊断方法包括临诊诊断、流行病学调查和病理学诊断,通过临床诊断可提出初步诊断结果或疑似范围,进一步确诊还要通过实验室检查;疫病治疗需要在准确诊断的基础上,采取针对病原体的疗法对症治疗,方可取得较好的疗效。

本项目的学习内容为:(1)传染病的诊断与治疗;(2)寄生虫病的诊断与防治。

任务 7.1　传染病的诊断与治疗

任务目标

知识目标:1. 掌握传染病的诊断方法。
　　　　　2. 掌握传染病的治疗方法。
技能目标:1. 会进行动物尸体的剖检。
　　　　　2. 会进行传染病的诊断。
　　　　　3. 会根据诊断结果制订治疗方案。

任务准备

一、传染病的诊断

对已发和疑似的畜禽传染病,及时而正确的诊断是预防工作的重要环节,是有效组织防疫措施的关键。诊断畜禽传染病常用的方法有:临诊诊断、流行病学诊断、病理学诊断、微生物学诊断、免疫学诊断、分子生物学诊断等。诊断方法很多,但并不是每一种传染病和每一次诊断工作都需要全面去做,而是应该根据不同传染病的具体情况,选取一种或几种方法及时作出诊断。

（一）临诊诊断

临诊诊断就是利用人的感觉器官或借助最简单的器械(体温计、听诊器等)直接对发病动物进行检查。包括问诊、视诊、触诊、听诊、叩诊,有时也包括血、粪、尿的常规检查和 X 射线透视及摄影、超声波检查和心电图描记等。

有些传染病具有特征性症状,如狂犬病、破伤风,经过仔细的临诊检查,即可得出诊断结论。但是临诊诊断具有一定的局限性,对于发病初期未表现出特征性症状、非典型感染和临诊症状有许多相似之处的传染病,就难以作出诊断。因此多数情况下,临诊诊断只能提出可疑传染病的范围,必须结合其他诊断方法才能确诊。

（二）流行病学诊断

流行病学诊断是在流行病学调查(疫情调查)的基础上进行的,可在临诊诊断过程中进行,通过直接询问、查阅资料、现场观察等获得调查资料,然后对调查材料进行统计分析,作出诊断。某些传染病临诊症状非常相似,但其流行特点和规律却差异较大。流行病学调查的内容如下。

（1）本次疫病流行的情况　最初发病的时间、地点、随后蔓延的情况,目前的疫情分布;疫区内各种动物的数量和分布情况;发病动物的种类、数量、性别、年龄。查清感染率、发病率、死亡率和病死率。

（2）疫情来源的调查　本地过去是否发生过类似的疫病？何时何地发生？流行情况如何？是否确诊？何时采取过防控措施？效果如何？附近地区是否发生过类似的疫病？本次发病前是否从外地引进过畜禽、畜禽饲料和畜禽用具？输出地有无类似的疫病存在等。

（3）传播途径和方式的调查　本地各类有关动物的饲养管理方法;畜禽流动、收购和防疫卫生情况;交通检疫和市场检疫情况;死亡畜禽尸体处理情况;助长疫病传播蔓延的因素和控制疫病的经验;疫区的地理环境状况;疫区的植被和野生动物、节肢动物的分布活动情况,与疫病的传播蔓延有无关系。

综上所述,可以看出,疫情调查不仅给流行病学诊断提供依据,而且也能为拟订防控措施提供依据。

（三）病理学诊断

对传染病死亡畜禽的尸体进行剖检,观察其病理变化,一般情况下可作为诊断的依据。像鸡马立克病、猪气喘病等的病理变化有较大的诊断价值。但最急性死亡病例,有的特征性的病变尚未出现,尽可能多检查几只,并选症状比较典型的剖检。有些传染病除肉眼检查外,还需作病理组织学检查。有的还需检查特定的器官组织,如疑为狂犬病时取大脑海马角组织进行包含体检查。

（四）微生物学诊断

应用兽医微生物学的方法进行病原学检查是诊断传染病的重要方法。

1. 细菌病的诊断方法

（1）病料的采集、保存与运送　病料的采集要求进行无菌操作,所用器械、容器等需事先灭菌。一般选择濒死或刚刚死亡的动物。病料必须采自含病原菌最多的病变组织或脏器,采集的病料不宜过少。

取得病料后,应存放于有冰的保温瓶或 4～10 ℃ 冰箱内,由专人及时送检,并附临床病例说明,如动物品种、年龄、送检的病料种类和数量、检验目的、发病时间和地点、死亡率、临床症状、免疫和用药情况等。

(2) 细菌的形态检查　在细菌病的实验室检查中,形态检查的应用有两个时机。一是将病料涂片染色镜检,它有助于形成对细菌的初步认识,也是决定是否进行细菌分离培养的重要依据,有时通过这一环节即可得到确诊。如禽霍乱和炭疽有时可通过病料组织触片、染色、镜检得到确诊。另一个时机是在细菌的分离培养之后,将细菌培养物涂片染色,观察细菌的形态、排列及染色特性,这是鉴定分离菌的基本方法之一,也是进一步进行生化鉴定、血清学鉴定的前提。

(3) 细菌的分离培养　根据所分离病原菌的特性,选择适当的培养基和培养条件进行培养。细菌分离的培养的方法很多,最常用的是平板划线接种法。各类细菌都有其各自的培养生长特性,可作为鉴别细菌种属的重要依据。

(4) 细菌的生化试验　不同的细菌,新陈代谢产物各异,表现出不同的生化性状,这些性状对细菌种属鉴别有重要价值。常用的生化反应有糖发酵试验、靛基质试验、V-P 试验、甲基红试验、硫化氢试验等。

(5) 动物接种试验　最常用的有本动物接种和实验动物接种。动物接种试验可证实所分离的菌是否有致病性,即将分离鉴定的细菌人工接种易感动物,然后根据对该动物的致病力、临床症状和病理变化等现象判断其毒力。

2. 病毒病的诊断方法

(1) 病料的采集、保存和运送　病毒病病料采集时要无菌操作,采集的病料可冷冻保存。送样同细菌病病料。

(2) 包含体检查　有些病毒能在易感细胞中形成包含体。将被检材料直接制成涂片、组织切片或冰冻切片,经特殊染色后,用普通光学显微镜检查。

(3) 病毒的分离培养　将采集的病料接种动物、禽胚或组织细胞,进行病毒的分离培养。供接种的病料应除菌,除菌方法有过滤除菌、高速离心除菌和用抗生素处理三种。被接种的动物、禽胚或细胞经一定时间后,可用血清学试验等鉴定病毒是否生长。

(4) 动物接种试验　取病料或分离到的病毒处理后接种实验动物,观察记录动物的发病时间、临床症状及病变甚至死亡的情况,也可借助实验室的方法来判断病毒的存在。

(五) 免疫学诊断

免疫学诊断是诊断传染病和检疫常用的重要方法,包括血清学试验和变态反应两类。

(1) 血清学试验　是利用抗原和抗体特异性结合的免疫学反应进行诊断,具有特异性强、检出率高、方法简易快速的特点。可以用已知抗原来测定被检动物血清中的特异性抗体,也可以用已知抗体来测定被检材料中的抗原。血清学试验有中和试验、凝集试验、沉淀试验、溶细胞试验、补体结合试验、免疫标记技术等。

(2) 变态反应　结核分枝杆菌、布鲁菌等细胞内寄生菌,在传染的过程中,能引起以细胞免疫为主的Ⅳ型变态反应。这种变态反应以病原微生物或其代谢产物作为变应原,是在传染过程中发生的,因此称为传染性变态反应。临床上对于这些细胞内寄生菌引起的慢性传染病,常利用传染性变态反应来诊断。如利用结核菌素给动物皮内注射,然后根据局部炎症情况判定是否感染结核病。

（六）分子生物学诊断

分子生物学诊断又称基因诊断。主要是针对不同病原微生物所具有的特异性核酸序列和结构进行测定。其特点是反应的灵敏度高，特异性强，检出率高。是目前最先进的诊断技术。主要方法有核酸探针、PCR 技术和 DNA 芯片技术。

二、传染病的治疗

（一）畜禽传染病治疗的意义

畜禽传染病的治疗，一方面是挽救发病畜禽，减少损失；另一方面是消除了传染源，是综合性防控措施的重要组成部分。传染病的治疗还应考虑经济问题，用最少的花费取得最佳的治疗效果。目前对有些疫病尚无有效的疗法，当认为发病畜禽无法治愈；或治疗需要时间很长，所用医疗费用过高；或当发病畜禽对周围的人和其他动物有严重的传染威胁时，可以淘汰扑杀。因此，我们既要反对那种治疗可有可无的偏见，又要反对那种只管治不管防的单纯治疗观点。

（二）畜禽传染病治疗的原则

畜禽传染病的治疗与普通病不同，治疗传染病畜禽要注意以下几点：

（1）治疗传染病畜禽，必须在严格隔离的条件下进行，务必使治疗的发病畜禽不致成为散播病原体的传染源。

（2）对因治疗和对症治疗相结合，既要考虑针对病原体，消除其致病作用，又要帮助动物机体增强一般抗病能力和调整、恢复生理功能，"急则治标，缓则治本"。

（3）局部治疗和全身治疗相结合。

（4）中西医治疗相结合，取中西医之长，达到最佳治疗效果。

（三）治疗方法

1. 针对病原体的疗法

针对病原体的疗法就是帮助机体杀灭或抑制病原体，或消除其致病作用的疗法。可分为特异性疗法、抗生素疗法和化学疗法等。

（1）特异性疗法　应用针对某种传染病的高免血清、卵黄抗体等特异性生物制品进行治疗，因为这些制品只对某种特定的传染病有效，而对他种病无效，故称为特异性疗法。例如犬瘟热血清只能治疗犬瘟热，鸭病毒性肝炎血清只对鸭病毒性肝炎有效。

（2）抗生素疗法　抗生素是治疗细菌性传染病的主要药物，使用抗生素时应注意以下几点。

① 掌握抗生素的适应证　抗生素各有其主要适应证，可根据临诊诊断，估计致病菌种，掌握不同抗菌药物的抗菌谱，选用适当药物。最好以分离的病原菌进行药物敏感试验，选择对此菌敏感的药物用于治疗。

② 考虑用量、疗程、给药途径、不良反应、经济价值　抗生素在机体内要发挥杀灭或抑制病原菌的作用，必须在靶组织或器官内达到有效的浓度，并维持一定的时间。疗程应根据疾病的类型、病畜的具体情况决定，一般急性感染的疗程不宜过长，可于感染控制后 3 d 左右停药。同时，血中有效浓度维持时间受药物在体内的吸收、分布、代谢和排泄的影响。因此，应在考虑各药的药物动力学、药效学特征的基础上，结合畜禽的病情、体况，制订合适的给药方案，包括药物种类、给药途径、剂量、间隔时间及疗程等。

③ 不要滥用　滥用抗生素不仅对病畜无益,反而会产生种种危害。

④ 联合用药　联合应用抗菌药的目的主要在于扩大抗菌谱、增强疗效、减少用量、降低或避免毒副作用,减少或延缓耐药菌株的产生。

联合用药在下列情况下应用:用一种药物不能控制的严重感染或混合感染;病因未明而又危及生命的严重感染,先进行联合用药,确诊后再调整用药;容易出现耐药性的细菌感染;需要长期治疗的慢性疾病,为防止耐药菌的出现而进行联合用药。

抗生素的联合应用应结合临诊经验控制使用。联合应用时有可能通过协同作用增进疗效,如青霉素与链霉素的合用,土霉素与红霉素合用主要可表现协同作用。但是不适当的联合用药(如青霉素与红霉素合用,土霉素与头孢类合用长产生拮抗作用),不仅不能提高疗效,反而可能影响疗效,而且增加了病菌对多种抗生素的接触机会,更易广泛地产生耐药性。

抗生素和磺胺类药物的联合应用,常用于治疗某些细菌性传染病。如链霉素和磺胺嘧啶的协同作用,可防止病菌迅速产生对链霉素的耐药性。

（3）化学疗法　使用有效的化学药物帮助动物机体消灭或抑制病原体的治疗方法,称为化学疗法。

2. 针对动物体的疗法

在畜禽传染病的治疗过程中,既要考虑针对病原体,消除其致病作用,又要帮助动物体增强一般抗病能力和调整、恢复生理功能,促使机体战胜疾病,恢复健康。

（1）加强护理　对发病畜禽的护理工作是治疗工作的基础。畜禽传染病的治疗,应在严格隔离的畜禽舍中进行;冬季应注意防寒保暖,夏季注意防暑降温,隔离舍必须光线充足、安静、干燥、通风良好,并进行随时消毒,严禁闲人入内。供给发病畜禽充分的清洁饮水,使用单独的饮水用具。给以易于消化的高质量饲料,少喂勤添,必要时可人工灌服。根据病情的需要,亦可注射葡萄糖、维生素或其他营养性物质以维持其生命。此外,应根据当时当地的具体情况、病的性质和该发病畜禽的临诊特点进行适当的护理工作。

（2）对症治疗　在传染病治疗中,为了减缓或消除某些严重的症状、调节或恢复机体的生理机能而进行的内外科疗法,均称为对症治疗。如使用退热、止痛、止血、镇静、兴奋、强心、利尿、轻泻、止泻、防止酸中毒和碱中毒、调节电解质平衡等药物以及某些急救手术和局部治疗等,都属于对症治疗的范围。

任务实施

一、动物尸体的剖检

（一）材料准备

病(死)鸡(或猪、牛、羊),剥皮刀、解剖刀、手术刀、肠剪、骨钳、板锯(弓锯)、骨斧、镊子、手术剪、磨刀石(棒)、注射器、针头、瓷盘(盆或缸)、消毒液、药棉、纱布、铁锹、运尸车、绳子、棉花、纱布、工作服、口罩、风镜、胶鞋、手套、消毒剂、燃料等。

（二）人员组织

将学生分组,每组 5～10 人,轮流担任组长,负责本组操作分工。

（三）操作步骤

1. 病（死）鸡的解剖内容和程序

（1）鸡的致死　活鸡用脱颈法致死。

（2）了解死禽的一般状况　除种别、性别、年龄等，还要了解禽群的饲养管理状况，发病经过及病禽状况、死亡数等。

（3）外部检查　先观察全身羽毛的状况，看看是否光泽，有无污染、脱毛等现象；泄殖腔周围的羽毛有无粪便污染；皮肤有无出血、肿胀；关节及脚趾有无脓肿、出血；冠髯、面部是否肿胀、发绀、出血，有无痘疹。压挤鼻孔有无液体流出，口腔有无黏液。检查两眼虹膜的颜色。最后触摸腹部有无变软或积有液体。

剖检前用消毒液将尸体表面及羽毛浸湿，以防剖检时有绒毛和尘埃飞扬。

（4）皮下检查　尸体仰卧（即背位），用力掰开两腿，使髋关节脱位。在胸骨嵴部切开皮肤，观察皮下有无出血，观察胸部肌肉的丰满程度、有无出血、变性。观察龙骨是否变形、弯曲。在颈椎两侧寻找并观察胸腺是否肿胀，有无出血点、坏死点。检查嗉囊内容物的数量及性状，腹围大小，腹部的颜色等。

（5）内脏检查　在后腹部，将腹壁横向切开。顺切口的两侧分别向前剪断胸肋骨、乌喙骨及锁骨，掀除胸骨，暴露体腔。注意观察各内脏的位置、颜色，浆膜是否有渗出物，体腔内有无液体，各脏器之间有无粘连。

① 肝和胆囊　先检查肝的大小、颜色、质度，边缘是否钝，表面有无坏死点（灶）；纵行切开肝，检查肝切面及血管状况。再检查胆囊大小、胆汁的多少、颜色、黏稠度及胆囊黏膜的状况。

② 脾　在腺胃和肌胃交界处的右方找到脾，检查脾的大小、颜色，然后将脾切开，检查淋巴滤泡及脾髓状况。

③ 胃肠　在心脏的后方剪断食道，向后牵拉腺胃，剪断肌胃与其背部的联系，再按顺序将肠管与肠系膜分离，然后在泄殖腔的前端切断直肠，即可取出腺胃、肌胃和肠道。在分离肠系膜时，应检查肠系膜是否光滑，有无肿瘤散布。

剪开腺胃，检查内容物的性状、黏膜及腺乳头有无充血、出血，胃壁有无增厚等。

观察肌胃浆膜上有无出血，肌胃的硬度。然后从大弯部切开，检查内容物及角质膜的性状；再撕去角质膜，检查角质膜下的状况，看有无出血、溃疡。

检查直肠、盲肠及小肠各段的肠管是否扩张，浆膜血管是否明显，浆膜上有无结节。沿肠系膜附着部剪开肠道，检查各段肠内容物的性状，黏膜颜色，肠壁是否增厚，肠壁上淋巴集结以及盲肠起始部的盲肠扁桃体是否肿胀，有无出血、坏死。盲肠腔中有无出血或干酪样的栓塞物。

④ 心脏　纵行剪开心包观察心脏外形，纵轴和横轴的比例，检查心包液的性状，心包膜的透明度，心外膜是否光滑，有无出血、渗出物和尿酸盐沉积，有无结节生长。取出心脏，剖开左右两心室，注意心肌断面的色彩、质度及心内膜有无出血。

⑤ 肺、肾、肾上腺及生殖器官、腔上囊等　检查肺的颜色、质度，必要时，可从肋骨间挖出肺，切开，观察切面上支气管及肺泡囊的性状，有无炎症、实变、坏死、结节等。检查气囊的厚薄，有无渗出物、霉斑。检查肾的颜色、质度、输尿管中尿酸盐的含量。检查睾丸的大小、颜色，二者是否

一致。检查卵泡及卵巢的大小、颜色、形态。剪开输卵管,检查黏膜的情况。观察腔上囊大小,并切开检查其腔内容物的性状及皱褶的情况。

⑥ 口腔及颈部器官 剪开一侧口角,观察后鼻孔、腭裂及喉口有无分泌物堵塞,口腔黏膜有无伪膜。再剪开喉头、气管及食道,检查管腔及黏膜的性状,有无渗出物、黏液;检查渗出物的性状,黏膜的颜色,有无出血、伪膜等。

⑦ 周围神经 在脊柱两侧,仔细地将肾剔除,露出腰荐神经丛;在大腿内侧,剥离内收肌,寻出坐骨神经;对比观察两侧神经的粗细、横纹及色彩、光滑度。然后将尸体翻转,使背朝上,在肩胛和脊椎之间切开皮肤找臂神经(即颈胸神经)。在颈椎的两侧检查迷走神经。

⑧ 大小脑 切开顶部皮肤,露出颅骨。在两侧眼眶后缘之间剪断额骨,再从两侧剪开顶骨至枕骨大孔,掀去脑盖,暴露大脑、丘脑及小脑。观察脑膜情况,有无充血、出血。

2. 病(死)猪的解剖内容和程序

(1)病史调查 先了解猪群的发病、死亡情况,饲养管理,防疫注射,以及病死猪的症状、治疗概况,然后进行外表检查。

(2)外部检查 检查尸僵是否完全;被毛是否有光泽;皮肤有无外伤,有无出血斑块;耳部、上唇吻突及鼻孔周围有无水泡、糜烂;鼻孔有无分泌物,一侧颜面部有无变形;眼角有无眼屎;眼结膜有无黄染、贫血及小点出血等;齿龈有无出血、溃疡;尾部和肛门周围有无粪污等。

(3)皮下检查 猪的剖检一般是采用背位姿势。剥开皮肤,检查皮下有无出血、淤血、水肿等病变,检查体表淋巴结的大小、颜色,有无出血、充血、水肿、坏死等病变。

(4)胸腹腔检查 从胸骨柄至耻骨前缘,沿腹中线切开腹壁。观察腹腔中有无渗出液,渗出液的颜色、数量和性状;腹膜及腹腔器官浆膜是否光滑,肠壁有无粘连;再沿肋骨弓将腹壁两侧切开,侧腹腔器官全部暴露。

沿两侧肋骨与肋软骨交界处,切断软骨,再切断胸骨与膈和心包的联系,暴露胸腔。检查胸腔、心包腔有无积液及其性状,胸膜是否光滑、有无粘连等。

(5)内脏检查 胸、腹腔器官连同摘出,或者将舌、咽、喉头、气管、食道、心、肺、肝、脾、胃肠一起摘出,再分开检查。

① 消化系统检查 检查舌根两侧有无水肿,扁桃体有无坏死、化脓。

检查肝是否肿大,质度是否变脆或变硬;小叶结构是否清楚,有无散在的坏死点;肝切面的血液量和颜色;检查胆囊的大小,胆汁的多少,黏膜有无出血、坏死,胆囊壁是否变厚、水肿。

检查胃浆膜有无出血,有无寄生虫结节;胃黏膜有无出血、溃疡;胃壁是否变厚,黏膜下有无水肿液。

检查脾的大小、颜色、质度,边缘是否钝圆,有无梗死。切面脾髓是否软化。

检查肠浆膜有无出血,肠系膜有无水肿,肠系膜淋巴结有无肿胀、出血、坏死。然后剪开肠腔,检查肠内容物的形状,黏膜有无出血、充血、溃疡等变化;观察胆管开口处有无蛔虫阻塞。

② 呼吸道检查 观察喉头、会厌软骨有无出血点,声门有无出血、水肿。检查肺表面是否光滑,有无出血和纤维素渗出;肺有无实变,观察实变区的颜色、范围的大小、分布状况,是否两侧病变对称;肺有无气肿、水肿,如果肺主叶有明显的散在小叶气肿,切开气肿的小叶,挤压小支气管,看有无肺线虫寄生。检查肺切面,看肺组织的颜色、质度、血液含量,各肺小叶的情况是否一致。如果有肺水肿时,则切面有多量带有泡沫的液体流出。切开气管、支气管,检查有无

渗出物。

③ 心脏检查　剖开胸腔后,观察心包腔有无积液,量多少。检查心外膜有无出血,心脏大小,横轴与纵轴的比例,心室收缩或扩张的状态。然后沿左、右侧纵沟剪开左、右心室心房,观察心肌有无变性质脆,有无黄、红相间的条纹(虎斑心);观察心内膜乳头肌有无出血;心瓣膜,特别是左心房室瓣膜有无增厚或短缩,或呈菜花样增生。

④ 泌尿系统检查　剥除肾被膜,观察肾表面的颜色,有无出血、淤血、梗死;纵向剖检肾,检查皮质、髓质的厚薄比例、颜色,皮质的放射状条纹是否清楚,有无出血,肾乳头、肾盂有无出血等。

检查黏膜有无出血,膀胱内有无结石,尿液的颜色、黏稠度。

检查输尿管是否增粗、屈曲,尿路有无阻塞。

⑤ 生殖系统检查　公猪检查睾丸大小,切开检查有无化脓灶。母猪检查子宫大小,从背部剪开子宫,检查有无死胎、胎衣滞留或蓄脓等情况。

⑥ 鼻腔检查　先检查鼻、咽部有无肿物,其大小、形状、颜色,有无阻塞。如果外表检查时发现面部变形,应横向锯断鼻腔,检查鼻骨有无异常,鼻腔、鼻窦中有无渗出物。

⑦ 脑检查　从环枕关节处,将头割下,剥开额顶部皮肤。在两眼眶之间横劈额骨,然后再将两侧颞骨及枕骨髁劈开,掀掉颅顶骨,暴露颅腔。检查脑膜有无充血、出血。脑炎时,肉眼变化多不明显,只有做切片,在显微镜下检查,才能确认。

(四) 尸体剖检和病料采集注意事项

(1) 尽可能多剖检几只死亡病例。

(2) 怀疑是炭疽时,先做末梢血液涂片,必要时取脾抹片、染色镜检,排除炭疽后再解剖。

(3) 采取病料应在死后立即进行,夏季不超过 5 ~ 6 h,冬季不超过 24 h。

(4) 病料在短时间内不能送到检验单位时,用保存液保存。

二、畜禽传染病诊断方法与治疗方案的调查

(一) 材料准备

当地动物医院、登记表、防护服、口罩、手套、消毒剂等。

(二) 人员组织

将学生分组,每组 5 ~ 10 人,轮流担任组长,负责本组操作分工。

(三) 操作步骤

(1) 临诊诊断的调查　通过查阅动物医院门诊记录表、询问门诊老师、现场调查某畜禽传染病的诊断过程,填写临床诊断登记表(表 7-1-1)。

表 7-1-1　临床诊断登记表

养殖场名称		畜主姓名		联系方法	
养殖场地址		养殖动物种类		养殖规模	
发病动物种类		发病年(日)龄		发病地点(圈/舍/栏)	
发病时间		开始死亡时间		病程	

续表

临床表现	发病数：_____头/只,幼龄畜禽_____头/只,青年畜禽_____头/只,成年畜禽_____头/只,种畜禽_____头/只。发病率_____% 死亡数：_____头/只,幼龄畜禽_____头/只,青年畜禽_____头/只,成年畜禽_____头/只,种畜禽_____头/只。死亡率_____% 主要临诊症状： 主要病理变化：
初步诊断结果	

（2）实验室检查的调查　采集病料样品的种类、数量、采集方法,实验室检查方法,填写实验室检查登记表（表7-1-2）。

表 7-1-2　实验室检查登记表

采样/送样情况	血清：_____份;抗凝血：_____份;其他液体样品（_____）：_____份 拭子(□口咽　□鼻　□肛　□肠　□其他)：_____份;死胎：_____份 脏器(□心　□肝　□脾　□肾　□淋巴结　□肺　□脑　□其他_____)：_____份
诊断项目	
诊断方法	
诊断结果	

（3）治疗方案的调查　查看治疗方案,电话回访治疗效果,填写治疗情况登记表（表7-1-3）。

表 7-1-3　治疗情况登记表

药物治疗方案	
紧急接种	□无　□有_____
其他措施	
治疗效果	治疗一个疗程后,电话回访治疗效果：

（四）注意事项

（1）在调查过程中,小组成员要分工明确、各负其责,同时又要协同互助。

（2）询问调查时,语气平和,自然流畅。

（3）在调查过程中,严格遵守生物安全要求。

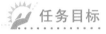

任务反思

1. 畜禽尸体剖检的注意事项有哪些？
2. 应用抗生素治疗畜禽传染病时，什么情况下联合用药？

任务 7.2　寄生虫病的诊断与防治

任务目标

知识目标：1. 掌握寄生虫病的诊断方法。
　　　　　2. 掌握寄生虫病的预防措施。
技能目标：会进行寄生虫的诊断和治疗。

任务准备

一、寄生虫病的诊断

寄生虫病的诊断要在流行病学调查的基础上，进行临诊检查、实验室检查、尸体剖检，发现寄生虫的某一发育虫期，方可确诊。但有时即使生前诊断或尸体解剖检查到病原体，也无法确定该疾病是否由寄生虫感染引起。因此，在判定某种疾病是否由寄生虫感染引起时，需结合流行病学资料，临床症状，病理变化和虫卵、幼虫或虫体计数结果等情况综合判断。

1. 流行病学调查

流行病学调查为寄生虫病的诊断提供重要依据，内容包括感染来源、途径、中间宿主和传播媒介的存在与分布等。

2. 临诊检查

在临床检查时，根据某些寄生虫病特有的症状，如脑棘球蚴病（脑包虫病）的"回旋运动"、疥癣病的"巨痒"等可初步诊断。对于某些外寄生虫病如牛皮蝇蚴病、虱病、蜱虫病等，发现病原体，可初步诊断。多数病例在临床上仅表现为消化功能障碍、消瘦、贫血和发育不良等慢性、消耗性疾病的症状，虽然特征不明显，但可作为诊断寄生虫病的参考。

3. 实验室检查

（1）病原学检查　从动物的血液、组织液、排泄物、分泌物或活体组织中检查寄生虫的某一发育虫期，如虫体、虫卵、幼虫、卵囊、包囊。

方法：粪便检查（虫体检查法、虫卵检查法、毛蚴孵化法、幼虫检查法等）、皮肤及其刮取物检查、血液检查、尿液检查、生殖器分泌物检查、肛门周围刮取物检查、痰及鼻液检查和淋巴穿刺物检查。

皮肤及其刮取物
检查螨虫

（2）免疫学检查　免疫学检查是利用寄生虫和机体之间产生抗原–抗体的特异性反应进行的检查，是寄生虫病生前诊断的重要的辅助方法。

4. 寄生虫病学剖检

寄生虫病学剖检既要检查组织器官的病理变化,又要检查寄生于组织器官的寄生虫,并确定寄生虫的种类和数量,便于确诊。

5. 药物诊断

对可疑患畜,用特效药进行驱虫或治疗。适用于患畜生前不能用实验室检查方法进行诊断的寄生虫病或无条件进行实验室检查的寄生虫病的诊断。

(1)驱虫诊断　收集驱虫后 3 d 以内畜禽排出的粪便,用肉眼找虫体。适用于绦虫病、线虫病、胃蝇幼虫病等胃肠道寄生虫病的诊断。

(2)治疗诊断　治愈或无效。

二、寄生虫病的防治措施

1. 消除感染源

通过治疗患病动物或减少患病动物和带虫者向外界散播病原体来消除感染源。

(1)预防性驱虫　按寄生虫病的流行规律定时投药,预防性驱虫尽可能实施成虫期前驱虫。如肉仔鸡饲养中,把抗球虫药作为添加剂加入饲料中使用;北方地区防治绵羊蠕虫病多采取一年两次驱虫的措施,春季驱虫在放牧前进行,防止牧场被污染,秋季驱虫在转入舍饲后进行,将动物已经感染的寄生虫驱除,防止发生寄生虫病畜散播病原体。

(2)消除保虫宿主　某些寄生虫病的流行,与犬、猫、野生动物和鼠类等保虫宿主关系密切,因此,应对犬和猫严加管理,搞好灭鼠工作。

(3)加强卫生检验　某些寄生虫病可以通过被感染的动物性食品传播给人类,如猪囊尾蚴病、旋毛虫病。因此,要加强卫生检查工作,防止病原体扩散。

(4)外界环境除虫　环境是易被寄生虫污染的场所,也是宿主遭受感染的场所,搞好环境卫生是减少或预防寄生虫感染的重要环节。环境卫生有两方面的内容:一是尽可能地减少宿主与感染源接触的机会,例如,清除粪便,打扫厩舍;二是设法杀灭外界环境中的病原体,例如,粪便堆积发酵,利用生物热杀灭虫卵或幼虫;清除寄生虫的中间宿主或媒介等。

2. 阻断传播途径

(1)轮牧　利用寄生虫的某些生物学特性可以设计轮牧方案。如绵羊线虫的幼虫在夏季牧场上需要多长时间发育到感染阶段,假如是 7 d,那么便可以让羊群在第 6 天离开,转移到新的牧场;原来的牧场可以放牧马,因为绵羊线虫不感染马。而那些绵羊线虫的感染幼虫在夏季牧场上只能保持感染力一个半月,那么一个半月后,羊群便可返回牧场。

(2)避蜱放牧　传播牛环行泰勒虫病的残缘璃眼蜱是圈舍蜱,在内蒙古成蜱每年 5 月出现,与环行泰勒虫病的爆发同步,均为每年一次。可使牛群于每年 4 月中、下旬离圈放牧,便可避开蜱的叮咬和疾病的爆发,又可在空圈时灭蜱。

(3)消灭中间宿主和传播媒介　中间宿主和传播媒介是较难控制的,可以利用它们的习性,设法回避或加以控制。如羊莫尼茨绦虫的中间宿主是地螨,地螨畏强光,怕干燥;潮湿和草高而密的地带数量多,黎明和日暮时活跃。据此可采取避螨措施以减少绦虫的感染。在小型人工牧场上,应尽可能改善环境卫生,创造不利于各种寄生虫中间宿主(蚂蚁、甲虫、蚯蚓、蜗牛等)隐匿和滋生的条件。

3. 提高动物自身抵抗力

这是必不可少的措施,如给予全价饲料,改善管理,减少应激因素等。

4. 免疫预防

寄生虫病的免疫预防尚不普遍。蠕虫病中,牛肺线虫的致弱苗使用历史较长。原虫病中,鸡球虫有强毒苗和弱毒苗;兔球虫个别虫种有早熟减毒苗;牛泰勒原虫和巴贝斯原虫也都有弱毒虫苗;近几年也有几种基因工程苗进入临床应用,如微小牛蜱、细粒棘球绦虫、猪囊虫、鸡球虫等的基因工程重组苗。

寄生虫的发育史复杂,必须针对其发育史和流行病学中的各个关键性环节,采取综合措施才能收到防治之效。单一驱虫和杀虫的做法常不能奏效,有时甚至是有害的。

任务实施

当地动物医院中畜禽寄生虫病的诊断与治疗

(一) 材料准备

患寄生虫病畜禽、驱虫药、给药用具、称重用具、粪便检查用具、工作服、手套、胶靴、各种记录表格、防护服、口罩、手套、消毒剂等。

提前查阅资料了解当地动物医院以及常见寄生虫病情况。

(二) 人员组织

将学生分组,每组 5~10 人,轮流担任组长,负责本组操作分工。

(三) 操作步骤

(1) 临诊检查　对当地动物医院畜禽门诊来就诊的患病动物进行临床症状检查和体表寄生虫检查并记录检查结果。

(2) 流行病学调查　结合临诊诊断情况,通过询问养殖户的方式进行流行病学调查。

(3) 解剖检查　对畜禽尸体进行剖检,检查有无寄生虫虫体并记录形态特征。

(4) 初步诊断　根据临诊诊断、流行病学调查和解剖检查提出初步诊断或提出可疑寄生虫病的范围。

(5) 病原学诊断　根据临床诊断的结果,选择相应病料进行寄生虫虫卵、卵囊或虫体的检查,并记录其形态特征。

(6) 综合判断　结合流行病学资料,临床症状,病理变化和虫卵、幼虫或虫体计数结果等情况综合判断。

(7) 提出治疗方案　根据诊断结果提出治疗方案。

(8) 撰写诊断报告和治疗方案。

(四) 注意事项

(1) 在诊断过程中,小组成员要分工明确、各负其责,又要协同互助。

(2) 在诊断过程中,严格遵守生物安全要求。

任务反思

1. 每次畜禽疫病诊断都需要用到所有的诊断方法吗？
2. 为什么有时候会出现临诊诊断和实验室检查结果不一致的情况？
3. 阻断畜禽寄生虫病传播途径的方法有哪些？
4. 如何消除畜禽寄生虫病传染源？

项 目 小 结

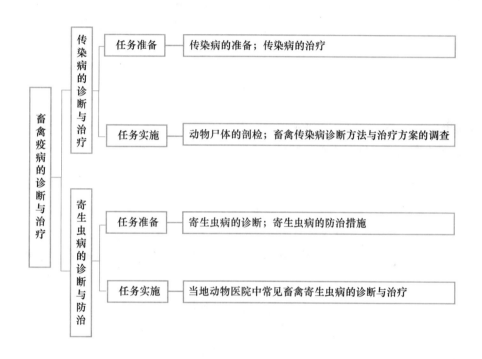

项 目 测 试

一、单项选择题

1. 对于某些具有特征性临诊症状的典型病例，经过仔细的(　　　)，一般不难作出诊断。

A. 病理学诊断　　　B. 临诊诊断　　　　C. 微生物学诊断　　　D. 免疫学诊断

2. 畜禽疫病诊断方法，不属于流行病学调查方法的是(　　　)。

A. 询问调查　　　　B. 临床症状检查　　　C. 现场观察　　　　D. 实验室检查

3. 下列诊断方法，属于免疫学诊断的是(　　　)。

A. 微生物学诊断和血清学试验　　　　　B. 血清学试验和变态反应试验

C. 微生物学诊断和变态反应试验　　　　D. 微生物学诊断和血清学试验

4. 下列诊断方法,不属于寄生虫病诊断方法的是(　　)。

A. 病原学诊断　　　　B. 免疫学诊断　　　　C. 动物接种试验　　　　D. 药物诊断

5. 下列疫病防治方法中,不属于寄生虫病防治方法的是(　　)。

A. 控制和消灭传染源　　　　　　　　　　B. 提高动物抵抗力

C. 切断传播途径　　　　　　　　　　　　D. 杀灭病原微生物

二、判断题(正确的打√,错误的打×)

1. 临诊诊断具有一定的局限性,只能提出可疑传染病的范围,不能确诊任何传染病。(　　)

2. 治疗传染病畜禽,必须在严格隔离的条件下进行。(　　)

3. 联合应用抗菌药的目的主要在于扩大抗菌谱、增强疗效。(　　)

4. 采集病料应在动物死后立即进行,夏季不超过 5~6 h,冬季不超过 24 h。(　　)

5. 轮牧是阻断寄生虫传播途径的一项重要措施。(　　)

三、简答题

1. 畜禽传染病诊断方法有哪些?

2. 畜禽寄生虫病诊断方法有哪些?

3. 怎样对畜禽传染病进行合理治疗?

四、综合分析题

某猪群出现食欲废绝,高热稽留,呼吸困难,体表淋巴结肿大,皮肤发绀。孕猪出现流产、死胎。取病死猪肝、肺、淋巴结及腹水抹片染色镜检见香蕉形虫体。经诊断,该场发生了猪弓形虫病。请问:对该寄生虫病采用了哪一种(或哪一些)诊断方法? 如何制订合理的治疗方案?

项目 8

重大动物疫情的处置

项目导入

　　农业农村部新闻办公室 2018 年 8 月 23 日发布,浙江温州市乐清市发生非洲猪瘟疫情;8 月 17 日,乐清市畜牧兽医局接到报告,某养殖小区 3 个养殖户的生猪出现不明原因死亡。22 日,经中国动物卫生与流行病学中心确诊为非洲猪瘟疫情。我国将非洲猪瘟列为一类动物疫病。

　　非洲猪瘟疫情发生后,当地应采取哪些措施,疫情才能尽快得到有效处置呢?

　　以上问题,将在本项目的学习中得到答案。

　　本项目的学习内容为:(1) 疫情的上报;(2) 隔离的实施;(3) 封锁的实施;(4) 染疫动物尸体的处理。

任务 8.1　疫情的上报

任务目标

　　知识目标:1. 掌握一类动物疫病病种名录。

　　　　　　2. 掌握疫情报告的时限、形式和要求。

　　技能目标:会以书面形式进行动物疫情报告。

任务准备

一、重大动物疫情

　　动物疫情是指动物疫病发生和发展的情况,而重大动物疫情则是指重大动物疫病发生和发展的情况。

　　根据动物疫病对养殖业生产和人体健康的危害程度,我国将动物疫病分为一类、二类和三类。具体病种名录由农业农村部兽医主管部门制定并公布,2008 年 12 月 11 日发布的《一、二、三类动物疫病病种名录》(农业部公告第 1125 号),共计 157 种动物疫病。

（1）一类动物疫病　是指对人与动物危害严重，需要采取紧急、严厉的强制预防、控制、扑灭等措施的动物疫病，共17种。

高致病性禽流感
公共卫生

　　包括：口蹄疫、猪水疱病、猪瘟、非洲猪瘟、高致病性猪蓝耳病、非洲马瘟、牛瘟、牛传染性胸膜肺炎、牛海绵状脑病、痒病、蓝舌病、小反刍兽疫、绵羊痘和山羊痘、高致病性禽流感、新城疫、鲤春病毒血症、白斑综合征。

（2）二类动物疫病　是指可能造成重大经济损失，需要采取严格控制、扑灭等措施，防止扩散的动物疫病，共77种。

多种动物共患病（9种）：狂犬病、布鲁菌病、炭疽、伪狂犬病、魏氏梭菌病、副结核病、弓形虫病、棘球蚴病、钩端螺旋体病。

牛病（8种）：牛结核病、牛传染性鼻气管炎、牛恶性卡他热、牛白血病、牛出血性败血病、牛梨形虫病（牛焦虫病）、牛锥虫病、日本血吸虫病。

绵羊和山羊病（2种）：山羊关节炎脑炎、梅迪–维斯纳病。

猪病（12种）：猪繁殖与呼吸综合征（经典猪蓝耳病）、猪乙型脑炎、猪细小病毒病、猪丹毒、猪肺疫、猪链球菌病、猪传染性萎缩性鼻炎、猪支原体肺炎、旋毛虫病、猪囊尾蚴病、猪圆环病毒病、副猪嗜血杆菌病。

马病（5种）：马传染性贫血、马流行性淋巴管炎、马鼻疽、马巴贝斯虫病、伊氏锥虫病。

禽病（18种）：鸡传染性喉气管炎、鸡传染性支气管炎、传染性法氏囊病、马立克病、产蛋下降综合征、禽白血病、禽痘、鸭瘟、鸭病毒性肝炎、鸭浆膜炎、小鹅瘟、禽霍乱、鸡白痢、禽伤寒、鸡败血支原体感染、鸡球虫病、低致病性禽流感、禽网状内皮组织增殖症。

兔病（4种）：兔病毒性出血病、兔黏液瘤病、野兔热、兔球虫病。

蜜蜂病（2种）：美洲幼虫腐臭病、欧洲幼虫腐臭病。

鱼类病（11种）：草鱼出血病、传染性脾肾坏死病、锦鲤疱疹病毒病、刺激隐核虫病、淡水鱼细菌性败血症、病毒性神经坏死病、流行性造血器官坏死病、斑点叉尾鮰病毒病、传染性造血器官坏死病、病毒性出血性败血症、流行性溃疡综合征。

甲壳类病（6种）：桃拉综合征、黄头病、罗氏沼虾白尾病、对虾杆状病毒病、传染性皮下和造血器官坏死病、传染性肌肉坏死病。

（3）三类动物疫病　是指常见多发、可能造成重大经济损失，需要控制和净化的动物疫病，共63种。

多种动物共患病（8种）：大肠杆菌病、李氏杆菌病、类鼻疽、放线菌病、肝片吸虫病、丝虫病、附红细胞体病、Q热。

牛病（5种）：牛流行热、牛病毒性腹泻/黏膜病、牛生殖器弯曲杆菌病、毛滴虫病、牛皮蝇蛆病。

绵羊和山羊病（6种）：肺腺瘤病、传染性脓疱、羊肠毒血症、干酪性淋巴结炎、绵羊疥癣、绵羊地方性流产。

马病（5种）：马流行性感冒、马腺疫、马鼻腔肺炎、溃疡性淋巴管炎、马媾疫。

猪病（4种）：猪传染性胃肠炎、猪流行性感冒、猪副伤寒、猪密螺旋体痢疾。

禽病（4种）：鸡病毒性关节炎、禽传染性脑脊髓炎、传染性鼻炎、禽结核病。

蚕、蜂病（7种）：蚕型多角体病、蚕白僵病、蜂螨病、瓦螨病、亮热厉螨病、蜜蜂孢子虫病、白垩病。

犬猫等动物病（7种）：水貂阿留申病、水貂病毒性肠炎、犬瘟热、犬细小病毒病、犬传染性肝炎、猫泛白细胞减少症、利什曼病。

鱼类病（7 种）：鲺类肠败血症、迟缓爱德华菌病、小瓜虫病、黏孢子虫病、三代虫病、指环虫病、链球菌病。

甲壳类病（2 种）：河蟹颤抖病、斑节对虾杆状病毒病。

贝类病（6 种）：鲍脓疱病、鲍立克次体病、鲍病毒性死亡病、包纳米虫病、折光马尔太虫病、奥尔森派琴虫病。

两栖与爬行类病（2 种）：鳖腮腺炎病、蛙脑膜炎败血金黄杆菌病。

根据农业部公告第 1919 号，对动物感染 H7N9 禽流感病毒，临时采取一类动物疫病的预防控制措施。2011 年，农业农村部将猪甲型 H1N1 流感列为三类动物疫病（农业部公告第 1663 号）。

二、疫情报告制度

（1）疫情报告　疫情报告是关于疫病发生及流行情况的报告。依照《中华人民共和国动物防疫法》《重大动物疫情应急条例》等有关规定，凡从事动物疫情监测、检验检疫、疫病研究、诊疗以及动物饲养、屠宰、经营、隔离、运输等活动的单位和个人，发现动物染疫或者疑似染疫的，应当立即向当地兽医主管部门或动物疫病预防控制机构报告。其他单位和个人发现动物染疫或者疑似染疫的，应当及时报告。

农业农村部主管全国动物疫情报告、通报和公布工作。县级以上地方人民政府兽医主管部门主管本行政区域内的动物疫情报告和通报工作。中国动物疫病预防控制中心及县级以上地方人民政府建立的动物疫病预防控制机构，承担动物疫情信息的收集、分析预警和报告工作。中国动物卫生与流行病学中心负责收集境外动物疫情信息，开展动物疫病预警分析工作。国家兽医参考实验室和专业实验室承担相关动物疫病确诊、分析和报告等工作。

任何单位和个人不得瞒报、谎报、迟报、漏报动物疫情，不得授意他人瞒报、谎报、迟报动物疫情，不得阻碍他人报告动物疫情。

（2）疫情认定　动物疫情由县级以上人民政府兽医主管部门认定，其中重大动物疫情由省级人民政府兽医主管部门认定。新发动物疫病和外来动物疫病疫情，以及省级人民政府兽医主管部门无法认定的动物疫情，应当由农业农村部认定。

（3）疫情公布　农业农村部负责向社会公布全国动物疫情，省级人民政府兽医主管部门可以根据农业农村部授权公布本行政区域内的动物疫情。

其他单位和个人不得通过信息网络、广播、电视、报刊、书籍、讲座、论坛、报告会等方式公开发布、发表未经认定的动物疫情信息。

三、疫情报告的时限

疫情报告时限分为快报、月报和年报三种。

1. 快报

快报是指以最快的速度将出现的重大动物疫情或疑似重大动物疫情上报有关部门，以便及时采取有效防控疫病的措施，从而最大限度地减少疫病造成的经济损失，保障人畜健康。

（1）快报对象　发生口蹄疫、高致病性禽流感等一类动物疫病的；二、三类动物疫病呈爆发流行的；发生新发动物疫病或外来动物疫病的；动物疫病的寄主范围、致病性、毒株等流行病学发生变化的;无规定动物疫病区(生物安全隔离区)发生规定动物疫病的;在未发生极端气候变化、地震等自然灾害情况下,不明原因急性发病或大量动物死亡的;农业农村部规定需要快报的其他情形。

(2)快报时限　县级动物疫病预防控制机构接到报告后,应当组织进行现场调查核实。初步认为发生一类动物疫病的,发生新发动物疫病或外来动物疫病的,无规定动物疫病区(生物安全隔离区)发生规定动物疫病的,应当在 2 h 内将情况逐级报至省、自治区、直辖市动物疫病预防控制机构,并同时报所在地人民政府兽医主管部门。

省、自治区、直辖市动物疫病预防控制机构应当在接到报告后 1 h 内,向省、自治区、直辖市人民政府兽医主管部门和中国动物疫病预防控制中心报告。

发生其他需要快报的情形时,地方各级动物疫病预防控制机构报同级人民政府兽医主管部门的同时,应当在 12 h 内报至中国动物疫病预防控制中心。

(3)快报内容　快报应当包括基础信息、疫情概况、疫点情况、疫区及受威胁区情况、流行病学信息、控制措施、诊断方法及结果、疫点地图位置分布、疫情处置进展、其他需要说明的信息等内容。

2. 月报

县级以上地方动物疫病预防控制机构应当在次月 5 日前,将上月本行政区域内的动物疫情进行汇总和审核,经同级人民政府兽医主管部门审核后,通过动物疫情信息管理系统逐级上报至中国动物疫病预防控制中心。中国动物疫病预防控制中心,应当在每月 15 日前将上月汇总分析结果报农业农村部兽医局。

月报内容包括动物种类、疫病名称、疫情县数、疫点数、疫区内易感动物存栏数、发病数、病死数、扑杀数、急宰数、紧急免疫数、治疗数等。

3. 年报

县级以上地方动物疫病预防控制机构应当在次年 1 月 10 日前,汇总和审核上年度本行政区域内动物疫情,报同级人民政府兽医主管部门。中国动物疫病预防控制中心应当于 2 月 15 日前将上年度汇总分析结果报农业农村部兽医局。

年报内容包括动物种类、疫病名称、疫情县数、疫点数、疫区内易感动物存栏数、发病数、病死数、扑杀数、急宰数、紧急免疫数、治疗数等。

快报、月报和年报要求做到迅速、全面、准确地进行疫情报告,能使防疫部门及时掌握疫情,做出判断,及时制订控制、消灭疫情的对策和措施。

 **任务实施**

疫情报告的书写

(一)材料准备
动物疫情报告表、发生动物疫情的养殖场、养殖户动物疫情资料、防护用具、交通工具等。

(二)人员组织
将学生分组,每组 5～10 人并选出组长,组长负责本组操作分工。

(三)操作步骤

(1)调查养殖场的基本信息　在养殖场兽医技术员的指导下,调查养殖场名称、饲养动物种类、饲养规模、饲养方式、地址、联系人、联系电话等信息。

（2）调查本次疫情的基本情况　通过询问养殖场兽医技术员和饲养人员及现场观察，了解发病动物种类和数量、临床症状、病理变化、死亡情况、诊断情况、免疫情况、流行病学和疫源追踪情况、采取的控制措施等信息。

（3）填写动物疫情报告表　根据调查情况，认真如实填写动物疫情报告表（表8-1-1）。

表 8-1-1　_____ 养殖场（户、小区）动物疫情报告表　　　　　　单位：头（只）

发病地点	发病时间	动物种类	存栏数	发病数	死亡数	免疫情况	临床症状	病理变化	初诊情况	诊断人	疫源追踪	采取措施	备注

疫情报告人：　　　　　　　　填报日期：　　　　　　　　联系电话：

填表说明：① 发病动物种类，应注明动物的具体种类，如口蹄疫，应注明是猪、牛或羊，牛则要写明奶牛、肉牛或耕牛。② 存栏数应填写发病时动物所在场或户的存栏数。③ 发病地点应具体到村（户）、场。④ 采取的措施填报告疫情时已采取的控制措施。⑤ 备注处对需要说明的事宜进行说明。

（四）注意事项

（1）在动物疫情过程中，小组成员要分工明确、各负其责，同时又要协同互助。

（2）在调查过程中，严格遵守生物安全要求，如实填写疫情信息。

 任务反思

1. 为什么新发动物疫病和外来动物疫病疫情由农业农村部认定？
2. 疫情报告时限中的快报对象有哪些？

任务 8.2　隔离的实施

 任务目标

知识目标：1. 理解隔离的意义。
　　　　　2. 掌握动物隔离的方法。
技能目标：会进行畜禽养殖场隔离措施的调查。

任务准备

隔离是指将传染源置于不能将疫病传染给其他易感动物的条件下，将疫情控制在最小范围内，便于管理消毒，中断流行过程，就地扑灭疫情，是控制扑灭疫情的重要措施之一。

　　在发生动物疫病时,首先对动物群进行疫病监测,查明动物群感染的程度。根据疫病监测的结果,一般将全群动物分为染疫动物、可疑感染动物和假定健康动物三类,分别采取不同的隔离措施。

一、染疫动物的隔离

　　染疫动物包括有发病症状或其他方法检查呈阳性的动物。它们随时可将病原体排出体外,污染外界环境,包括地面、空气、饲料甚至水源等,是危险性最大的传染源,应选择不易散播病原体,消毒处理方便的场所进行隔离。

染疫动物的隔离

　　染疫动物需要专人饲养和管理,加强护理,严格对污染的环境和污染物消毒,搞好畜舍卫生,根据动物疫病情况和相关规定进行治疗或扑杀。同时在隔离场所内禁止闲杂人员出入,隔离场所内的用具、饲料、粪便等未经消毒的不能运出。隔离期依该病的传染期而定。

二、可疑感染动物的隔离

　　可疑感染动物指在检查中未发现任何临诊症状,但与染疫动物或其污染的环境有过明显的接触,如同群、同圈,使用共同的水源、用具等的动物。这类动物有可能处于疫病的潜伏期,有向体外排出病原体的危险。

　　对可疑感染动物,应经消毒后另选地方隔离,限制活动,详细观察,及时再分类。出现症状者立即转为按染病动物处理。经过该病一个最长潜伏期仍无症状者,可取消隔离。隔离期间,在密切观察被检动物的同时,要做好防疫工作,对人员出入隔离场要严格控制,防止扩散疫情。

三、假定健康动物的隔离

　　除上述两类外,疫区内其他易感动物都属于假定健康动物。对假定健康动物应限制其活动范围并采取保护措施,严格与上述两类动物分开饲养管理,并进行紧急免疫接种或药物预防。同时注意加强卫生消毒措施。经过该病一个最长潜伏期仍无症状者,可取消隔离。

　　采取隔离措施时应注意,仅靠隔离不能扑灭疫情,需要与其他防疫措施相配合。

任务实施

畜禽养殖场隔离措施的调查

（一）材料准备

隔离档案表、畜禽养殖场基本情况资料、动物疫情资料、防护用具、交通工具等。

（二）人员组织

将学生分组,每组 5 ~ 10 人并选出组长,组长负责本组操作分工。

（三）操作步骤

（1）动物疫情发生情况调查　查阅养殖场动物疫情资料,了解疫情发生时,发病动物种类和数量、临床症状、病理变化、死亡情况、发病地点、发病时间、疫情持续时间等。

（2）隔离对象划分调查　调查畜禽养殖场如何将患病动物所在群分为染疫动物、可疑感染动物和假定健康动物三类。

（3）隔离措施的调查　调查隔离染疫动物、可疑感染动物和假定健康动物所采取的措施。

（4）隔离档案记录　根据调查结果，填写隔离档案记录表（表 8-2-1）。

表 8-2-1　隔离档案记录表

序号	隔离对象	隔离场所	进场时间	数量	隔离观察	采样检测	隔离后采取的措施
1	患病动物						
2	可疑感染动物						
3	假定健康动物						

（四）注意事项

（1）遵守纪律，听从老师和养殖场人员的安排。

（2）注意生物安全，加强人身安全防护。

（3）与人沟通自然顺畅，登记内容全面、准确。

任务反思

1. 如何对可疑感染畜禽实施隔离？

2. 某奶牛养殖场发生口蹄疫，如何实施隔离措施？

任务 8.3　封锁的实施

任务目标

知识目标：1. 掌握封锁的对象和原则。

　　　　　2. 掌握封锁的程序。

　　　　　3. 掌握封锁区域的划分。

　　　　　4. 掌握封锁采取的措施。

　　　　　5. 理解解除封锁的条件。

技能目标：会制订封锁的实施方案。

任务准备

当发生某些重要疫病时，在隔离的基础上，针对疫源地采取封闭措施，防止疫病由疫区向安全区扩散，这就是封锁。封锁是消灭疫情的重要措施之一。

　　由于封锁区内各项活动基本处于与外界隔绝的状态,不可避免地要对当地的生产和生活产生很大影响,故该措施必须严格依照《中华人民共和国动物防疫法》执行。

　　一、封锁的对象和原则

　　(1)封锁的对象　国家规定的一类动物疫病、呈爆发性流行时的二类和三类动物疫病。

　　(2)封锁的原则　执行封锁时应掌握"早、快、严"的原则。"早"是指加强疫情监测,做到"早发现、早诊断、早报告、早确认",确保疫情的早期预警预报;"快"是指健全应急反应机制,及时处置突发疫情;"严"是指规范疫情处置,全面彻底,确保疫情控制在最小范围,将疫情损失减到最小。

重大疫情处置
——封锁措施

　　二、封锁的程序

　　发生需要封锁的疫情时,当地县级以上地方人民政府兽医主管部门应当立即派人到现场,划定疫点、疫区、受威胁区,调查疫源,及时报请本级人民政府对疫区实行封锁。

　　县级或县级以上地方人民政府发布和解除封锁令,疫区范围涉及两个以上行政区域的,由有关行政区域共同的上一级人民政府对疫区实行封锁,或者由各有关行政区域的上一级人民政府共同对疫区实行封锁。

重大疫情处置
——封锁区域
的划分

　　三、封锁区域的划分

　　为扑灭疫病采取封锁措施而划出的一定区域,称为封锁区。兽医行政管理部门根据规定及扑灭疫情的实际,结合该病流行规律、当时流行特点、动物分布、地理环境、居民点以及交通条件等具体情况划定疫点、疫区和受威胁区。

　　(1)疫点　疫点指发病动物所在的地点,一般是指发病动物所在的养殖场(户)、养殖小区或其他有关的屠宰加工、经营单位。如为农村散养户,则应将发病动物所在的自然村划为疫点;放牧的动物以发病动物所在的牧场及其活动场所为疫点;动物在运输过程中发生疫情,以运载动物的车、船、飞行器等为疫点;在市场发生疫情,则以发病动物所在市场为疫点。

　　(2)疫区　疫区是疫病正在流行的地区,范围比疫点大,但不同的动物疫病,其划定的疫区范围也不尽相同。疫区划分时注意考虑当地的饲养环境和天然屏障,如河流、山脉。

　　(3)受威胁区　受威胁区指疫区周围疫病可能传播到的地区,不同的动物疫病,其划定的受威胁区范围也不相同。

　　四、封锁措施

　　县级或县级以上地方人民政府发布封锁令后,应当启动相应的应急预案,立即组织有关部门和单位针对疫点、疫区和受威胁区采取强制性措施,并通报毗邻地区。

　　(1)疫点内措施　扑杀并销毁疫点内所有的染疫动物和易感动物及其产品,对动物的排泄物、被污染饲料、垫料、污水等进行无害化处理,对被污染的物品、交通工具、用具、饲养环境进行彻底消毒。

　　对发病期间及发病前一定时间内售出的动物进行追踪,并做扑杀和无害化处理。

（2）疫区边缘措施　在疫区周围设置警示标志,在出入疫区的交通路口设置动物检疫消防检查站,执行监督检查任务,对出入的人员和车辆进行消毒。

（3）疫区内措施　扑杀并销毁染疫动物和疑似染疫动物及其同群动物,销毁染疫动物和疑似染疫的动物产品,对其他易感染的动物实行圈养或者在指定地点放养;对动物圈舍、动物排泄物、垫料、污水和其他可能受污染的物品、场地,进行消毒或者无害化处理。

对易感动物进行监测,并实施紧急免疫接种,必要时对易感动物进行扑杀。

关闭动物及动物产品交易市场,禁止动物进出疫区和动物产品运出疫区。

（4）受威胁区内措施　对所有易感动物进行紧急免疫接种,建立"免疫带",防止疫情扩散。加强疫情监测和免疫效果检测,掌握疫情动态。

五、封锁的解除

自疫区内最后一头（只）发病动物及其同群动物处理完毕起,经过该病一个最长的潜伏期以上的监测,未出现新的病例的,终末消毒后,经上一级动物防疫监督机构验收合格,由原发布封锁令的人民政府宣布解除封锁,撤销疫区。

疫区解除封锁后,要继续对该区域进行疫情监测,如高致病性禽流感疫区解除封锁后 6 个月内未发现新病例,即可宣布该次疫情被扑灭。

任务实施

疫区封锁演练

（一）材料准备

试验动物房、消毒剂（火碱、生石灰等）、一次性注射器、动物疫情资料、防护用具、疫点标志、消毒站标志等。

（二）人员组织

将学生分成 5 组,每组 5 ~ 6 人并选出组长,组长负责本组操作分工。

（三）操作步骤

（1）课前准备　教师随机将 5 个小组命名为疫情认定组、消毒封锁组、扑杀无害化处理组、免疫监测组和专家验收组。教师给出动物疫情资料,假定某养殖场发生疑似高致病性禽流感疫情,学生查阅高致病性禽流感发生后实施封锁的相关资料。

（2）现场演练　所有参演学生、器械、物资到达演练集结地试验动物房,参演学生穿戴防护用具按分组列队待命。

① 疫情认定组　小组成员讲解重大疫情认定流程,演示讲解临床诊断要点,病料样品采集、保存、包装运送的操作规范,及流行病学调查方案。

② 消毒封锁组　小组成员讲解封锁令如何发布、封锁区如何划分及封锁注意事项。现场演示讲解疫点醒目标志的设置,疫点出入口消毒站的设立,疫点和疫区内的消毒方法。

③ 扑杀、无害化处理组　小组成员讲解疫点内易感家禽及产品的处置方案,现场演示讲解

家禽扑杀方法,病死和扑杀家禽尸体包装、运送及无害化处理方法。

④ 免疫监测组　小组成员讲解疫区和受威胁区易感家禽紧急免疫方案,演示易感动物免疫接种操作方法、免疫证的签发和免疫档案的建立,以及采取血样、咽喉和泄殖腔试子进行检测。

⑤ 专家验收组　小组成员听取其他各组处置方案,讲解疫区封锁解除的条件。

(3) 撰写实习报告

(四) 注意事项

(1) 在演练过程中,小组成员要分工明确、各负其责,又要协同互助。

(2) 演练过程应符合《高致病性禽流感疫情应急实施方案》中的要求。

(3) 接触家禽的同学要加强生物安全防护。

任务反思

1. 执行封锁时应掌握哪些原则?

2. 某养殖场发生口蹄疫,如何实施封锁措施?

任务 8.4　染疫动物尸体的处理

任务目标

知识目标:1. 了解染疫动物扑杀的方法。

　　　　　2. 掌握工作人员处理染疫动物尸体时的防护要求。

　　　　　3. 掌握染疫动物尸体运输车辆的要求。

　　　　　4. 掌握染疫动物尸体的处理方法。

技能目标:会深埋法处理动物尸体。

任务准备

染疫动物尸体含有大量病原体,如果不及时合理处理,就会污染外界环境,传播疫病。因此,及时合理处理染疫动物尸体,在动物疫病的防控和维护公共卫生方面都有重要意义。

处理染疫动物尸体要按照《动物防疫法》、《病死及病害动物无害化处理技术规范》(农医发〔2017〕25 号)等有关规定进行无害化处理。

一、染疫动物的扑杀

扑杀就是将患有严重危害人畜健康疫病的染疫动物(有时包括疑似染疫动物)、缺乏有效的治疗办法或者无治疗价值的患病动物,进行人为致死并无害化处理,以防止疫病扩散,把疫情控制在最小的范围内。扑杀是迅速、彻底消灭传染源的一种有效手段。

按照《动物防疫法》和农业农村部相关重大动物疫病处置技术规范,必须采用不放血方法将染疫动物致死后才能进行无害化处理。实际工作中应选用简单易行、干净彻底、低成本的无血扑杀方法。

（1）电击法　利用电流对机体的破坏作用,达到扑杀染疫动物的目的。适合于猪、牛、羊、马属动物等大中型动物的扑杀。

电击法不需要将动物进行保定,提高了扑杀效率;所需工具简单,扑杀时间短,经济适用,适合于大规模的扑杀。但该方法具有危险性,需要专业人员操作。

（2）毒药灌服法　应用毒性药物灌服致死。适合于猪、牛、羊、马属动物等大中型动物的扑杀。该方法所用的药物毒性大,需专人保管。

（3）静脉注射法　用静脉输液的办法将消毒药、安定药、毒药输入到动物体内。从杀灭病原的角度看,静脉输入消毒药是很理想的方法。适合扑杀牛、羊、马属动物等染疫动物。该方法需要对动物进行可靠的保定,所需时间长,只适合于少量动物的扑杀。

染疫动物的
扑杀——静脉
注射法

（4）心脏注射法　心脏注射法最好选用消毒药,也可选用毒药。消毒药随血液循环进入大动脉内和小动脉及组织中,杀灭体液及组织中的病原体,破坏肉质,与焚烧深埋相结合,可有效地防止人为再利用现象。牛、马属动物等大型动物先麻醉,再心脏注射;猪、羊等中小型动物直接保定进行心脏注射。该方法需要保定动物,所需时间长,适合少量动物的扑杀。

（5）窒息法（二氧化碳法）　适合扑杀家禽类。先将待扑杀禽只装入袋中,置入密封车或其他密封容器内,通入二氧化碳窒息致死;或将禽只装入密封袋中,通入二氧化碳窒息致死。该方法具有安全、无二次污染、劳动量小、成本低廉等特点。

（6）扭颈法　适用于扑杀少量禽类。根据禽只大小,一只手握住头部,另一只手握住体部,朝相反方向扭转拉伸,使颈部脱臼,阻断呼吸和大脑供血。

二、染疫动物尸体的收集运输

（1）尸体包装　染疫动物尸体要严密包装,包装材料应符合密闭、防水、防渗、防破损、耐腐蚀等要求。使用后,一次性包装材料应作销毁处理,可循环使用的包装材料应进行清洗消毒。

（2）尸体暂存　采用冷冻或冷藏方式进行暂存。暂存场所设置明显警示标识,能防水、防渗、防鼠、防盗,易于清洗和消毒。

（3）尸体运输　选择符合《医疗废物转运车技术要求（试行）》（GB 19217—2009）的专用车辆或封闭厢式车辆作为染疫动物尸体的运输工具,车厢四壁及底部应使用耐腐蚀材料,采取防渗措施,车辆最好安装制冷设备,车辆加施明显标识,并加装车载定位系统。车辆驶离暂存、养殖等场所前,应对车轮及车厢外部进行消毒。运载车辆应尽量避免进入人口密集区。卸载后,应对运输车辆及相关工具等进行彻底清洗消毒。

三、工作人员的防护

实施染疫动物尸体的收集、暂存、装运、无害化处理操作的工作人员应经过专门培训,掌握相应的动物防疫知识。操作过程中应穿戴防护服、口罩、护目镜、胶鞋及手套等防护用具。工作完毕后,应对一次性防护用品作销毁处理,对循环使用的防护用品消毒处理。

四、染疫动物尸体的无害化处理方法

染疫动物尸体无害化处理,是指用物理、化学等方法处理染疫动物尸体及相关动物产品,消灭其所携带的病原体,消除动物尸体危害的过程。常用的方法有焚烧法、化制法、高温法、掩埋法、硫酸分解法、发酵法等。

(一) 焚烧法

焚烧法是指在焚烧容器内,使动物尸体及相关动物产品在富氧或无氧条件下进行氧化反应或热解反应的方法。

染疫动物尸体
处理——生物
焚尸炉法

1. 适用对象

(1) 国家规定的染疫动物及其产品、病死或者死因不明的动物尸体。

(2) 屠宰前确认的病害动物、屠宰过程中经检疫或肉品品质检验确认为不可食用的动物产品。

(3) 国家规定的其他应当进行无害化处理的动物及动物产品。

2. 焚烧方法

(1) 生物焚尸炉法　生物焚尸炉是一种高效无害化处理系统,它安全、处理完全、污染小,但建造和运行成本高,缺乏可移动性。

(2) 焚尸坑法　无生物焚尸炉或者大量动物尸体需要焚烧处理时,可采用焚尸坑法。此法的缺点是易造成环境污染。

(二) 化制法

化制法是指在密闭的高压容器内,通过向容器夹层和容器通入高温饱和蒸汽,在干热、压力或高温、压力的作用下,处理动物尸体及相关动物产品的方法。化制流程如图8-4-1。

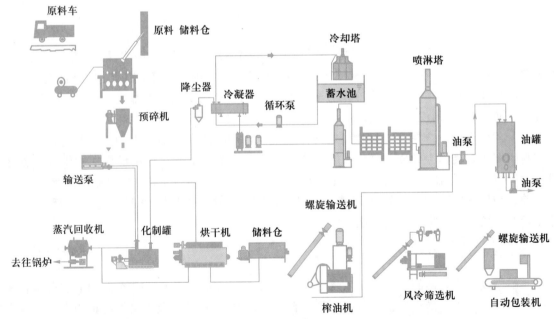

图8-4-1　动物尸体化制流程图

1. 适用对象

化制法适用于除患有炭疽等芽孢杆菌类疫病、牛海绵状脑病、痒病的染疫动物及产品的处理，其他适用对象同焚烧法。

2. 化制法

化制法分干化和湿化两种。利用干化机和湿化机，将原料分类，分别投入化制。

（1）干化法　是将病死动物尸体及相关动物产品碎化处理后输送至密闭容器内，在不断搅拌的同时，通过在夹层导入高温循环热源对尸体进行高温高压灭菌处理的工艺技术，处理过程中热源不直接接触病死动物尸体，利用动物体内水分加热汽化产生压力，化制完成后通过真空干燥、脱脂、冷却、粉碎等工序，最终得到肉骨粉干品和工业用油脂等。

染疫动物尸体
处理——
化制法

干化法具有处理速度快，灭菌完全彻底，高度自动化，劳动强度低，处理过程环保，无有害废物排放，废弃物利用率高等特点。

（2）湿化法　是利用高压饱和蒸汽直接与尸体组织接触，当蒸汽遇到尸体而凝结为水时，放出大量热能，可使油脂熔化和蛋白质凝固，同时借助于高温与高压，将病原体完全杀灭。动物尸体经湿化后可熬成工业用油，同时产生的残渣可制成骨粉或肥料。

湿化法具有杀菌完全彻底，处理成本低，操作简单，废弃物利用率高等优点。此法的缺点是产生废水较多。

（三）高温法

高温法是指常压状态下，在封闭系统内利用高温处理病死及病害动物和相关动物产品的方法。

（四）掩埋法

掩埋法是指按照相关规定，将病死及病害动物和相关动物产品投入化尸窖或深埋坑中并覆盖、消毒，处理动物尸体及相关动物产品的方法。

1. 适用对象

掩埋法适用于除患有炭疽等芽孢杆菌类疫病、牛海绵状脑病以及痒病以外的染疫动物及产品组织。

2. 掩埋方法

（1）深埋法　掩埋坑容积以实际处理动物尸体数量确定，坑底应高出地下水位 1.5 m 以上，坑底洒一层厚度为 2~5 cm 的生石灰或氯制剂等消毒药。动物尸体最上层距离地表 1.5 m 以上，再铺 2~5 cm 生石灰或氯制剂等消毒药，覆土厚度不少于 1~1.2 m。掩埋后，立即用消毒药对掩埋场所进行 1 次彻底消毒，以后定期巡查消毒。

该法适合发生动物疫情或自然灾害等突发事件时病死及病害动物的应急处理，以及边远和交通不便地区零星病死畜禽的处理。但由于其无害化过程缓慢，某些病原微生物能长期生存。

染疫动物尸体处
理——深埋法

（2）化尸窖法　化尸窖应防渗防漏，投放动物尸体后，要及时对投置口及化尸窖周边环境进行消毒。当化尸窖内动物尸体达到容积的 3/4 时，应停止使用并密封。动物尸体完全分解后，对残留物进行清理，清理出的残留物进行焚烧或者掩埋处理，进行彻底消毒后，化尸窖方可重新启用。

染疫动物尸体
处理——化尸
窖法

染疫动物尸体处理
——硫酸分解法

该法具有投资少、建设速度快、投料使用方便、检修清理方便、运行费用低等优点。

（五）硫酸分解法

硫酸分解法是指在密闭的容器内，将病死及病害动物和相关动物产品用硫酸在一定条件下进行分解的方法。

（六）发酵法

发酵法是指将动物尸体及相关动物产品与稻糠、木屑等辅料按要求摆放，利用动物尸体及相关动物产品产生的生物热或加入特定生物制剂，发酵或分解动物尸体及相关动物产品的方法。主要分为条垛式和发酵池式。

因重大动物疫病及人畜共患病死亡的动物尸体和相关动物产品不得使用此种方式进行处理。

该法具有投资少、动物尸体处理速度快、运行管理方便等优点，但发酵过程产生恶臭气体，要有废气处理系统。

任务实施

深埋法处理动物尸体

（一）材料准备

喷雾器、防护服、工作帽、胶靴、手套、口罩、风镜、氢氧化钠、二氯异氰尿酸钠、生石灰、运送动物尸体的车辆。

（二）人员组织

将学生分组，每组 5～10 人，轮流担任组长，负责本组操作分工。

（三）操作步骤

（1）预约　预约大型养猪场，学生提前半小时到达，听养殖场防疫员讲解注意事项。穿戴防护服、口罩、风镜、胶靴及手套。

（2）动物尸体运送　尸体放入动物装尸袋内，尸体躺过的地方，用消毒液喷洒消毒。运送动物尸体的车辆装前卸后要消毒，工作人员用过的手套、衣物及胶靴均严格消毒。

（3）选择深埋地点　距离动物养殖场、养殖小区、种畜禽场、动物屠宰加工场所、动物隔离场所、动物诊疗场所、动物和动物产品集贸市场、生活饮用水源地 3 000 m 以上，距离城镇居民区、文化教育科研等人口集中区域及公路、铁路等主要交通干线 500 m 以上。

（4）尸体深埋

① 挖坑　坑的大小取决于所掩埋动物的多少，深度应尽可能地深（底部必须高出地下水位1.5 m 以上），坑壁应垂直。

② 坑底处理　要防渗漏，坑底洒一层厚度为 2～5 cm 的生石灰或二氯异氰尿酸钠。

③ 入坑掩埋　将动物尸体连同包装物及污染物一起投入坑内。先用 40 cm 土层掩盖尸体，然后放入厚度为 2 cm 的生石灰或二氯异氰尿酸钠，再覆土掩埋，覆盖土层应不少于 1～1.2 m。

④ 平整地面　将掩埋场地面整平，并使其稍高于周边地面。

⑤ 深埋场所消毒　掩埋后,立即用二氯异氰尿酸钠或氢氧化钠等对掩埋场所进行 1 次彻底消毒。

⑥ 设立标识　掩埋场地应设立明显地标。

⑦ 场地检查　对掩埋场地进行定期检查,以便及时发现问题和采取相应措施。

（四）注意事项

（1）在尸体处理过程中,严格遵守生物安全要求,注意自身安全防护。

（2）深埋地点的选择、坑的处理要符合国家标准。

任务反思

1. 染疫动物的扑杀方式有哪些?

2. 无害化处理染疫动物尸体的工作人员,如何进行个人防护?

项 目 小 结

项 目 测 试

一、名词解释

报告疫情　隔离　封锁　化制

二、单项选择题

1. 可以认定新发动物疫病和外来动物疫病疫情的机构是（   ）。

A. 农业农村部　　　　　　　　　　　　B. 县级人民政府兽医主管部门

C. 市级人民政府兽医主管部门　　　　　D. 省级人民政府兽医主管部门

2. 可公布动物疫情的部门是（   ）。

A. 县级人民政府兽医主管部门　　　　　B. 市级人民政府兽医主管部门

C. 县级以上人民政府　　　　　　　　　D. 农业农村部

3. 根据《一、二、三类动物疫病病种名录》（农业部公告第 1125 号）的规定，下列属于一类动物疫病的病种是（   ）。

A. 野兔热　　　　　B. 马传染性贫血　　　　C. 小反刍兽疫　　　　D. 狂犬病

4. 根据《一、二、三类动物疫病病种名录》（农业部公告第 1125 号）的规定，下列不属于一类动物疫病的病种是（   ）。

A. 猪瘟　　　　　B. 猪丹毒　　　　C. 高致病性猪蓝耳病　D. 口蹄疫

5. 根据《一、二、三类动物疫病病种名录》（农业部公告第 1125 号）的规定，布鲁菌病属于（   ）。

A. 一类动物疫病　　　B. 二类动物疫病　　　C. 三类动物疫病

6. 发生一类动物疫病时不能采取的措施是（   ）。

A. 隔离　　　　　B. 封锁　　　　　C. 治疗　　　　　　D. 消毒

7. 初步认为发生一类动物疫病时，县级动物疫病预防控制机构应当在（   ）h 内将情况逐级报至省、自治区、直辖市动物疫病预防控制机构。

A. 24　　　　　B. 2　　　　　　C. 12　　　　　　D. 1

8. 省、自治区、直辖市动物疫病预防控制机构应当在接到一类动物疫病报告后（   ）h 内，向省、自治区、直辖市人民政府兽医主管部门和中国动物疫病预防控制中心报告。

A. 24　　　　　B. 2　　　　　　C. 12　　　　　　D. 1

9. 发布和解除疫区封锁令的主体是（   ）。

A. 县兽医主管部门　　　　　　　　　　B. 县级或以上地方人民政府

C. 县动物疫病预防控制机构　　　　　　D. 县动物卫生监督机构

10. 不能用于扑杀染疫动物方法的是（   ）。

A. 电击法　　　　　　　　　　　　　　B. 静脉注射法

C. 切断颈部血管放血法　　　　　　　　D. 二氧化碳窒息法

三、判断题（正确的打√，错误的打×）

1. 省级人民政府兽医主管部门可以根据农业农村部授权公布本行政区域内的动物疫情。（   ）

2. 任何个人不得通过信息网络、广播、电视、报刊、书籍、讲座、论坛、报告会等方式公开发布、发表未经认定的动物疫情信息。（   ）

3. 可疑感染动物经过该病一个最长潜伏期仍无症状者，可及时取消隔离。（   ）

4.　封锁时,对受威胁区内所有动物进行紧急免疫接种,建立"免疫带",防止疫情扩散。(　　)

5.　扑杀动物时,一般首先扑杀染疫动物,再扑杀同群动物,最后扑杀其他易感动物。(　　)

四、简答题

1.　解除封锁的条件有哪些?

2.　疫情报告、隔离、封锁在扑灭动物疫情中有何作用?

3.　发生重大动物疫病时,疫点、疫区及受威胁区应采取哪些措施?

五、综合分析题

分析焚烧法、化制法、掩埋法和发酵法处理尸体的优缺点。

参 考 文 献

[1]　朱俊平.畜禽疫病防治.2 版.北京:高等教育出版社,2009

[2]　陈溥言.兽医传染病学.6 版.北京:中国农业出版社,2017

[3]　陆承平.兽医微生物学.5 版.北京:中国农业出版社,2013

[4]　李一经.兽医微生物学.北京:高等教育出版社,2011

[5]　张西臣.动物寄生虫病学.4 版.北京:科学出版社,2017

[6]　杨汉春.动物免疫学.2 版.北京:中国农业大学出版社,2011

[7]　陈杖榴.兽医药理学.3 版.北京:中国农业出版社,2009

[8]　王哲.兽医诊断学.北京:高等教育出版社,2010

[9]　刘秀梵.兽医流行病学.3 版.北京:中国农业出版社, 2012

[10]　郑世民.动物病理学.北京:高等教育出版社,2009

[11]　白文彬.动物传染病诊断学.北京:中国农业出版社, 2002

[12]　胡桂学.兽医微生物实验教程.北京:中国农业出版社,2006

[13]　郑明球.家畜传染病实习指导.3 版.北京:中国农业出版社,2001

[14]　郭定宗.兽医内科学.3 版.北京:高等教育出版社,2016

[15]　朱俊平.动物防疫与检疫技术.北京:中国农业出版社,2019

[16]　徐百万.动物疫病监测技术手册.北京:中国农业出版社, 2010

[17]　闫若潜.动物疫病防控工作指南.3 版.北京:中国农业出版社, 2014

郑重声明

高等教育出版社依法对本书享有专有出版权。任何未经许可的复制、销售行为均违反《中华人民共和国著作权法》,其行为人将承担相应的民事责任和行政责任;构成犯罪的,将被依法追究刑事责任。为了维护市场秩序,保护读者的合法权益,避免读者误用盗版书造成不良后果,我社将配合行政执法部门和司法机关对违法犯罪的单位和个人进行严厉打击。社会各界人士如发现上述侵权行为,希望及时举报,本社将奖励举报有功人员。

反盗版举报电话　　(010)58581999　58582371　58582488

反盗版举报传真　　(010)82086060

反盗版举报邮箱　　dd@hep.com.cn

通信地址　北京市西城区德外大街4号
　　　　　高等教育出版社法律事务与版权管理部

邮政编码　100120

防伪查询说明

用户购书后刮开封底防伪涂层,利用手机微信等软件扫描二维码,会跳转至防伪查询网页,获得所购图书详细信息。也可将防伪二维码下的20位密码按从左到右、从上到下的顺序发送短信至106695881280,免费查询所购图书真伪。

反盗版短信举报

编辑短信"JB,图书名称,出版社,购买地点"发送至10669588128

防伪客服电话

(010)58582300

学习卡账号使用说明

一、注册/登录

访问 http://abook.hep.com.cn/sve,点击"注册",在注册页面输入用户名、密码及常用的邮箱进行注册。已注册的用户直接输入用户名和密码登录即可进入"我的课程"页面。

二、课程绑定

点击"我的课程"页面右上方"绑定课程",正确输入教材封底防伪标签上的20位密码,点击"确定"完成课程绑定。

三、访问课程

在"正在学习"列表中选择已绑定的课程,点击"进入课程"即可浏览或下载与本书配套的课程资源。刚绑定的课程请在"申请学习"列表中选择相应课程并点击"进入课程"。

如有账号问题,请发邮件至:4a_admin_zz@pub.hep.cn。